東アジア
工作機械工業の技術形成

廣田義人

日本経済評論社

目　　次

序　章　問題意識と課題設定 …………………………………… 1

　　第1節　分析の視角と課題　1
　　第2節　分析の対象と方法　8

第1章　日本工作機械工業の経営と技術 …………………… 13

　　第1節　はじめに　13
　　第2節　戦間期日本の工作機械経営　15
　　第3節　戦前・戦時期日本の工作機械技術　19
　　第4節　戦後日本の工作機械技術　25
　　第5節　戦後日本の工作機械市場　36
　　第6節　おわりに　45

第2章　台湾工作機械工業の市場と技術 …………………… 53

　　第1節　はじめに　53
　　第2節　台湾工作機械企業の起源　54
　　第3節　台湾工作機械工業の市場　61
　　第4節　台湾工作機械工業の産業集積　68
　　第5節　台湾工作機械工業の技術　74
　　　　1　60年代の技術水準と金属工業発展中心の役割　74
　　　　2　精密工具機中心の役割　76

             3　NC 工作機械の開発　78
             4　新興 NC 工作機械メーカーの登場　81
         第6節　おわりに——製品差別化に向けて　83

第3章　韓国工作機械工業の技術形成 …………………………… 91

         第1節　はじめに　91
         第2節　先発中小企業の技術形成　92
             1　工作機械製造の始まり　92
             2　60年代の技術水準　94
             3　貨泉の対外技術交流　97
             4　工業振興庁の技術指導　99
         第3節　後発財閥系企業の技術形成　100
             1　韓国工作機械技術提携の概観　100
             2　非財閥系企業の技術導入　105
             3　財閥系企業の技術形成　107
                 (1)　起亜の事例　108
                 (2)　現代の事例　111
                 (3)　大宇の事例　114
         第4節　韓日技術交流の意義と限界　115

第4章　シンガポール日系工作機械メーカーの展開と現地への波及効果 …………………………………………………… 123

         第1節　はじめに　123
         第2節　外資系工作機械メーカーの展開過程　125
             1　シンガポールにおける生産の展開　125

　　　　　2　外資系企業の進出理由　129

　　　　　3　市場と製品　133

　　第3節　現地機械工業への波及効果　138

　　　　　1　生産設備と加工外注　138

　　　　　2　従業員養成　140

　　　　　3　ローカルメーカーの誕生と展開　142

　　第4節　おわりに　147

第5章　インドネシアにおける工作機械の輸入構造と国産化
　　　　……………………………………………………………………………　157

　　第1節　はじめに　157

　　第2節　工作機械の輸入構造　159

　　　　　1　インドネシアの工作機械輸入　159

　　　　　2　工作機械輸入の重層的構造　164

　　　　　3　日本の競争力・中国の競争力　168

　　第3節　工作機械の国産化　173

　　　　　1　工作機械生産の動向　173

　　　　　2　インドネシアの工作機械工業政策　175

　　　　　3　工作機械製造企業の事例　185

　　　　　　（1）IMPI　185

　　　　　　（2）ピンダッド　190

　　　　　　（3）テクスマコPE　193

　　第4節　おわりに　196

　　　　　1　日本・台湾と比べたインドネシアの工作機械工業の難しさ　196

2　工作機械経営の維持のために　198
　　　　3　工作機械技術の形成のために　200

第6章　中国工作機械工業の発展と技術 ……………………… 209

　　　第1節　はじめに　209
　　　第2節　旧中国における工作機械生産　211
　　　第3節　計画経済下での工作機械生産とソ連からの技術
　　　　　　　移転　213
　　　第4節　工作機械生産の「大躍進」　220
　　　第5節　調整期から文化大革命へ　227
　　　第6節　改革・開放直後の西側技術との接続　231
　　　第7節　おわりに　233

終　章　東アジア工作機械工業の相互比較 …………………… 243

　　　第1節　アジア NIEs 工作機械工業の相互比較　243
　　　第2節　東アジア工作機械工業に見る後発性の利益　247

技術用語解説　265
あとがき　277
索　引　281

序　章　問題意識と課題設定

第1節　分析の視角と課題

　先進国の経済成長率が低下傾向をたどる一方で、近年中国をはじめとする東アジア諸国が国際的製造拠点として、めざましい発展を遂げている。日本が輸入する、難易度の比較的高い工業製品の生産地を見ても中国や東南アジア諸国の比重が日増しに高まっている。かつて日本経済の牽引車としての役割を担っていた半導体生産部門でも、日本企業は国際競争力を失い、汎用半導体であるDRAMやフラッシュメモリの生産では、韓国企業に取って代わられた。シャープが先行していた液晶テレビも韓国勢に世界シェアを奪われている。日本企業は彼らとの価格競争に巻き込まれた分野で防戦に追われ、一部では撤退しつつある。さらにこれまで日本の中小機械製造業の高い技能を象徴していた金型製造までもが東南アジア諸国や中国に移植され、現地に根付きつつある。そして2009年には本書で取り上げる工作機械において日本の生産額が27年ぶりに首位から転落し、中国、ドイツに次ぐ世界第3位になったと日本経済新聞の第1面で報じられた[1]。日本ではこれまで経済成長の要であった製造業の空洞化についてますます危機感が高まっている。

　反面で東アジア[2]に見られる速やかな工業化を可能にしている一つの重要な技術的要因は、日本を中心とする先進工業国からの資本財輸出である。日本が資本財である工作機械や半導体・液晶ディスプレイ製造装置[3]などを周辺諸国に輸出し、同時にそれらの操作方法を教え、保守(メンテナンス)サービスを行うことで、これらの国々は工業製品の生産において強い国際競争力を持つに至った。しか

表序-1　日本から東アジア諸国への生産財輸出

(単位：1,000円)

製品名	輸出先	1970年	1980年	1990年	2000年	2010年
織機	韓国	1,563,906	4,952,119	18,296,770	4,898,319	1,270,281
	中国		734,656	1,963,625	18,102,990	31,991,368
	台湾	1,626,543	6,476,277	4,467,970	3,844,396	2,113,619
	タイ	1,533,426	473,897	7,421,833	1,325,618	966,452
	インドネシア	1,076,943	5,959,734	15,146,445	2,618,820	2,031,358
NC旋盤	韓国			858,439	5,521,576	3,083,012	7,306,196
	中国				355,590	3,875,817	17,437,342
	台湾	1,183		969,681	2,535,917	6,120,002	5,942,059
	タイ				4,217,762	5,772,414	13,911,700
	インドネシア			23,355	1,491,622	1,351,427	2,412,584
射出成形機	韓国	300,644	1,790,430	2,753,893	6,222,539	7,920,490
	中国	90,704	494,993	1,293,299	10,700,363	35,796,393
	台湾	443,328	2,625,930	2,997,842	18,437,518	4,169,288
	タイ	307,953	668,362	7,467,049	6,252,229	10,171,488
	インドネシア	133,916	1,914,124	2,168,986	2,661,150	3,622,182

出所：大蔵省編『日本貿易月表』日本関税協会。

し家電製品などの耐久消費財や情報通信機器等の量産が東アジア諸地域に比較的順調に広がりつつあるのと対照的に、これらの国々はそれらの生産のための中間財、生産財双方の資本財を輸入に依存せざるをえず、それからの脱却には一部を除いて成功していない。

　東アジア諸国間における中間財貿易は電気機械部品を中心に顕著な増加が見られるが[4]）、生産財貿易はたとえば表序-1のようになっている。この表は1970年から2010年まで10年ごとの、日本からアジアNIEs（Newly Industrializing Economies：新興工業国・地域）と称された韓国、台湾、ASEAN（Association of Southeast Asian Nations：東南アジア諸国連合）のタイ、インドネシア、それに中国への代表的な生産財の輸出推移を示している。ここに取り上げた資本財は、繊維産業向けの小型リボン織機から先端的なエアジェットルームまでを含む織機、金属部品加工用のNC（numerically controlled：数値制御）旋盤[i]）、家電製品や日用品等のプラスチックおよびゴム部品成形用の射出成形機である。織機の輸出は激増中の中国向け[5]）を除いて減少し始めている。これは輸出先

で織機の国産化が始まっていることもあるが[6)]、主たる理由はNIEs→ASEAN→中国と繊維産業の中心地が変遷しているためである。これに対し、いずれの国においても成長途上にある家電製品をはじめとする機械工業で使用されるNC旋盤と射出成形機の輸出は増加中である。

　これらの国々では、60年代半ばまで恒常的な貿易赤字に悩んでいた後発工業国日本が考えたように、資本財産業をも国内に発展させようとしている。本書では資本財の中でも最も典型的な生産設備で、機械工業を中心に広汎な産業で需要される工作機械を取り上げ、東アジア諸国における工作機械工業の発展過程を検証する。

　工作機械は自動車や電気製品をはじめ、あらゆる機械の部品を加工する機械である。たとえ工作機械で製品の部品を直接的に加工していなくても、その部品を加工する機械や工具、たとえばプラスチック部品であれば、それを生産する射出成形機や金型は工作機械によってつくられている。機械部品には金属製のものもあれば、プラスチックなど非金属のものもある。また加工にも素材の不要部分を削り落としていく切削加工や、プレスや圧延などによって素材の形状を変える成形加工などさまざまな方法がある。加工対象の素材や加工方法に応じて、機械の製造工場では多種多様な生産設備が使い分けされている。工作機械と呼ばれる生産設備の範疇にはプレスや鍛造機など成形加工を行う機械や非金属を切削加工する機械、たとえば木工機械まで含めることもあるが、本書では工作機械の最も狭い定義に従って、金属を切削加工する機械に検討の対象を限定する。

　近代的な工作機械の製造は産業革命期のイギリスで始まった。ワットの蒸気機関がウィルキンソンによる新型中ぐり盤[f)]の創案によって初めて実用化されたように[7)]、近代的な工作機械の登場は産業革命の展開にきわめて重要な意義を持っていた。モーズレーの旋盤[a)]など18世紀末のイギリスで生み出された工作機械の原理は現在まで継承されている。このように工作機械は古くから存在する「機械をつくる機械」であるが、常にそれを需要する機械生産者側からの要請に応え進化してきたし、今なお技術進歩を続けている。工作機械によ

ってその構成部品が生産される製品は蒸気機関や繊維機械から、自動車、航空機、半導体製造装置等へと範囲を広げるとともに、個別の製品においてもそれぞれ急速な技術進歩が見られた。加工方法の進歩を見ると、当初の切削加工に加え、素材の不要部分を回転砥石で微細に除去する研削加工や、電極との間のスパークにより素材形状を変える放電加工等が加わったし、切削加工というこれまでの加工法だけを取り上げても、加工の精度や速度は持続的に急速な向上を遂げてきた。材料歩留まりの点で有利な、削り屑を出さない冷間鍛造をはじめとする成形加工や精密鋳造などの進歩が切削加工を一部代替してきたとはいえ、切削加工による部品生産を必要とする新製品の絶え間ない登場と既存製品の継続的な性能改善に対応して、工作機械メーカーはより優れた性能を実現してきたため、工作機械が原理のまったく異なる他の生産設備によって大幅に代替されることはなかった。

　工作機械技術はイギリスからヨーロッパ大陸諸国へ広がる一方、アメリカにも伝播して、そこで兵器や自動車をはじめとする機械の大量生産に適合した機種が発達した。これらの先進工業諸国で製造された工作機械は設計技術と製造技能の蓄積とともに、より優れたものになっていった。機械の製造には技術的にも技能的にも試行錯誤を要し、そのために優れた製品の製造には地道な経験の積み重ねが不可欠であった。機械技術の進歩は、化学やエレクトロニクス分野で多く見られるような技術革新よりも漸進的であった。製品のコストや品質を左右する生産設備として使用される工作機械は、自動車などのように量産される機械とは異なり、ユーザーが求める加工にきめ細かく対応する必要があるため、多機種少量生産が常態であった[8]。工作機械は需要の性格から言って、かつてのソ連や中国のような計画経済下でなければ、同一機種の大量生産は難しかった。

　また日本の経験でも明らかなように、工作機械工業は景気の変動にとりわけ左右されやすい。生産財である工作機械は景気上昇局面に入ってもユーザーに余剰能力がある間は新増設されず、需要が社内および外注先の生産能力を超えると予想された時点で、一挙に注文が殺到する。そして景気に陰りが見えると

真っ先に購入が手控えられる。特に後発国企業の場合、国内の景気後退時に海外市場を見出すことは困難で、不況時に経営を維持することが重要な課題であった。多機種少量生産であり、景気変動の影響を受けやすいという工作機械工業の性格は、工作機械が精密さを要求される機械であるという技術的特性と相俟って、生産設備の機械化よりも熟練工への依存を促した。

　さらに他の機械と同じく、工作機械もさまざまな材料や部品を必要とする。それらの材料や部品を一つの工作機械メーカーがすべて内製することは技術的にも困難であるし、コスト的にも合理的ではない。機械工業の一定の発展に伴う分業の進展と鉄鋼業を中心とする素材産業の発達が不可欠なのである。したがって技術的経験が不足し、支援産業の未発達な後発国が工作機械技術分野で先進国を追い上げることは難しかった。後発国の先頭を走っていた日本にとっても、工作機械は明治期以来、1960年代初めの高度成長前半期まで「引き摺られた足」であった。

　このように後発国にとって発展させるのが難しい工作機械工業を東アジア諸国がいかにして発展させてきたか、あるいは依然として発展させることができずにいるのかを歴史的に解明し、共通する発展の要因とそれぞれの差異を生み出している要因について考察することが本書の課題である[9]。

　ところで、工作機械工業はあらゆる国に不可欠な産業なのであろうか。たとえば農業機械であれば、作物の品種や耕作方法が数多く存在するため、国ごとに、またその経済発展段階ごとに適したきわめて多様な機種が考えられる。農業機械ではいかにも現地の作物や農法に適合した適正技術が考えられそうである。これに対して、工作機械による機械加工は万国共通であり、賃金水準の差や技能工の存否による人手で操作する非NC工作機械を採用すべきか、あるいはコンピュータで制御するNC工作機械を導入すべきかの選択も、加工部品の生産ロットの差による汎用工作機械[10]か、専用工作機械かの選択も、世界のいかなる国においてもかなり自由に可能で、加工内容と現地の生産要素賦存状況に適した製品を世界中から調達することができる。寒冷地や高温多湿地域での工作機械の使用に対しても、先進国メーカーは十分に対応可能である。この

ため工作機械工業はあらゆる国に必ずしも必要でない。工作機械工業を自国内に有する必要性が高いのは、一定規模以上の機械工業を持ち、その機械工業が生み出す機械製品で国際競争力を持つ必要のある国である。この意味から本書で取り上げる東アジア各国はいずれも国内に工作機械工業を有することに妥当性があると見て良かろう。

　国内に工作機械工業が存在すると、その国とそこに立地する企業にどういう利点をもたらすであろうか。まず第一に、工作機械メーカーからユーザーに新しい技術情報が流れやすく、逆に工作機械ユーザーはメーカーに対して製品に関する要望を反映させやすい。ユーザーが工作機械を新規導入する際には、メーカーは事前の相談に乗りやすく、具体的な加工内容に基づく試作加工も可能である。工作機械ユーザーが製品の国際競争力を高めようとして、より高い精度と品質、より低い製造コストを実現しようとすれば、設備機械に独自の工夫をしなければならないが、メーカーが近くにあると、標準品の選定だけでなく、ユーザー独自の必要に応じた特殊仕様あるいは専用機の特注への対応や周辺機器の選定についての相談も容易である。機種を選定して実際に機械が導入されるときにも、ユーザーの操作担当者の研修や加工現場でのメーカー側による技術指導も受けやすい。導入後は、迅速な補修部品の供給や修理サービスを期待でき、これによって機械の稼働率が高められる。

　このように情報化時代であっても、ユーザーとメーカーが近接して立地し、共通の言語で意思疎通できるということは工作機械のユーザーとメーカー双方にとって有利である。結果として工作機械工業とそのユーザー産業双方の競争力を高めることになる。また国としては工作機械の貿易赤字を減らすことができ、機械技術者と技能者の層を厚くすることが可能である。工作機械工業の発展はこのような意味を持っている。

　では、なぜ東アジアに注目するのか。2008年後半からアメリカのサブプライムローン問題に端を発する世界的な経済危機に巻き込まれているとはいえ、長期的には、そして総体として東アジアは比較的順調な経済成長を遂げていくと予想される。アジアNIEs（韓国、台湾、香港、シンガポール）、ASEAN4（タ

イ、フィリピン、インドネシア、マレーシア)、中国を全体として見ると、70年代以降のいずれの10年間も、実質GDP成長率で約7％という世界的に際立った成長を示してきたのである[11]。

その東アジアには欧米先進工業国に対して後発でありながら工作機械生産を急速に伸ばしている国が揃っており、このような地域は世界に例を見ない。表序-2に1970年および2008年における世界主要国の工作機械生産額を示すが、近年における日本、中国、台湾、韓国という北東アジア4カ国の工作機械生産額の大きさおよびこの間の成長率の高さには瞠目するばかりである。

表序-2 主要国の工作機械生産額

(単位：100万ドル)

1970年		2008年	
西ドイツ	1,018.4	日本	13,542.9
アメリカ	992.9	ドイツ	12,073.8
日本	867.4	中国	10,051.2
ソ連	803.0	イタリア	3,915.7
イギリス	378.5	台湾	3,845.7
イタリア	346.9	スイス	3,451.5
フランス	240.5	アメリカ	3,150.8
チェコスロバキア	210.0	韓国	2,798.1
スイス	206.0	ブラジル	1,043.8
東ドイツ	185.7	スペイン	1,035.0
ポーランド	112.0	フランス	854.9
スペイン	77.5	チェコ	838.3
中国	52.0[t]	オーストリア	613.7
スウェーデン	43.0	イギリス	585.4
ハンガリー	41.6[c]	カナダ	355.2[c]
インド	29.3	インド	347.1
ユーゴスラビア	22.5	ロシア	248.1
カナダ	21.1	トルコ	114.9
ブルガリア	21.0	オーストラリア	113.1
ブラジル	19.6	オランダ	102.4
オランダ	18.5	スウェーデン	87.1
アルゼンチン	18.0	メキシコ	83.9[c]
ベルギー	16.3	デンマーク	67.3
ルーマニア	15.5	ベルギー	49.9
オーストリア	11.6	ルーマニア	38.9
デンマーク	9.1	フィンランド	30.0
台湾	7.9	アルゼンチン	17.2
オーストラリア	6.2[j]	ポルトガル	4.1
メキシコ	5.0[t]		
南アフリカ	3.3[j]		
ポルトガル	1.5		

注：数字には部品および付属品は含まれていない。
　c) 断片的なデータに基づいた大まかな推定数字。
　j) 6月30日を終りとする1年間。
　t) 成形型工作機械を含む。
出所：『工作機械統計要覧』日本工作機械工業会。

これらにシンガポールを加えた5カ国はスタート時点に違いがあるとはいえ、等しくキャッチアップ型工業化を追求して[12]、成功してきた。こうした発展は

東アジアにおけるキャッチアップ型工業化の過程で工作機械工業が比較的重視された結果でもあるが、それにもかかわらず、急速に進む工業化に工作機械生産は量的にも質的にも追い付いていないため、日本と台湾、それに最近の韓国を除くと、東アジア諸国の工作機械貿易収支は赤字である。これら諸国で不足する工作機械の多くは日本を中心に東アジア域内で調達されている。

　本書を読んでいただければおわかりになるように、東アジア諸国の工作機械工業は同じ展開をしておらず、いくつかの発展パターンが存在している。発展パターンの違いに伴い、各国が得意とする製品の種類、品質、価格にも相違が生じており、東アジア全体として多様な工作機械生産が行われている。その一方で、東アジアのすべての国において、工作機械工業が順調に発展しているというわけではなく、先進国日本、互いに性格の異なる準先進国台湾と韓国、両国に比べ規模は大きいけれど技術的には後進的な中国が、それぞれの特性を生かして競争力のある製品を供給する状況の下で、インドネシアのように工作機械工業の発展を促進しようとしながらも、それに成功していない後発国も見られる。

　このように東アジアという一地域を取り上げただけで、後発国における工作機械工業の多様な展開を把握することができるのである。そしてこれらの国々は工作機械工業の発展に限っても、東アジア域内で技術、人、資金、市場の面で強いつながりを持っている。これらが東アジアに注目する理由である。

第2節　分析の対象と方法

　本書で分析の対象とする時期と地域は、戦前期および戦後1970年代前半くらいまでの日本、70年代以降の台湾、韓国、シンガポール、80年代以降のインドネシア、それに50年代の中国である。本書の各章はそれぞれの地域の工作機械工業を取り上げ、その発展のあらましを紹介した上で、その国の工作機械工業の発展途上期において重要かつ特徴的であった経営上、技術上のテーマを扱っている。終章では東アジア各国における工作機械工業の発展過程が突き合わさ

れて比較検討され、その違いとそれが生じた要因、および発展を促した共通の要因について考える。

　対象とする時期が国によって異なるが、これはそれぞれの国で工作機械工業が発展を開始した段階を捉えているためである。各国における工作機械生産は、国によっては上述の時期よりも前から始まっており、そうした萌芽期の状況についても各章で言及した。しかし最も注目すべきは、それぞれの発展の特徴がはっきり現れる上記の時期である。

　本書で取り上げる東アジア諸国のうち、現在、日本と台湾、および最近の韓国だけが工作機械貿易において黒字を計上している。後発でありながら最も成功を納めてきた日本と台湾の工作機械工業が、いかにして草創期の困難を凌ぎ、発展軌道に乗ることができたのかをまず最初に分析する。東アジア諸国の中で最も長い工作機械工業の歴史を持つ日本については、戦前・戦時期と戦後復興期から70年代前半までの、戦前と戦後で様相が異なる2段階の追い上げ過程を振り返る。戦前に内需に依存しながら、しかも中小企業から工作機械メーカーが成長した日本は、工作機械工業を発展させる過程で後発性の不利益に最も苦しんできた事例の一つであり、きわめて深い意味を持っている。戦時中に経営規模の上でも技術力の点でも一段跳躍した日本の工作機械メーカーは、戦後なお戦時・戦後の先進国での技術進歩に追い付く必要に迫られた。戦前に比べ戦後は技術修得の面でも市場獲得においても後発性の不利益よりもむしろ利益が優勢であった。

　戦後に生成した台湾の工作機械工業は、日本と同じように中小企業を主要な担い手として発展した。しかし台湾は戦前期日本の工作機械工業が歩んだキャッチアップ過程をなぞるというよりも、戦後における日本の発展の後を追い、海外市場の拡大を含めた後発性の利益を享受して、きわめて順調な発展を遂げた。

　韓国の工作機械工業も5、60年代は中小企業によって担われていたが、73年以降の重化学工業化の流れの中で自動車生産を本格化させた財閥が工作機械生産に参入する。工作機械の生産経験を持たない財閥系工作機械メーカーは、日

本企業との提携によって技術を導入する方策をとった。技術提携が韓国工作機械工業の技術形成の特徴として捉えられる。

台湾、韓国とともにアジア NIEs と一括りにされたが、工作機械の生産において前二者とは対照的な展開を示したシンガポールも検討を要する重要な事例である。シンガポールの工作機械生産の規模は台湾、韓国より随分小さいが、外資に大きく依存した発展のプロセスは特徴的である。

工作機械工業が発展軌道に乗っている、以上の国々とは異なり、インドネシアは工作機械工業の発展を企図しながらも、東アジア諸国の中で最も工作機械国産化に躓いている国である。台湾、韓国、シンガポールの事例を見ると、後発工業国にも工作機械工業を発展させうるいくつかの経路が存在するように思える。インドネシアではどの経路が遮断されており、残されているのはどの経路なのかという点を検討する。

最後に、東南アジア地域に非 NC 工作機械を輸出して、結果としてインドネシアの工作機械国産化を阻害している中国を取り上げる。中国の工作機械工業は比較的長い歴史を有し、人民共和国建国後は工作機械工業を優先的に育成する方針を採った。それにもかかわらず、改革・開放路線が打ち出されるまで文化大革命をはじめとする紆余曲折を経る中で、工作機械工業の発展は順調とは言えなかった。ここでは非 NC 工作機械生産の基礎が築かれた50年代を取り上げ、中国に特徴的な、低開発段階において量産型工作機械工業を一挙に構築しようとした試みについて明らかにする。

分析の方法としては、日本語文献、英語文献、必要な範囲において国内およびそれぞれの国で収集した現地語文献を用い、必要に応じて現地の日系および地場企業の聞き取り調査を実施した。地域研究の専門家はまず現地語を修得した上で、現地に何年も留学ないし滞在して人脈もつくりながら、研究を深めていくという手法を取る。しかし本書はそうした国別の地域研究という方法には基づかなかった。東アジアという広い地域を構成する、それぞれ多様な文化と歴史を有し、政治、経済の理念と体制が異なる社会を対象として、工作機械工業という単一の産業を取り上げて、後発各国の工業化の過程を具体的に明らか

にしようとした。個人で国語の異なる複数の国を比較研究しようとする場合、ややもすれば日本語、英語文献のみに依存し、現地調査も日系企業に傾斜しがちで、現地の産業の実態に迫りにくい。これに対し各国の地域研究者による共同研究の場合、対象産業を統一することも分析の視角を揃えることも難しく、事例研究の羅列に陥らないとも限らない。本書ではこれらの中間に位置する手法をとることで、両者の弱点を克服しようと試みた。

注
a）～y）は巻末技術用語解説を参照。
1）『日本経済新聞』2010年2月27日。
2）本書で東アジアという場合、北東アジアと東南アジアを含んでいる。
3）半導体露光装置の技術進歩については、拙稿「半導体露光装置ステッパーの開発」中岡哲郎編著『戦後日本の技術形成』日本経済評論社、2002年を参照。
4）経済産業省編『通商白書 2001（総論）——21世紀における対外経済政策の挑戦——』ぎょうせい、2001年、11～14頁。
5）豊田自動織機は最先端のエアジェット織機で世界市場の3割強を占めるトップ企業であるが（2000年度）、同年度の販売台数4600台に対し、国内受注実績はわずか75台にすぎない。同社に創業以来最多の3000台の織機を一括発注してきたのは、日本にとって最大の繊維製品輸入先である中国であった（『日本経済新聞』2002年2月8日）。
6）たとえば第5章で言及するインドネシアのテクスマコPEは無杼織機を量産し始めていた。
7）たとえば、L. T. C. Rolt, *Tools for the Job, A Short History of Machine Tools*, Batsford, 1965［L. T. C. ロルト、磯田浩訳『工作機械の歴史』平凡社、1989年、56～62頁］参照。
8）ピオリとセーブルが言うところのクラフト的生産（craft production）である。クラフト的生産については、Piore, Michael J. & Sabel, Charles F., *The Second Industrial Divide*, Basic Books Inc., 1984［マイケル J. ピオリ／チャールズ F. セーブル、山之内靖・永易浩一・石田あつみ訳『第二の産業分水嶺』筑摩書房、1993年］を参照。スクラントンも専門生産（specialty production）への関心から工作機械製造を取り上げている（Scranton, Philip, *Endless Novelty: Specialty Production and American Industrialization, 1865-1925*, Princeton University Press, 1997［フ

ィリップ・スクラントン、廣田義人・森杲・沢井実・植田浩史訳『エンドレス・ノヴェルティ』有斐閣、2004年］)。
9) 日本の工作機械工業史については、一寸木俊昭『日本の工作機械工業の発展過程の分析』自費出版、1963年、大阪市立大学経済研究所編『日本の工作機械工業』日本評論社、1955年、吉田三千雄『戦後日本工作機械工業の構造分析』未来社、1986年、森野勝好『現代技術革新と工作機械産業』ミネルヴァ書房、1995年、沢井実「第一次世界大戦前後における日本工作機械工業の本格的展開」『社会経済史学』第47巻第2号、1981年、同「1930年代の日本工作機械工業」『土地制度史学』第97号、1982年、同「戦時経済統制の展開と日本工作機械工業──日中戦争期を中心として──」東京大学『社会科学研究』第36巻第1号、1984年、同「工作機械工業の重層的展開：1920年代をめぐって」南亮進・清川雪彦編『日本の工業化と技術発展』東洋経済新報社、1987年、同「工作機械」米川伸一・下川浩一・山崎広明編『戦後日本経営史 第Ⅱ巻』東洋経済新報社、1990年、同「明治後期の工作機械工業」『大阪大学経済学』第50巻第1号、2000年、同「太平洋戦争期の工作機械工業」龍谷大学社会科学研究所編『戦時期日本の企業経営』文眞堂、2003年、小林正人・大高義穂「工作機械産業」産業学会編『戦後日本産業史』東洋経済新報社、1995年、河邑肇『1970年代における日本工作機械産業の成長要因：NC工作機械の発達と普及のメカニズム』大阪市立大学博士論文、1999年、山下充『工作機械産業の職場史1889-1945──「職人わざ」に挑んだ技術者たち』早稲田大学出版部、2002年、発展途上国の工作機械工業については、森野勝好『発展途上国の工業化』ミネルヴァ書房、1987年、Chudnovsky, D., Nagao, M. and Jacobsson, S., *Capital Goods Production in the Third World: An Economic Study of Technical Acquisition,* Frances Printer, 1983, Fransman, Martin, ed., *Machinery & Economic Developmet,* Macmillan Press, 1986. 等が代表的な先行研究である。
10) 工作機械にはいくつかの大区分がある。汎用工作機械ということばはNC工作機械に対して、数値制御（NC）装置の付属していない、従来のマニュアル操作型工作機械という意味で用いられることもあるが、本書では特定の加工に用いられる専用工作機械に対して、多様な加工に使用できる工作機械という意味で用いる。したがって汎用工作機械という場合には（汎用）NC工作機械も含める。NC工作機械と対になるマニュアル操作型工作機械は非NC工作機械と呼ぶことにする。
11) 前掲『通商白書2001』4～5頁。
12) キャッチアップ型工業化については、末廣昭『キャッチアップ型工業化論』名古屋大学出版会、2000年を参照。

第1章　日本工作機械工業の経営と技術

第1節　はじめに

　日本は1982年に生産額でアメリカを上回って以来、2008年まで4半世紀以上にわたって世界最大の工作機械生産国であり続けた。しかし明治時代の半ば頃、すなわち日本における近代的機械工業の黎明期に芽生えてから、高度経済成長期に欧米先進工業国の技術水準に追いつくまで、日本の工作機械工業は長く険しい道のりを歩んできた。このキャッチアップ過程の最終段階において、日本は当初アメリカで開発されたNC工作機械を国内外に普及させて、一挙に生産額を引き上げていったが、その時期を除けば、日本の工作機械工業史は後発国の工作機械工業が先進国水準に到達しようとしてきた、典型的かつ多彩な要素を持った事例だと言える。

　日本の草創期の工作機械工業は1889年に創業した池貝鉄工所（現池貝）や1898年創業の大隈麺機商会（現オークマ）のように草の根的に発生した中小企業によって担われた。政府も財閥も工作機械工業には直接関与しない時代が長らく続いた。政府が工作機械工業の重要性を深く認識し、その育成政策を強力に展開していくのは、軍需物資の増産に迫られる日中戦争の時代に入ってからであった。1938年に成立した工作機械製造事業法はそれまで工作機械生産に魅力を感じていなかった財閥に工作機械工業への参入を促した。こうして工作機械工業の経営主体は独立系企業と財閥系企業が併存するようになり、戦後に継承されていく。戦後も新興企業が工作機械工業に新規参入したり、あるいは戦前、戦時にその起源を有する企業が戦後になって工作機械メーカーとして急速

に発展する事例が見られたが、これらは中小企業から発展した独立系企業であって、その中にはNC工作機械の生産で成功したケースが少なからず見られる。

　これらの企業のうち最も苦労したのは、明治時代に中小企業として発足し工作機械生産を志した企業である。序章で述べたように資本財産業である工作機械工業は景気変動の影響を強く受け、需要が大きく変動する。とりわけ工作機械の国内生産開始以来、敗戦までの長期間にわたって戦争を繰り返してきた日本では、兵器生産にも使用される工作機械の需要は戦時と平時で激しく増減した。後発国の工作機械メーカーがその技術水準を高めていくためには、品質の芳しくない製品をつくりながらその市場を見つけ出し、なんとか経営を維持し生産を続けていくという初期段階をどうしても通過しなければならない。技術の継続的蓄積を不可欠とする機械工業にとって、技術蓄積の場である企業が生産を維持していくことはきわめて重要なのである。このため戦間期の需要減少時に、受注を確保し、技術者や技能者に仕事の機会を与えることは、日本の工作機械企業にとって切実な問題であった。こうした観点から次節ではまず日本の工作機械メーカーが戦間期の不況をどのようにして乗り切ったのかを明らかにする。

　後発工業国としての長い歴史を持つ日本は、工作機械技術の修得についても実に豊富な経験を持っている。1970年代後半から80年代にかけて日本製NC工作機械が世界市場を席巻するまで、日本の工作機械技術は常に欧米先進国の後追いだった。戦前、戦時の技術修得は、先進国技師による指導や日本人技師のアメリカへの留学ないし研修派遣も見られたが、主として輸入工作機械の模倣に依存した。戦後になると国内で組織的な工作機械研究が進められるとともに、先進国企業との間で技術提携が行われ、自社開発製品や導入技術に基づいた製品が高度成長期の国内需要を充足し、輸入依存度を次第に押し下げていく。第3節で戦前・戦時の、第4節で戦後の工作機械技術のキャッチアップ過程を振り返る。

　第5節では戦後の日本製工作機械の市場について考える。敗戦後の日本では交戦権が放棄されたため、朝鮮特需などを除くと、軍需の有無による極端な需

要変動はなくなったが、通常の景気変動に伴う工作機械需要の増減からは逃れることができなかった。しかし戦後になると工作機械市場の世界的な拡大と日本の工作機械工業の技術水準向上を背景として、需要の変化に対して採りうる選択肢は広がった。そしてそれは戦後東アジア諸国の工作機械工業の発展を容易にする一大要素でもあった。

日本の工作機械工業史をその発祥から今日までたどると、そこには後発工業国としての多様で豊富な経験がちりばめられており、東アジア諸国に見られる工作機械工業のいくつかの発展パターンをその中に見出すことになる[1]。

第2節　戦間期日本の工作機械経営

戦後における工作機械市場の国際的拡大と多様化は、次章で述べる台湾のような輸出指向型発展を可能にしたが、両大戦間期の中進国日本が置かれていた世界には、日本の低品質の工作機械を需要する外国市場はほとんどなかったと言ってよい。したがって日本製工作機械の輸出といえば、第一次大戦中に工作機械が払底したロシアとイギリス向け、1930年代初めの東清鉄道買収のためのソ連向けといった特殊な性質のものが目立つ程度であって、工作機械工業は内需へ強く依存せざるをえなかった。

1880年代の濫觴から敗戦までの日本における工作機械工業の最大顧客は軍需産業であり、そのため戦争の有無によって工作機械需要は大幅に増減した。第一次大戦後の推移も例外でなく、大戦により急成長した日本の工作機械工業は、戦後しばらく八八艦隊計画による軍需景気が続いたものの、1921年のワシントン軍縮会議を契機に、一転して長い不況局面に入り、この沈滞は満州事変以降まで回復することはなかった。

この軍需低迷期に国内の工作機械工業を積極的に下支えしたのは、当時すでに鉄道車両技術で世界的水準に達していた鉄道省による国産工作機械愛用方針であった。池貝鉄工所の早坂力は、当時10台ロットで仕込み生産していた標準旋盤[a]について、「在庫は増加の一途をたどっていきましたが、それでも少し

ずつながら販売のできたのは鉄道工場およびその関連工業のおかげ」[2]であったとし、専用工作機械についても、「機関車連接棒倣い削り横および立てフライス盤[d]、連接棒ピン孔研削用両頭フライス盤、リンク溝削りフライス盤など多種類にわたりましたが、不況時をしのぐ絶好の注文であった」[3]と言う。この鉄道省による国産工作機械の愛用方針は戦後も踏襲され、敗戦後の停滞した工作機械工業を支援した。こうした国内の公営先進機械工業部門が、いたずらに先進工業国製の工作機械に依存することなく、国内メーカーに発注し、指導的役割を果たしながら製造させ、使用した結果をメーカーにフィードバックするという方策は、今日においても途上国の参考になる。

　民需としては、繊維機械の国産化が進展するのに伴い、1930年から翌年にかけて大隈鉄工所が紡織機械製造用専用工作機械14機種を製造している[4]。量産型機械工業の発展は、その生産設備である専用工作機械の発注を国内工作機械メーカーへもたらす傾向が強いが、日本で専用工作機械の生産が本格化するには、戦後のミシン、カメラ、モーター、ボールベアリング、オートバイ、自動車等の量産型機械工業の始動を待たねばならず、戦間期の需要は限られたものであった。

　こうした散発的な注文しかない時期に、工作機械メーカーの組織的な統合、整理は行われず、各メーカーは個別の受注に応じて製作機種を広げていくことで対処しようとした。たとえば、大隈鉄工所は1921年から31年までの間に、普通旋盤11機種をはじめ、フライス盤、ボール盤[c]、研削盤[g]などを含めて、計100機種の汎用工作機械を手掛けたのである[5]。このやり方は確かに多様な製作経験を積むことにはなったが、品質の良い製品を安価に生産する動機にはならなかった。

　しかし、こうしたさまざまな受注獲得への取り組みにもかかわらず、工作機械だけで経営を成り立たせ得たメーカーは特に軍工廠と密着していた例外を除いてはなく、主要メーカーがその存続のためにとったのは兼業部門への傾斜であった。表1-1は主要メーカーの創立時から敗戦後までの主な兼業製品を示している。日本の最も古い工作機械メーカー群は創業時から工作機械で経営を

成り立たせたわけではなく、木綿艶出しロール機や製麺機といった簡単な機械の製造から始めて、日露戦争時に多くの工作機械を製作した。しかし日露戦争後の工作機械需要は少なく、工作機械は複数の営業品目の一つとして製作されるか、もしくは一時、営業品目から外された。第一次世界大戦に際会して、工作機械は一躍、主たる製品になるが、戦間期には再び兼業品種のほうで企業経営を成り立たせているのである。日中戦争開始以後に設立された新興工作機械メーカーも戦時中は専業であったが、戦後の工作機械需要の激減した時期には、何らかの兼業品目を見つけ出して、経営のつなぎとしている[6]。

現代では国際市場が発達し、市場の多角化による需要変動の平準化がしやすい状況になっているとはいえ、各国における工作機械生産の増減を実際に見ていると、大きな国内市場を有しそれへの依存度が高い場合や、企業規模が大きく市場占有率が高い場合には、経営の多角化も充分考慮すべきように思える。

日本の工作機械メーカーによる兼業の展開を歴史的に検討してみると、兼業品目には内燃機関、繊維機械、印刷機械、煙草機械などが多く選ばれ、時代的にも各メーカーに共通性が見られる。すなわち兼業品目は、それぞれの時代の経済発展段階に応じた社会全体の機械需要と、個々の工作機械メーカーの既得技術とを睨み合わせて思慮深く選択された。遠洋漁業の奨励によって漁船の動力化が必要とされたときには、池貝や新潟が舶用の焼玉エンジン、続いてディーゼルエンジンを供給したのであり、繊維工業が発展するのに従って、大隈や大阪機工などは織機あるいは紡機を生産したのである。また新聞業界に高速輪転印刷機が導入された頃には、池貝や東京機械がこれの輸入代替を行っている。ほかにも第1次産業に関連の深い煙草製造機械や木工機械、インフラストラクチュアの整備に伴って需要の生じた水道用仕切弁や水道メーターも兼業品目に選ばれた。

以上のような経済的要因による兼業品目の選定は、その時代、地域によって、さまざまな可能性が考えられるが、技術的側面からは工作機械の設計、製作と共通するところの比較的多い製品が選ばれる。第一に、その製作に要求される加工精度、組立精度が同じ程度であることが考慮される。すなわち工作機械よ

表1-1　日本の主要工作機械メーカーの兼業の展開状況

製作年	池貝鉄工所	大隈鉄工所	新潟鉄工所
1889	部品加工、水道仕切弁		
1890	木綿艶出ロール機*		
1894	弾丸、信管、兵器部品		
1895	蒸気機関		石油鑿井機械*、客貨車*
1896	石油発動機*		
1897	ガスエンジン*、歯切り		
1898		製麺機*	
1899	旋盤**、煙草機械*		
1901			石油発動機
1903	石油発動機（焼玉）*		
1904	弾丸用旋盤、ほか軍需	弾丸・信管用旋盤**、ほか軍需	砲弾旋盤**
1906			木造汽船*
1907			農耕用ポンプ
1908	舶用焼玉エンジン*		焼玉舶用機関*、鋼船
1910	小ねじ、工具		
1911	高圧無点火式舶用焼玉エンジン		
1912		木毛製造機械	
1913			工作機械
1914		工作機械、軍需機械	製油・貯油装置
1915	砲弾旋盤		
1916	舶用ガソリンエンジン	軍需機械、木工機械	工作機械、石油鑿井機、船舶、鉄道車両
1919			舶用ディーゼル機関
1920	空気噴射式ディーゼル機関*		陸用ディーゼル機関
1921		綿織機	
1923		毛織機*、巻煙草製造機*	
1924		木工機械	
1925		毛織機*	
1926	無気噴油ディーゼル機関*、高速輪転印刷機*		無気噴射式陸用ディーゼル機関
1927	自動活字鋳造機	軍服製絨用織機	全鋼製電動客車
1928		織機*	
1929			半鋼製ガソリン動車
1931	四六版2回転印刷機、自動鉛版鋳型鋳造機、車両用高速ディーゼル機関		
1933		無杼織機	国鉄動車用ディーゼル機関
1936		織機*	
1946		煙草巻上機*、製麺機、綿織機	漁船用ディーゼル機関*、漁船*、鉄道車両*
1947		毛織機*、紡毛カード*、ミュール*	
1949		梳毛カード*、ミュール*	
1950			ディーゼル動車
1951		梳毛機械*	

注：＊は主要な兼業製品を、＊＊は工作機械の創始を示す。
出所：拙稿「日本と台湾にみる発展途上期工作機械工業」中岡哲郎編『技術形成の国際比較』筑摩書房、1990年。

り精度の低い製品は従来の技術で製造可能であるけれども、あまり差が大きいと既存の設備や技術を充分に生かせない。第二に、製作する機械の大きさがほぼ同じである必要がある。つまり製造している工作機械の大きさによって設備機械の大きさが決まっているので、たとえば大型工作機械メーカーがミシン製造を兼業しても生産設備を生かせない。第三に、生産ロットが近いことである。量産の場合と多品種少量生産の場合とでは設備機械の構成（汎用機中心か、専用機中心か）が変わってくるからである。第四に、鋳造技術と設備を生かしたいという視点である。工作機械製造にとって比重の大きい鋳造をいかに生かすかということである。第五に、機械設計に必要とされる知識の領域が近いことで、たとえば工作機械の設計には熱力学や流体力学の知識が必要とされることは少ないのである。これらの技術的連関は時代や地域を越えた兼業品目選定の要素となる。表1-1にも日本の歴史的、地域的需要に基づく特有の兼業製品が含まれているが、内燃機関や繊維機械、印刷機械などは工作機械との技術的共通性も多く、これらは後々まで兼業製品として重要な位置を占めることになる。

　次節では、このように工作機械専業で発展しえなかった日本の工作機械製造業者が、技術の向上をいかにして図ったかを見ることにしたい。

第3節　戦前・戦時期日本の工作機械技術

　工作機械に対する技術革新の要求は、切削速度の向上、加工精度の改善、自動化、新加工方式などをその内容とする。その前提となるのは工具、素材、構成部品、設備工作機械、電子制御技術等の進歩である。20世紀初めには工具素材の技術革新が見られた。1900年にテイラーとホワイトによる高速度鋼の開発があり、さらに26年にはクルップによる超硬合金の工業化が行われ、これらは切削速度の飛躍的上昇を可能にした。しかしこの新しい工具素材の能力を引き出すためには、旋盤やフライス盤の主軸[m]回転数を上昇させる必要があり、高速度鋼は炭素工具鋼の約3倍の、超硬合金は高速度鋼の約5倍の回転数を実

表1-2　日本の工作機械工業の技術水準改善の経路

1. 先進国の優秀な工作機械の模倣製作
    例　1927年　大隈、米シンシナティ社製をモデルにMC形横フライス盤製作。
    　　1935年　池貝、独VDF旋盤を見本としてD型旋盤製作。
2. 軍工廠からの図面支給、技師派遣等による技術指導、試作命令
    例　1904年　新潟、東京砲兵工廠より受注の砲弾旋盤を同廠技師の指導により製作。
    　　1919年　大隈、名古屋の軍工廠より米国製旋盤の図面を支給されOP形普通旋盤製作。
3. 鉄道省による試作競技、共同研究会
    例　1930年　池貝、瓦斯電、大隈に形削盤を製作させ、浜松工場にて性能比較試験実施。
    　　1936年　鉄道省工作局と主要工作機械メーカーによる工作機械研究会発足。
4. 学校備え付け機械としての採用と製作指導
    例　1905年　東京高等工業学校、池貝に旋盤発注、同校嘱託米人技師フランシスが指導。
5. 先進国技師の技術指導
    例　1906年　元プラット・ホイットニー社技師フランシス、池貝に入社。
    　　1939年　スイスのエリコン社技師団、日平の研削盤製造を技術指導。
6. 先進国での実務経験
    例　1907年　米工科大学卒業後、米国での実務経験を積んだ竹尾年助、唐津の創業に参加。
    　　1916年　新潟、山口八次技師を米ブラウン・シャープ社他での実習のため派遣。
7. 他工場からの技師招聘
    例　1918年　瓦斯電、汽車製造より栄国嘉七ら招聘、車輪旋盤の技術獲得。
8. 先行工作機械メーカーからの独立
    例　1926年　岡本覚三郎、池貝より独立して岡本専用工作機械製造所設立。
9. 品評会の開催
    例　1921年　農商務省、工作機械展覧会を開催し出展機を審査。
10. 精度規格の制定
    例　1926年　機械学会、旋盤規格制定。
11. 先進的設備工作機械の導入
    例　1897年　池貝、シンシナティ製万能フライス盤購入、歯車の機械切りを行う。
    　　1932年　池貝、ビレッター製ベッド摺動面研削盤購入。

出所：表1-1に同じ。

現しなければ、有効に利用できなかった。

　主軸回転数を高めるには工作機械の基本設計を変更する必要があり、たとえば主軸の軸受方法、軸や歯車の材質、フレームの剛性、歯車の加工精度および組合せ精度、原動機の動力、潤滑系統などについての技術革新がなされなければならなかった。当時の日本で技術的に最も進んでいた池貝鉄工所は、1889年に旋盤を1905年にフライス盤を創製していたが、高速度鋼に対応した高速度旋盤を完成したのは1912年、超硬合金に対応した超高速旋盤と超高速フライス盤

表1-3 外国製工作機械を模造する場合、特に困難を感ずる点（1939年）

事　項	申告件数
1. 軸受に使用するボールおよびローラ・ベアリングに優秀な国産品なし	16
2. 外国品と同様なる材料を得難し	14
3. 熱処理不明	7
3. 歯車の製造困難	7
3. 電気部品製作所との協力困難なること	7
6. 精密計測器設備の不充分なるため	6
7. ベッド、コラム等にて外国品のごとき滑面が得られぬ	5
7. 鋳造技術の研究不充分	5
7. 工場設備不充分その他の事情相違のため模造困難	5
7. 精密工具入手困難	5
11. 工作機械の各部門専門製作者なきため、総ての部品まで研究製作する必要あり（例えばユニバーサル・ジョイント、マルチプルディスク・フリクションクラッチ等）	3
11. 特殊電気装置の設計製作困難	3
13. 主要部分が特許となりおること	2
13. 強力なる小型電動機およびスイッチの入手困難	2
15. 材質不明の場合あり	1
15. 工作法不明のものあり	1
15. 機械仕上加工の基礎知識不充分のため	1

出所：青木保「国産工作機械及計測器の現状」『精密機械』第Ⅵ巻第12号、1939年。

を完成したのは、それぞれ32年と35年である[7]。いずれも非常に大きな技術革新であったにもかかわらず、比較的短期間に追随しているが、これらはすべて欧米製品の模倣によってなし遂げられた。

　草創期から両大戦間期までに日本の工作機械製造業者が技術水準を引き上げていった経路を整理してみると、表1-2のようになる。このうち最も普遍的な経路が上述の輸入された先端工作機械の模倣製作である。中小企業を中心とする日本の工作機械製造業者は自力で開発する技術力も資金力も欠き、模倣することによって後発性の利益を、完全にではないが享受することができたのである。こうした模倣によって主要各社が獲得した技術は汎用の旋盤やフライス盤においては原品に匹敵する製品の模作を可能にしたが[8]、1939年の報告によると外国製品を模造する場合、特に困難を感ずる点として、なお表1-3の各事項が挙げられている。また当時、輸入に依存していた機種の主たるものを表1-4に示す。

表1-4　1939年に外国製を必要とした工作機械

機　　種	主　要　製　造　会　社	申告件数
1. ジグ中ぐり盤	SIP, Herbert Lindner, Pratt & Whitney	77
2. 歯車研削盤	Maag, Pratt & Whitney, Reinecker, Deutsche Niles	70
3. ねじ研削盤	H. Lindner, SIP, Jones & Lamson	67
4. 歯切り盤	Gleason, Reinecker, Maag, Klingelnberg, Fellows, Lorenz	61
5. 自動旋盤	Index, Tavannes Watch, Heinemann, Jones & Lamson	33
5. 精密ねじフライス盤	Pratt & Whitney, Wanderer	33
7. 心無し研削盤	Cincinnati, B. S. A., Hartex, Lidköpings	32
8. 精密中ぐり盤	Ex-Cell-O, Heald, Hille, Kellenberger	29
9. 内面研削盤	Heald, Karl Jung	23
10. 精密ねじ切旋盤	SIP, Pratt & Whitney, National Acme, Reishauer	21

出所：表1-3に同じ。

　これらに見られる当時の日本における工作機械工業の状況は現在の後発国と酷似しており、重要部品、素材、測定器、工具など関連産業の立ち遅れと、精密な高級機種の強い輸入依存が見られるのである。

　1938年、戦争拡大を背景として工作機械工業の重要性を認識した政府は、工作機械製造事業法を制定して、設備工作機械200台以上を有する普通工作機械製造工場と、設備工作機械50台以上を有する特殊工作機械製造工場を許可会社として、その保護、育成を始める。同時に、工作機械試作奨励金交付規則を発布して、国産化されていない高級工作機械の試作を奨励した。さらに翌39年、政府は総動員試験研究令を公布して、工作機械メーカーに対しても強権的な試作命令を行うことにした。同年のヨーロッパにおける第二次世界大戦の勃発と、翌年のアメリカの工作機械対日輸出禁止措置とによる、欧米からの輸入途絶は、従来、輸入に依存していた精密工作機械の国産化を強く刺激し、試験研究命令によって、41年から45年までに、30社で合計78機種の試作が行われた[9]。これらは欧米一流機に完全に準拠して模倣製作され、自動旋盤、歯切り盤[h]、歯車研削盤、精密中ぐり盤[f]のほか、ジグ[w]中ぐり盤、ねじ切りフライス盤、ねじ研削盤といった高精密機種までを含んでいた。完成品の構造検査、運転検査、精度検査、分解検査、材料検査が37年に設立された商工省機械試験所などによって実施されたが、成績は一般に良好であった[10]。

精密工作機械の国産化が可能になった要因として、メーカーの製造技術の向上とともに、関連産業の発展が挙げられる。表1-5に工作機械の主要な関連産業である軸受、工具、測定器、特殊鋼の国産化の進展状況を示す。いずれも第一次世界大戦前後にその先鞭がつけられたものの、軸受工業に関して言えば、当時は軸受鋼、鋼球、ころを輸入に仰いでいる状態で、世界的な軸受メーカーであるSKFの圧倒的な競争力の下で、日本製品は補完的役割しか果たさなかった。これら関連産業は、満州事変に至って、ようやく量的にも質的にも発展し始め、軸受の自給率は38年に50％を超え、マイクロメータ x) やダイヤルゲージ y) といった測定器の生産も41年以降に本格化した。また工具の生産もバイト、ギヤカッター、ミリングカッターを中心に顕著な伸びが見られ、特殊鋼の生産も満州事変以降に急増した。特に軸受は戦時中に品質の改善が進み、工作機械用軸受も、「音響面ではまだ問題があったが、寸法・精度においてはほぼ満足すべきものがつくられた」[11]。戦時中にはまた工作機械の重要構成部品である歯車の加工精度も向上している[12]。軸受や歯車といった構成部品と製造過程で用いる工具、測定器のこうした品質向上は工作機械の品質改善に寄与した。しかし同時にこれらはまた工作機械によって加工された製品でもある。戦時体制という輸入に依存できない状況下で、工作機械工業とその関連産業は、戦争遂行という目的に政策的に収束されつつ、相互に技術水準を高め合っていったのである。

このように、工作機械工業の製造技術が一定水準に到達し、さらに高い技術力と価格競争力を獲得しようとするときには、重要な関連産業が準備できている必要がある。工作機械工業の技術水準の向上はさまざまな経路をたどって各企業の手で行いうるが、関連産業の育成は他の産業との関係も考慮した政策的調整を考えねばなるまい。

日本の場合、戦時中に関連産業が発達し、工作機械工業との共鳴的発展が進みかけたが、敗戦によって工作機械工業の技術発展は途絶した。戦中・戦後の先進国での技術進歩と戦後日本における工作機械工業の衰退によって、彼我の技術格差は広がった。戦後復興期を経て、日本の工作機械工業は先進工業国の

表1-5　工作機械関連産業の発展概史

年	ころがり軸受	工具	測定器	特殊鋼
1910	SKF社日本代理店開設			土橋電気製鋼所、高速度鋼製出
1911		神戸製鋼所、工具製造開始		
1912				安来製鋼所、工具鋼製造
1914		ノルトン社、広島砥石製造所に投資。閣池、各種工具創製		
1915				日本特殊鋼合資会社設立
1916	日本精工、玉軸受製造開始　ティムケン社、対日輸出開始	閣池製作所、歯切りホブ生産開始		
1917				電気製鋼所、炭素工具鋼製造
1918	西園鉄工所、玉軸受製造開始			
1919	ホフマン社、対日輸出開始　日本特殊鋼、軸受国産化			
1925			閣池、マイクロメータ生産開始	電気炉鋼生産1万5,000トン
1927	光洋精工、円錐ころ軸受製造	芝浦製作所、超硬合金生成		
1929		不二越、設立		
1930			田島製作所、ノギス生産開始	
1931			津上、ブロックゲージ創製	
1932			津上、ダイヤルゲージ製造開始	電気炉鋼生産5万3,000トン
1934			津上、1m万能測定機完成	
1935	日本精工、鋼球製造開始		日本光学、表面粗さ測定機開発	
1938	不二越、軸受製造開始		三井精機、歯車測定機製作	
1939	三省「玉軸受およびころ軸受工業指導要領」決定	閣池、シェービングカッタ創製		
1940	重要機械製造事業法適用	重要機械製造事業法適用		
1941				電気炉鋼生産122万トン

出所：表1-1に同じ。

技術水準に到達することを目標に掲げて再出発することになる。

第4節　戦後日本の工作機械技術

　日本の工作機械工業は戦時下において政策的育成の対象となったが、戦後もいくつかの政策的支援を受けることになる。工作機械技術を改善するために積極的な取り組みが始まるのは、連合国軍による占領が終わる52年頃からである。この年、工作機械輸入補助金制度と企業合理化促進法に基づく特別償却制度が実施された[13]。前者は工作機械メーカーが生産設備としての工作機械を更新することを促すために、購入金額の半分を融資する制度であった。経済の先行きが見通せないため、この制度を利用して設備投資に踏み切った企業は有力企業10社にすぎなかったが、輸入された機種はグレーの平削り盤、デヴリーグのジグフライス盤をはじめ、定評のある高精度工作機械に集中しており、工作機械生産設備を世界一流機に更新したことによって、機械加工精度は格段に向上し、最終的に製品の性能を改善することになった。後者は工作機械メーカーを含む工作機械ユーザーに機械設備の更新を促すため特別償却を認めた制度で、工作機械の需要創出効果も併せ持っていた。

　56年から3次、15年にわたって施行された機械工業振興臨時措置法（以下、機振法と略す）に基づいて日本開発銀行および中小企業金融公庫は、設備近代化のための長期低利資金を工作機械製造業界およびその使用業界に貸し付けた。このため工作機械生産設備の更新が促され、機械加工の精度向上とコスト削減がもたらされた。機振法は工作機械のみならず、精密測定器、切削工具、金型などの基礎機械、軸受、歯車などの共通部品、自動車部品などの特定部品を対象としていたため[14]、これら工作機械ユーザーの設備投資を促進する融資は工作機械需要を喚起することにもなった。さらに注意すべきことには軸受、歯車、ねじなどの重要な工作機械部品および銑鉄鋳物などの素形材の生産設備が近代化されることによって、工作機械製造用購入品の品質とコストが改善されることになった。精密測定器、切削工具、人造研削砥石も工作機械の生産と使用に

不可欠であり、工作機械工業の発展を側面から支援した。機振法は工作機械工業にこのような相乗的効果をもたらした。

　50年代前半、工作機械技術の向上に寄与する産業政策として重要だったのは工作機械等試作補助金制度であった。この制度の適用によって、53年度から55年度の間に、60社69件の新機種[15]の開発に要する総経費の平均4分の1程度が補助された。対象となった機種は研削盤、歯切り盤、タレットないし自動旋盤、ジグおよび精密中ぐり盤、倣い装置の付いた旋盤ないしフライス盤などで、精密度ないし自動化度の高い工作機械が中心であった。また豊田工機とトヨタ自動車から申請のあった自動車エンジン用トランスファマシン[k]も対象となっていた[16]。「試作機は工業技術院機械試験所で審査され、その結果が公表され、のちの国産機の技術に大きな影響を与え」[17]るとともに、「その後における国産工作機械技術の中核となっている」[18]。

　1956年から63年にかけては業界団体である日本工作機械工業会が外国工作機械性能審査委員会を設置して、世界最高水準の欧米製工作機械8機種[19]を、業界各社、機械試験所、各大学研究室等で詳細に審査した。審査内容は①外観構造、仕様などの準備検査、②静的な精度検査とその温度上昇による影響、③機能、操作性、無負荷時ならびに負荷時の温度上昇、振動、騒音の状況、負荷時の機械効率と切削性能、および工作精度、④主要部品精度および組立精度の分解検査、⑤実用試験による生産能率と加工品の加工精度および仕上げ面精度の検査、⑥バランス、剛性、振動、音響などの力学的観察、⑦材質、熱処理法、硬度、組織などの材料検査、⑧破壊検査を含む耐久力試験からなる大がかりで徹底したものであった[20]。「これら欧米の超一流機械の、材質、各部の部品精度、剛性試験等研究の成果は以後における設計、工作について寄与するところが大きい」[21]と評価されている。

　さらに日本工作機械工業会は基礎技術研究特別委員会を設置し、61年から64年までの間に、公的研究機関[22]の協力の下に基礎的な研究を実施した。研究内容は基本的工作機械である旋盤、ボール盤、中ぐり盤、フライス盤、研削盤の構造（剛性、振動、熱変位）、摺動面[p]、歯車、軸受、油圧・電気機器など

表1-6　基礎技術研究の内容

研究項目		研究内容	参加会社
構造	旋盤	普通旋盤ベッドの剛性、熱変位	40
	ボール盤	直立ボール盤コラム、ラジアルボール盤アームの剛性	23
	中ぐり盤	横中ぐり盤コラムの剛性、熱変位	19
	フライス盤	ひざ形フライス盤コラム・ニーの剛性、熱変位	25
	研削盤	円筒研削盤ベッド、平面研削盤コラムの剛性、熱変位	26
要素	すべり面	材質別および熱処理による摩耗状況	43
	歯車	材質別および熱処理による強度、動的回転精度	43
	主軸軸受	旋盤、フライス盤用主軸構成の予圧量	43
	油圧装置	絞り弁、電磁切換弁、可変吐出量ポンプの試作	47
	電気装置	モーター、制御機器、操作機器の性能向上	41
	工作用機器	回転センタ、中ぐり工具、チャック、クラッチの試作	27
耐久性		自動旋盤の耐久試験、スプリング、ベルトの性能等	25

出所：大高義穂「雑談・日工会時代の思い出」『日本工業大学工業博物館ニュース』第35号、1999年11月。

の要素部品や耐久性に関するものであった（表1-6参照）。これら工作機械関連の産官学による研究の諸成果は日本の工作機械工業界の共有財産となった。

　戦後の日本において工作機械の技術水準向上に大きく寄与したのは1952年に始まる欧米工作機械メーカーからの技術導入であった（表1-7に初期の技術提携の内容を示す）。初期の技術導入は昌運カズヌーヴ旋盤、三菱エリコン旋盤、新潟サンドストランド生産フライス盤、豊田ジャンドルン円筒研削盤など、各企業の飛躍をもたらす新機種を生み出した。

　三菱造船広島精機製作所（現三菱重工業工作機械事業部）は戦時中、限界ゲージ方式を用いて、性能の優れたコーハン旋盤を大量生産していたが[23]、戦後の需要不振によって工作機械の生産は途絶した。同社は52年にアメリカ極東空軍から旋盤44台を受注して、工作機械の生産を再開するが、欧米諸国はもちろん、戦後早々に工作機械生産を再開した国内メーカーに比べても、技術的に遅れていることを認識した。この技術格差を埋めるために、三菱造船は54年、スイスのエリコンと高速旋盤および倣い装置の設計、製作に関して技術提携した。戦前のコーハン旋盤は振り[24] 460mm×主軸回転数970rpm（回転／分）であったのに対し、三菱エリコン旋盤は440mm×2500rpm ないし515mm×

表1-7 戦後初期の技術提携

許可年	会社名	外国会社名	国名	提携機種
1952	津上	クリダン	フランス	ねじ切り旋盤
1953	昌運工作所	カズヌーヴ	フランス	倣い旋盤
1954	三菱重工業	エリコン	スイス	倣い旋盤
	新潟鉄工所	サンドストランド	アメリカ	ベッド形フライス盤
1955	東芝機械	ベルチエ	フランス	立旋盤
	豊田工機	ジャンドルン	フランス	研削盤
1957	三井精機	ルノー	フランス	専用機
1959	三菱重工業	イノセンチ	イタリア	中ぐりフライス複合工作機
1961	三菱重工業	ローレンツ	西ドイツ	ホブ盤
	大阪機工	ラモ	フランス	普通旋盤
	豊田工機	ソムア	フランス	ベッド形フライス盤
	津上	プログレス	ベルギー	自動サイクル旋盤
1962	日立製作所	VWF	西ドイツ	横中ぐり盤
	三菱重工業	ナショナルアクメ	アメリカ	多軸自動盤
	大阪工作所	カズヌーヴ	フランス	倣い旋盤
	碌々産業	レオンユーレ	フランス	万能フライス盤

出所:『"母なる機械" 30年の歩み』日本工作機械工業会、1982年、80頁。

2000rpmと、2倍以上に高速化することになる。

　提携成立後、三菱は技師2名、工師[25] 1名をエリコンに派遣して、3カ月間、技術修得にあたらせている。設計面において三菱がエリコンから学んだのは「精度向上のための中間嵌合の技術と、ギヤマークの原因となる歯車のレシオの計算方法」[26]というような汎用性のある設計技術と倣い装置であったと指摘されている。倣い装置は以前から社内で研究していたが、エリコンの倣い装置は「非常につくりやすく、簡単な装置ですばらしい精度がで」たという。しかし三菱はエリコンの設計を忠実に踏襲して満足したわけではなかった。提携から5年を経ずして、主軸台の温度上昇を抑えるための主軸軸受の一部改造、振動特性を良くするための脚の補強など原設計を所々改良するとともに、強力切削が可能な新機種を設計、製造した[27]。この強力形三菱エリコン旋盤は主軸の剛性を増強したほか、剛性の強化等のためにベッドの形状、往復台、エプロン、刃物台にコーハン旋盤の特徴を取り入れている。

　技術提携と同時に三菱は新鋭の設備機械を数多く導入したが、それによって

機械加工時間の削減と加工精度の向上が達成され、部品の高精度化は組立工数の短縮にも寄与した。加工設備の増強に加え、エリコンに倣って各種精密測定器も導入され、品質の向上と均一化が図られている[28]。このほか、生産技術面では、加工方案が改善されて、加工精度の向上と工数の削減が達成された[29]。機械加工ではエリコンに倣って作業指導票とABC部品管理方式が採用された。作業指導票は使用する機械と治工具[w]、作業方法、標準作業時間を指定した指示書であって、作業を効率的にした。ABC管理は部品単価の高さ、言い換えれば重要度に応じて、部品をA、B、Cの3種類に分けて、重要部品ほど綿密に標準時間と実働時間を管理している。特にA、B分類の部品加工では使用する機械と作業者を指定しており、同一部品を同一機械、同一手順で加工するようにした。その結果、加工不良の減少、精度の向上、能率の改善が達成された。さらに三菱ではエリコン旋盤の需要増加に応じて、組立作業に人進式タクトシステムを採用し、より一層の精度向上、品質の均一化、工数の低減、容易な管理を追求した。

　三菱エリコン旋盤は50年代後半に主力機種として生産を伸ばしていくが、58年にはエリコン旋盤より一回り小型で回転数の速いHL型旋盤が自社設計されて、主力品目に加わっている。

　豊田工機（現ジェイテクト）は創立当初から精密中ぐり盤を生産していたが[30]、戦後になってより高精度な中ぐり主軸が必要となった。主軸の高精度化を追求する中で、豊田工機はフランスで発明された流体軸受[31]を知る。調査と研究の結果によると、流体軸受はそれまでの玉軸受や平軸受よりも優れた特徴を有していた[32]。一方で創立以来、専用工作機械を生産の主体としてきた豊田工機は、戦後受注難の中で専用工作機械を手掛けるようになった従来の汎用工作機械メーカーと競合するようになったため、逆に汎用工作機械に手を広げようとした。豊田工機は汎用工作機械の中でも、輸入依存度が高く、需要の旺盛な研削盤に進出することをめざす。ところがトヨタ自動車工業で使用している研削盤の実態調査をしたところ、「研削盤の生命である軸受は外国特許が押えており、それに抵触しないで開発するのはきわめて難しかった」[33]。こうし

た背景の下で豊田工機は55年に仏ジャンドルンと流体軸受を採用した円筒研削盤等の製造・販売について技術提携した[34)]。契約の概要は以下のとおりであった。

①ジャンドルンは流体軸受を使用した精密円筒研削盤その他の製造販売権を豊田工機に与える、②ジャンドルンは豊田工機へ設計図、仕様書、部品図、細部目録、作業工程表、工具・ジグ組立図面、素材表等を提供または教示する、③必要があれば豊田工機から社員をジャンドルンに派遣して、技術、作業方法その他の見習い・教示を受ける、あるいはジャンドルンの係員を豊田工機に招いて指導を受ける、④豊田工機は契約機械の販売に応じて一定比率の特許使用料をジャンドルンに支払う、⑤契約期間は10年とし、この間にジャンドルンでなされたすべての発明、考案は豊田工機に無償で提供する[35)]。

この契約に基づいて豊田工機から仕上課長、技術部長、設計課係長らがそれぞれ2〜3カ月間、ジャンドルンに出張して技術指導を受けている。製造面で最も重要だったのは流体軸受の組付けときさげ[v)]によるすり合わせであった。ジャンドルンの熟練工から実地指導を受けた仕上課長は帰国後、そのノウハウを係長、組長達に伝えた。超硬きさげを使用して腕の力だけで行う「ベッド摺動面の模様づけは難物で、……三日月形を得るのは大変な苦労であった」。砥石軸の組付けもジャンドルンで十分に修得されたが、「実際につくってみると、思わしくない結果がで」て、「組んでは分解し、組んでは調整するといったことの連続で」[36)]あった。

こうした技能修得の一方で、「熟練作業者が少ないなかで、いかにして品質にバラツキのない機械をつくるかで頭を悩ませ」、「本体組付け、小物組付け等の専門組をつくり、作業の分業化による単能工化をはか」り、「未熟練作業者でも一定の作業水準を確保することが可能になった。そうした作業の分業化、明確化を徹底するとともに、未熟練作業者がまちがいなく作業ができるように簡潔かつ明解な作業標準（マニュアル）をつくって、具体的に作業の指示をした。さらに、専用治工具を設置した作業台車などの専門工具の製作を推進した」[37)]。

生産設備面でも、56、7年にマーグの歯車研削盤、歯形測定機、テーラホブソンの真円度測定機、軸受や主軸台等の穴を加工するデヴリーグのジグミル、グレーの門形平削り盤等、世界一流の工作機械、測定機を導入し、精密加工・組立用の恒温室を設置した。鋳造技術ではジャンドルン研削盤の品質確保のため、56年にミーハナイト鋳鉄の技術導入をしている。

　こうして56年、技術提携した円筒研削盤の第1号機が完成したが、この汎用円筒研削盤はきわめて好評で、豊田工機はここに主力となる汎用製品を手中に収めたのである。61年にはコンベアラインによる組立を開始し、豊田工機は円筒研削盤で国内シェア1位になっている[38]。

　豊田ジャンドルン研削盤の設計は当初「オリジナル重視」で、原図をトレースして、ことばだけが日本語に書き替えられた[39]。しかし一方では流体軸受の理論的解明も進められ、提携期間中の60年から豊田独自の研削盤開発が始まる。「研削盤の自主開発の過程において、その成功の鍵を握るのが流体軸受であり、いかにしてジャンドルンより優れた軸受をつくるかが最大の課題であった」[40]。各社の砥石軸の形式についての調査から始めて、ジャンドルンの特許内容を解明した上で、設計、生産技術、製造各部門のメンバーから編成された開発チームがさまざまな形状の砥石軸受を設計、製作して試験した。苦労の末、豊田独自の流体軸受が完成し、平行して開発が進んでいた研削盤本体に組み込まれた。こうしてジャンドルンとの技術提携は更新されることなく、豊田工機における円筒研削盤の生産は豊田独自の新シリーズへと受け継がれていくことになる。

　三菱や豊田のように技術導入に踏み切った工作機械製造各社は単に組立・部品図面を入手して設計技術を学んだだけではなく、治工具の使用方法、工作法、標準作業時間の設定、工程管理法など広汎な生産技術を修得する機会に恵まれた。そして既得技術に新たに導入した技術を結合して、比較的速やかに独自の新製品開発へと向かうことができたのである[41]。

　戦後のこの時期、日本の工作機械メーカーすべてが技術導入しなければやっていけなかったわけではない。たとえば戦前から豊富な技術的蓄積を持っていた池貝鉄工や大隈鉄工所は独自に優れた製品を世に送り出している[42]。一方、

表 1-8 NC 工作機械の技術提携

許可年	会社名	外国会社名	国名	提携機種
1970	山崎鉄工所	アメリカンツールワークス	アメリカ	大型数値制御旋盤
	新潟鉄工所	サンドストランド	アメリカ	マシニングセンタ
	山崎鉄工所	フーダイルインダストリーズ	アメリカ	マシニングセンタ
	三井精機	プラット・ホイットニー	アメリカ	マシニングセンタ
	新潟鉄工所	サンドストランド	アメリカ	数値制御工作機械
1971	豊和産業	マックスミューラー	西ドイツ	NC 旋盤
	レイボルド機工	カールヒューラー	西ドイツ	マシニングセンタ（製造は帝人製機）
	新潟鉄工所	サンドストランド	アメリカ	マシニングセンタ
1972	不二越	オンスラッド	アメリカ	NC フライス盤、NC ボール盤等
1973	三菱重工業	ルートヴィクスブルガー	西ドイツ	トランスファセンタ、マシニングセンタ
	三菱重工業	カーネー・トレッカー	アメリカ	ATC
	ワシノ機械	アトリエ	フランス	マシニングセンタ
1975	三菱重工業	プラット・ホイットニー	アメリカ	数値制御旋盤
	東芝機械	カーネー・トレッカー	アメリカ	マシニングセンタ
1976	ジャパン・カズヌーブ	カズヌーヴ	フランス	数値制御旋盤
1978	東芝機械	カーネー・トレッカー	アメリカ	マシニングセンタ
	ワシノ機械	フォレスト	フランス	マシニングセンタ
	ワシノ機械	フォレスト	フランス	マシニングセンタ
1979	トヤマキカイ	カーネー・トレッカー	アメリカ	マシニングセンタ
	東芝機械	テクニク・エ・メカニクインダストリー	フランス	工作機械 NC プロファイラー
	豊田工機	カーネー・トレッカー	アメリカ	数値制御複合工作機械
1980	宮野鉄工所	ワーナー・スウェージー	アメリカ	数値制御旋盤
	津上	ワーナー・スウェージー	アメリカ	数値制御精密自動旋盤
	GF工作機械	ジョージ・フィッシャー	スイス	高性能 NC 旋盤
	池貝鉄工	ギルデマイスター	西ドイツ	NC 単軸生産自動旋盤
	豊田工機	リットン・インダストリアル・プロダクツ	アメリカ	数値制御複合工作機械
	シー・ケー・ディ	ハンス・ウィスブロッド	スイス	小型マシニングセンタ

出所：『"母なる機械" 30年の歩み』日本工作機械工業会、1982年、88〜90頁より抜粋。

　外国技術によって技術的空白の補塡や新機種への進出を企図したメーカーも、既得の技術力を前提として提携機種の選定に成功すると、技術提携に基づく新技術の導入によって、短期間に技術力を高め、新製品を自社開発できるようになった。同時に提携機種は製品の販路拡大に大きく寄与し、各企業の業績に貢献しただけでなく、ひいては日本全体の工作機械輸入依存度を引き下げる効果をもたらした。

初期の技術導入は非NC工作機械が対象であったが、70年代に入ると表1－8に示すようにNC工作機械に関する技術提携が始まる。しかしNC工作機械の技術導入は、初期の提携に基づいて生産されたいくつかの非NC工作機械がその完成度の高さ、サイズの手頃さ、汎用性の高さゆえに、当初の設計のままで、広く需要を喚起していったのと同じような成果を生まなかった。それはアメリカで先行的に開発されたNC工作機械がまだ広汎な需要を生むような使いやすい製品にはなっていなかったからである。NC工作機械を広く普及させていくのはほかならぬ日本の工作機械メーカーであった。

後発ながら普通旋盤の量産によって生産を伸ばしつつあった山崎鉄工所（現ヤマザキマザック）は64年にNC旋盤[i)]の研究・開発に着手し、66年にはタレット式立形マシニングセンタ[j)]の試作研究を始めている。自社開発によるNC旋盤は68年に市販され始め、立形マシニングセンタは70年に完成している。その一方で70年、山崎鉄工所は他社に先駆けて、NC旋盤とマシニングセンタに関する技術導入を行った。大型NC旋盤6機種[43]が米アメリカンツールワークスから、横形両頭マシニングセンタ[44]と立形マシニングセンタの3シリーズ14機種が米バーグマスターから導入された。社史によると「生産機種構成のワイド・レンジ化を図り、より高度なソフトウェア技術を吸収消化するため"時間"が買われたのである」[45]。図1－1と図1－2に山崎鉄工所におけるNC旋盤とマシニングセンタの沿革を示す。この図によるとアメリカンツールワークスから技術導入した大型NC旋盤（AMERICAN 7050など4機種)[46]は山崎鉄工所のNC旋盤生産の一部にすぎず、生産の主力は中小型旋盤にあった。一方マシニングセンタについて見ると、最初に自社開発されたタレット形マシニングセンタ（BTC-NO 5）を除いて、技術提携機（ECON O CENTER、DUAL-CENTER両シリーズ）が山崎鉄工所における初期のマシニングセンタ生産の中心であったことがわかる。旋盤生産の比重が高かった山崎鉄工所がその後、マシニングセンタで国内シェア首位となったことを考慮すると、この初期の技術導入の意義は大きかったと言えよう[47]。

日本の工作機械メーカーは戦後アメリカで開発されたNC工作機械の技術開

図1-1 山崎鉄工所のNC旋盤生産の沿革

	1968	1969	1970	1971	1972	1973	1974	1975	1976	1977	1978
TURNING CENTERシリーズ		[MTC-100M]		[MTC-M2]	[MTC-M3]			[MTC-M4]			
		[MTC-800R]			[MTC-Z]			[MTC-M5]			
		[MTC-1500R]					[NC-JUNIOR]				
SLANT. O. CENTERシリーズ [SLANT. O. CENTER. 4 AXIS]						POWER MASTERシリーズ [POWER MASTER. UNIVERSAL]		[POWER MASTER. CHUCKER]			
								[POWER MASTER. OIL-COUNTRY]			
SLANT MASTERシリーズ [SLANT MASTER UNIVERSAL-21]								[SLANT MASTER UNIVERSAL-22]	[SLANT MASTER UNIVERSAL-26]		
DYNA-TURNシリーズ [DYNA-TURN 4L]									[DYNA-TURN 3L]		
										[DYNA-TURN 1L]	
										[DYNA-TURN 5L]	
										[DYNA-TURN 2L]	
HYPRO-TURNシリーズ〈AMERICAN 7050〉						〈AMERICAN 4227〉	〈AMERICAN 5005〉		[HIPRO-TURN 7550]		
							〈AMERICAN 4025/30〉		[HIPRO-TURN 4227]		
									[HIPRO-TURN 4930]		
									[HIPRO-TURN 4930 OIL COUNTRY]		

注：[ ]内は自社設計製品、〈 〉内は技術提携製品である。
出所：山崎鉄工所60年史編纂委員会『還暦迎えた若きマザックのきのうとあす』山崎鉄工所、1979年の巻末年譜より抜粋。

第 1 章 日本工作機械工業の経営と技術 35

図 1 − 2 山崎鉄工所のマシニングセンタ生産の沿革

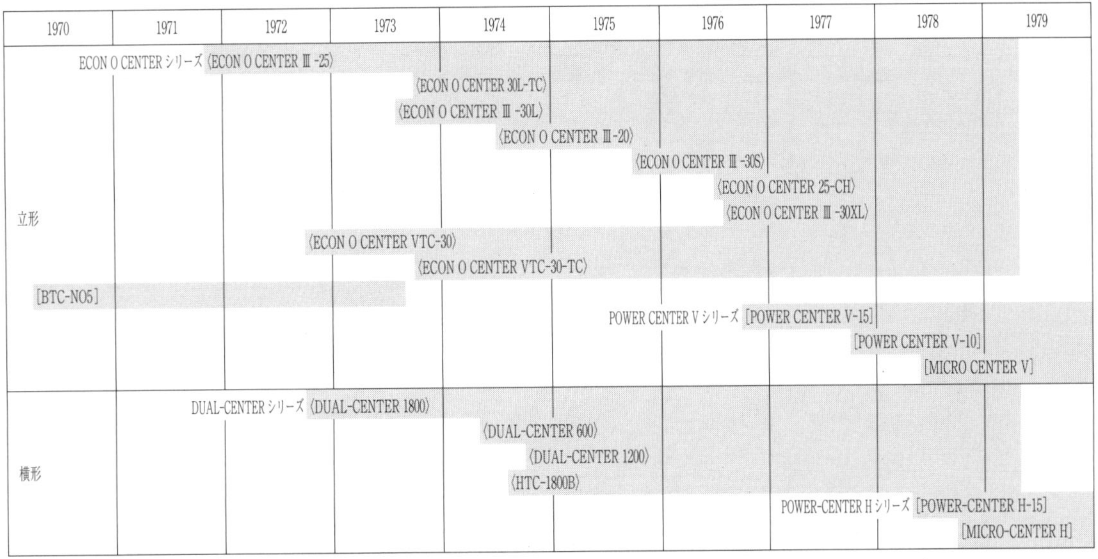

	1970	1971	1972	1973	1974	1975	1976	1977	1978	1979
立形	ECON O CENTER シリーズ 〈ECON O CENTER Ⅲ -25〉			〈ECON O CENTER Ⅲ-30L-TC〉 〈ECON O CENTER Ⅲ-30L〉 〈ECON O CENTER Ⅲ-20〉			〈ECON O CENTER Ⅲ-30S〉 〈ECON O CENTER 25-CH〉 〈ECON O CENTER Ⅲ-30XL〉			
	[BTC-N05]			〈ECON O CENTER VTC-30〉 〈ECON O CENTER VTC-30-TC〉						
						POWER CENTER V シリーズ [POWER CENTER V-15] [POWER CENTER V-10] [MICRO CENTER V]				
横形			DUAL-CENTER シリーズ 〈DUAL-CENTER 1800〉		〈DUAL-CENTER 600〉 〈DUAL-CENTER 1200〉 〈HTC-1800B〉					
								POWER-CENTER H シリーズ [POWER-CENTER H-15] [MICRO-CENTER H]		

注：図 1 − 1 と同じ。
出所：図 1 − 1 と同じ。

発動向に重大な関心を払い続けるとともに、需要も性能上の信頼性も乏しい時期から開発と製品化を積み重ねていった。NC工作機械の発展については、その後発工業国にとっての意義と関連づけて最終章で考察することにする。

第5節　戦後日本の工作機械市場

　日本において工作機械の貿易収支が黒字に転換し、それが定着するのは表1-9のように1972年である。戦後もなお四半世紀以上にわたって、工作機械は輸入超過の時代が続いたわけである。しかし戦後日本の工作機械工業は戦前とはかなり様相の異なる展開を示した。

　工作機械工業の経営主体は戦前、戦時を通じて大幅な需要の増減にさらされながらも、経営規模と技術的基盤を充実させており、工作機械製造事業法の下で許可会社となった、新規参入の財閥系企業を含む優良な工作機械メーカーは、敗戦直後に需要が激減した時代をかろうじて凌いで、工作機械の生産を再び始めた。

　戦後復興期に受注が激減した日本の工作機械メーカーに工作機械を発注したのは国鉄や専売公社であった。いずれも戦後復興のための需要であったが、特に国鉄は戦前からの工作機械研究会を46年に機械器具研究会として再開し、「積極的に新しい工作機械技術と、工作機械の研究をとりあげ、工作機械メーカーに鉄道車輛用工作機械を発注」[48]した。ドッジラインによって予算が削減されるまで、日立精機など鉄道用工作機械で実績のある企業には国鉄からの発注があったのである。一方専売公社は機械製作工場と修理工場の復興と新設のために、大隈鉄工所に工作機械401台を発注し[49]、49年に同社は工作機械生産を本格的に再開した。戦間期と同じく、この時期の公企業による工作機械発注は貴重であった。

　戦後、工作機械需要が途絶えた時期に、工作機械メーカーは再び兼業製品への傾斜によって経営を維持した。大隈鉄工所は創業以来の製麺機械、戦災復興に伴う専売公社向け煙草製造機械、朝鮮戦争によって特需が生まれた毛織機と

第1章 日本工作機械工業の経営と技術

表1-9 戦後日本における工作機械の生産、輸出、輸入の推移

(単位：100万円、%)

年	生産額	輸出額	輸入額	内需額	輸出比率	輸入依存度
1945	130	0	0	130	0	0
1946	106	0	—	—	0	—
1947	172	1	—	—	0.6	—
1948	500	1	—	—	0.2	—
1949	771	51	42	762	6.6	5.5
1950	537	214	133	456	39.9	29.2
1951	1,081	286	134	929	26.5	14.4
1952	1,877	352	848	2,373	18.8	35.7
1953	3,738	411	2,254	5,581	11.0	40.4
1954	5,385	549	5,229	10,065	10.2	52.0
1955	3,680	715	4,042	7,007	19.4	57.7
1956	7,174	527	2,523	9,170	7.3	27.5
1957	15,549	724	12,201	27,026	4.7	45.1
1958	21,113	479	13,777	34,411	2.3	40.0
1959	24,318	497	10,449	34,270	2.0	30.5
1960	45,169	1,624	19,701	63,246	3.6	31.1
1961	81,882	2,434	38,899	118,347	3.0	32.9
1962	100,892	2,588	47,582	145,886	2.6	32.6
1963	95,132	4,295	22,796	113,633	4.5	20.1
1964	90,906	6,509	21,320	105,717	7.2	20.2
1965	70,349	8,943	13,963	75,369	12.7	18.5
1966	76,453	14,611	7,586	69,428	19.1	10.9
1967	126,041	17,642	12,839	121,238	14.0	10.6
1968	175,986	18,583	34,176	191,579	10.6	17.8
1969	239,988	21,742	34,485	252,731	9.1	13.6
1970	312,349	24,088	44,162	332,423	7.7	13.3
1971	264,405	28,044	39,763	276,124	10.6	14.4
1972	205,180	27,408	22,366	200,138	13.4	11.2
1973	305,223	35,237	21,332	291,318	11.5	7.3
1974	358,610	57,664	37,211	338,157	16.1	11.0
1975	230,739	61,611	21,575	190,703	26.7	11.3
1976	228,604	76,073	13,867	166,398	33.3	8.3
1977	312,844	115,493	15,720	213,071	36.9	7.4
1978	365,525	162,138	19,638	223,025	44.4	8.8
1979	484,132	206,643	26,214	303,703	42.7	8.6
1980	682,102	269,577	38,221	450,746	39.5	8.5
1981	851,312	310,763	38,623	579,172	36.5	6.7
1982	782,776	247,576	43,585	578,785	31.6	7.5
1983	702,287	237,445	32,517	497,359	33.8	6.5
1984	881,485	315,132	29,259	595,612	35.8	4.9
1985	1,051,128	395,040	35,186	691,274	37.6	5.1

年	生産額	輸出額	輸入額	内需額	輸出比率	輸入依存度
1986	899,402	363,606	33,241	569,037	40.4	5.8
1987	688,779	296,374	22,073	414,478	43.0	5.3
1988	881,070	321,488	36,726	596,308	36.5	6.2
1989	1,139,205	428,591	50,494	761,108	37.6	6.6
1990	1,303,442	455,809	68,645	916,278	35.0	7.5
1991	1,265,587	411,948	58,496	912,135	32.5	6.4
1992	831,087	330,291	41,027	541,823	39.7	7.6
1993	592,727	306,094	25,230	311,863	51.6	8.1
1994	554,080	328,786	25,226	250,520	59.3	10.1
1995	699,351	478,054	41,032	262,329	68.4	15.6
1996	837,453	591,653	64,384	310,184	70.6	20.8
1997	1,017,129	649,395	71,443	439,177	63.8	16.3
1998	1,010,541	657,055	65,843	419,329	65.0	15.7
1999	739,461	529,222	63,711	273,950	71.6	23.3
2000	814,636	620,056	85,572	280,152	76.1	30.5
2001	776,453	558,403	69,619	287,669	71.9	24.2
2002	585,098	448,668	50,904	187,334	76.7	27.2
2003	690,205	564,105	53,163	179,263	81.7	30.0
2004	878,082	683,066	88,245	283,261	77.8	31.2
2005	1,110,257	815,110	107,453	402,600	73.4	26.7
2006	1,211,230	921,456	135,649	425,423	76.1	31.9
2007	1,303,164	892,032	72,601	483,733	68.5	15.0
2008	1,249,184	874,723	60,226	434,687	70.0	13.9
2009	490,275	321,399	28,717	197,593	65.6	14.5
2010	834,109	608,551	30,579	256,137	73.0	11.9

出所:『工作機械統計要覧』2011年版、日本工作機械工業会。

表1-10 戦後復興期の大隈鉄工所の生産状況 (1949年度)

機械名	数量 (台)	金額 (1,000円)	比率 (%)
梳毛機械	21	44,780	7.6
紡毛機械	31	41,497	7.0
毛織機・準備機	598	162,733	27.5
綿織機	308	30,625	5.2
魚網製造用機械・準備機	233	16,219	2.7
煙草製造用機械	104	132,517	22.4
工作機械	270	106,492	18.0
製麺機械	1,042	31,528	5.3
畳		5,428	0.9
その他		20,148	3.4
計		591,967	100.0

出所:100周年記念誌編纂事務局編『オークマ創業100年史』オークマ、1998年、85頁。

いった、それまでに製造実績を持つ衣食関連機械に生産の重心を移した。朝鮮特需が入る前の49年度時点でも大隈の生産額の半分近くが繊維機械であった（表1-10参照）。戦時に繊維機械から兵器と工作機械へ製造の主力を転換していた大阪機工も再び紡績機械を生産の中心とするようになる。48年6〜11月の同社の売上構成は紡績機械86.1％、水道メーター4.7％、電動機2.5％、電気調理器・トラック修理ほか6.7％であった[50]。同社の工作機械生産は51年に再開されるが、繊維機械優位の時代が長く続くことになる。

表1-11　戦後復興期の豊田工機の売上高推移
（単位：100万円）

年度	工作機械	一般部品	繊維機械	その他
1945	9			1
1946	13		0	5
1947	23		20	5
1948	21		152	11
1949	41		288	30
1950	32		568	25
1951	46		1,222	86
1952	132	38	553	43
1953	420	62	481	36
1954	459	106	155	32
1955	328	137	113	13
1956	758	443	124	6
1957	1,487	975	34	30
1958	1,228	981	9	16
1959	1,861	1,650	0	34
1960	3,429	2,665		89
1961	5,013	2,699		101

出所：豊田工機社史編集委員会編『技に夢を求めて　豊田工機50年史』豊田工機、1991年、227頁。

　これら、かつて工作機械以外の製品を生産した経験のある企業と異なり、豊田工機は41年に専用工作機械を主とする工作機械専門工場として設立された。したがって戦後、すぐに手掛けることのできる製品がなかった同社は47年に豊田自動織機製作所と提携して梳棉機の生産に乗り出した[51]。51年には梳棉機の生産が月180台に達し、国内最大手となったが、繊維ブームが下降局面に入る中で、52年には自動車部品の生産を始め、翌年から再び工作機械に主力を置き始める（表1-11参照）。豊田工機は現在のジェイテクトに至るまで工作機械とパワーステアリングを中心とする自動車部品の兼業を継続している。豊田グループの一員として豊田工機は比較的容易に兼業品目を見出すことができたと言えよう。

　比較的長い歴史を有する工作機械メーカーが戦間期の不況を乗り切る必要から、概してかなり比重の高い兼業部門を抱えてきたのに対し、戦後、工作機械

の海外市場開拓に先陣を切った企業は工作機械専業度が高い。後者はたとえば山崎鉄工所、日立精機、森精機製作所といった企業である。戦後の高度経済成長期はもちろん、低成長期にあっても国内の工作機械ユーザーは生産性の改善や加工精度の向上を追い求めていたため、90年代初頭までは常に内需が工作機械需要の中心であった。内需の増加傾向は90年まで続いたが、その間も工作機械内需は景気動向を反映して増減を繰り返した。山崎鉄工所や日立精機は内需後退時に兼業製品で売上げを補完する代わりに、市場を世界に広げることで工作機械の販売量を維持しようとした。山崎は普通旋盤の量産体制を構築する中で、国内需要の変動に対処する必要があったが、「需要を国内外に求め、市場の多角化と併行した戦略展開こそ必須条件であり、多くの企業で志向されている"経営の多角化"よりも"市場の多角化"のほうが経営効率は高く、アンリスキーのはず」[52]と考え、先駆的に海外市場を開拓した。結果として戦後の日本製工作機械は国際市場に販路を見出すことができたのである。なぜなら、世界市場への進出が始まる60年代、日本製工作機械は国際水準の性能に近づくとともに、工作機械を生産する先進国に比べ賃金水準が相対的に低かったため、国際競争力を持つことができたからである。こうした安価で実用的な日本製工作機械を最初に需要したのはアメリカの低級品市場、ソ連・中国、それに一部アジア・オーストラリア地域の新興市場であった。

　表1-12に日本から輸出された工作機械のうち、最も輸出額の多い機種・輸出先を1965年から2010年まで5年ごとに列挙した。日本の工作機械輸出が本格化し始めたばかりの65年の状況を見ると、アメリカとソビエト連邦という両大国が主たる輸出先である。アメリカが普通旋盤、フライス盤（平均単価各115万円、223万円）といったありふれた工作機械を多く購入しているのに対し、ソ連はジグ中ぐり盤、その他研削盤（平均単価各971万円、304万円）といった高精度工作機械を輸入しているのが特徴的である。国際市場に登場したばかりの日本がジグ中ぐり盤というような最高級の精密工作機械をソ連、中国、アメリカに輸出している点は目を引く[53]。

　70年になるとそれまで最大の仕向け先であったアメリカへの輸出が急減し、

第1章 日本工作機械工業の経営と技術

表1-12 戦後の主要な機種別・輸出先別工作機械輸出の推移

(単位:1,000円)

順位	1965年 機種	輸出先	輸出額	1970年 機種	輸出先	輸出額
1	普通旋盤	アメリカ	591,058	その他研削盤[3]	ソビエト連邦	964,830
2	ジグ中ぐり盤	ソビエト連邦	553,532	その他金属工作機械	ソビエト連邦	938,677
3	フライス盤	アメリカ	363,579	横中ぐり盤	中国	908,218
4	その他研削盤[2]	ソビエト連邦	301,315	普通旋盤	中国	820,397
5	その他旋盤[1]	アメリカ	172,328	普通旋盤	アメリカ	779,392
6	その他旋盤[1]	パキスタン	159,595	その他研削盤[3]	中国	765,844
7	その他研削盤[2]	中国	157,039	ひざ形フライス盤	中国	626,065
8	フライス盤	カナダ	135,242	平面研削盤	ソビエト連邦	607,630
9	横中ぐり盤	アメリカ	131,970	ひざ形フライス盤	アメリカ	436,103
10	ジグ中ぐり盤	中国	131,949	タレット旋盤	アメリカ	402,883
11	ジグ中ぐり盤	アメリカ	127,896	内面研削盤	中国	378,374
12	その他研削盤[2]	オーストラリア	126,937	普通旋盤	西ドイツ	349,689
13	その他旋盤[1]	オーストラリア	124,121	自動旋盤	アメリカ	320,694
14	その他旋盤[1]	中国	118,421	その他フライス盤	アメリカ	311,091
15	その他金属工作機械	フィリピン	116,948	自動旋盤	西ドイツ	288,401
16	普通旋盤	オーストラリア	113,445	その他金属工作機械	台湾	266,685
17	普通旋盤	カナダ	110,432	平面研削盤	中国	260,708
18	フライス盤	中国	109,015	その他研削盤[3]	台湾	257,257
19	フライス盤	ソビエト連邦	103,663	その他研削盤[3]	パキスタン	224,328
20	その他研削盤[2]	パキスタン	100,032	その他金属工作機械	韓国	208,151

順位	1975年 機種	輸出先	輸出額	1980年 機種	輸出先	輸出額
1	NC旋盤	アメリカ	3,122,619	NC旋盤	アメリカ	47,342,105
2	普通旋盤	アメリカ	2,784,710	マシニングセンタ	アメリカ	27,180,618
3	自動旋盤	アメリカ	1,702,291	NC旋盤	西ドイツ	11,182,280
4	その他研削盤[3]	アメリカ	1,574,748	NC旋盤	イギリス	7,719,909
5	その他工作機械	韓国	1,057,818	マシニングセンタ	西ドイツ	6,671,316
6	自動旋盤	イギリス	1,010,511	NC旋盤	南アフリカ	6,087,260
7	その他工作機械	アルジェリア	972,161	特殊加工機[4]	アメリカ	4,764,945
8	NC旋盤	スウェーデン	873,518	マシニングセンタ	イギリス	4,695,236
9	NC旋盤	オーストラリア	811,871	NC旋盤	ベルギー	4,385,596
10	ラジアルボール盤	アメリカ	806,865	非NC横中ぐり盤	アメリカ	3,489,724
11	その他工作機械	中国	799,590	マシニングセンタ	ベルギー	3,272,353
12	普通旋盤	韓国	785,628	NC旋盤	フランス	3,139,990
13	その他フライス盤	韓国	747,715	NCフライス盤	アメリカ	3,107,238
14	その他研削盤[3]	ブルガリア	650,850	マシニングセンタ	フランス	3,065,073
15	その他フライス盤	ブラジル	637,429	NC旋盤	カナダ	2,809,152

16	その他研削盤[3]	韓国	628,162	マシニングセンタ	ソビエト連邦	2,770,547
17	自動旋盤	韓国	624,158	NC旋盤	オーストラリア	2,710,645
18	自動旋盤	西ドイツ	593,681	NC旋盤	スウェーデン	2,690,053
19	その他工作機械	アメリカ	583,682	マシニングセンタ	スウェーデン	2,664,648
20	その他研削盤[3]	ソビエト連邦	581,097	普通旋盤	アメリカ	2,434,519

順位	1985年			1990年		
	機種	輸出先	輸出額	機種	輸出先	輸出額
1	マシニングセンタ	アメリカ	75,330,468	NC横旋盤	アメリカ	33,921,344
2	NC旋盤	アメリカ	54,627,882	立マシニングセンタ	アメリカ	19,826,259
3	特殊加工機[4]	アメリカ	13,870,952	NC横旋盤	西ドイツ	19,373,870
4	NC旋盤	西ドイツ	11,158,003	横マシニングセンタ	アメリカ	16,444,793
5	マシニングセンタ	西ドイツ	10,998,441	NC横旋盤	ベルギー	13,628,755
6	マシニングセンタ	ベルギー	7,446,955	横マシニングセンタ	ベルギー	9,686,892
7	NCフライス盤	アメリカ	7,329,728	立マシニングセンタ	西ドイツ	9,291,427
8	NC旋盤	ベルギー	6,955,522	NC横旋盤	スイス	7,729,293
9	NC旋盤	イギリス	6,846,436	NCワイヤカット放電加工機	西ドイツ	7,612,088
10	その他研削盤[5]	ソビエト連邦	5,117,771	NCトランスファマシン	韓国	7,336,954
11	マシニングセンタ	イギリス	4,909,536	NCワイヤカット放電加工機	アメリカ	6,756,550
12	その他工作機械	韓国	4,256,234	NC横旋盤	イギリス	6,617,929
13	特殊加工機[4]	西ドイツ	4,214,229	NCトランスファマシン	アメリカ	6,085,148
14	NC旋盤	オーストラリア	3,723,970	金切り盤・切断機	アメリカ	5,937,525
15	NC中ぐり盤	オーストラリア	3,622,510	横マシニングセンタ	西ドイツ	5,889,961
16	NCフライス盤	韓国	3,287,149	立マシニングセンタ	ベルギー	5,768,487
17	マシニングセンタ	カナダ	3,137,763	その他NC研削盤[7]	韓国	5,224,684
18	マシニングセンタ	中国	3,107,955	レーザー加工機等	アメリカ	4,095,094
19	NC旋盤	スイス	2,828,356	その他NCフライス盤[6]	韓国	4,036,151
20	NC旋盤	スウェーデン	2,791,904	NC横旋盤	イタリア	4,034,245

順位	1995年			2000年		
	機種	輸出先	輸出額	機種	輸出先	輸出額
1	NC横旋盤	アメリカ	48,529,325	NC横旋盤	アメリカ	53,262,651
2	横マシニングセンタ	アメリカ	33,689,139	横マシニングセンタ	アメリカ	50,122,450
3	その他特殊加工機	韓国	21,044,721	立マシニングセンタ	アメリカ	23,361,402
4	立マシニングセンタ	アメリカ	19,199,772	NC横旋盤	ドイツ	13,198,012
5	NCワイヤカット放電加工機	アメリカ	7,940,722	レーザー加工機等	アメリカ	10,791,901
6	NC横旋盤	ドイツ	7,706,795	NC横旋盤	ベルギー	8,871,070
7	NC横旋盤	ベルギー	7,682,381	横マシニングセンタ	ドイツ	8,735,460
8	レーザー加工機等	アメリカ	6,391,690	レーザー加工機等	台湾	8,408,570
9	NC横旋盤	イタリア	6,044,720	NCワイヤカット放電加工機	アメリカ	6,707,003
10	その他特殊加工機	台湾	5,910,948	横マシニングセンタ	ベルギー	6,451,475
11	NC横旋盤	イギリス	5,589,829	その他特殊加工機	台湾	6,404,767

第1章 日本工作機械工業の経営と技術   43

12	その他NC研削盤[7]	韓国	5,319,465	NCトランスファマシン	アメリカ	6,319,508
13	その他NC研削盤[7]	アメリカ	5,072,197	NC横旋盤	イタリア	5,816,478
14	横マシニングセンタ	ベルギー	4,645,647	NCボール盤	アメリカ	5,815,613
15	横マシニングセンタ	イギリス	4,530,277	NC横旋盤	タイ	5,293,283
16	NC横旋盤	タイ	4,304,933	NC横旋盤	台湾	5,177,125
17	横マシニングセンタ	ドイツ	4,297,093	横マシニングセンタ	中国	5,105,647
18	NCトランスファマシン	韓国	4,181,395	その他NC旋盤	アメリカ	4,124,151
19	NCボール盤	アメリカ	3,971,802	横マシニングセンタ	イギリス	4,111,247
20	その他特殊加工機	アメリカ	3,726,190	横マシニングセンタ	イタリア	3,974,956

順位	2005年			2010年		
	機種	輸出先	輸出額	機種	輸出先	輸出額
1	NC横旋盤	アメリカ	54,417,148	立マシニングセンタ	中国	63,128,714
2	横マシニングセンタ	アメリカ	48,077,989	横マシニングセンタ	中国	44,474,189
3	立マシニングセンタ	アメリカ	18,977,126	NC横旋盤	アメリカ	28,932,394
4	NC横旋盤	ドイツ	16,501,017	横マシニングセンタ	アメリカ	21,882,569
5	横マシニングセンタ	中国	15,261,054	レーザー加工機等	中国	16,747,707
6	立マシニングセンタ	中国	14,734,834	NCボール盤	中国	16,633,642
7	NC横旋盤	中国	14,706,860	立マシニングセンタ	香港	14,433,269
8	レーザー加工機等	台湾	13,713,914	NC横旋盤	中国	13,923,660
9	レーザー加工機等	アメリカ	13,436,119	立マシニングセンタ	アメリカ	13,335,398
10	NC横旋盤	タイ	12,498,061	NC横旋盤	タイ	12,734,355
11	NC横旋盤	ベルギー	11,682,984	その他NC研削盤[7]	中国	12,495,314
12	その他NC研削盤[7]	中国	10,626,042	レーザー加工機等	台湾	9,421,218
13	横マシニングセンタ	ドイツ	10,175,874	その他マシニングセンタ	中国	7,986,921
14	NCボール盤	中国	8,922,890	横マシニングセンタ	インド	7,174,065
15	レーザー加工機等	中国	7,871,784	NC研磨盤等	中国	6,834,047
16	横マシニングセンタ	ベルギー	7,120,094	NC横旋盤	ベルギー	6,475,811
17	NC横旋盤	韓国	7,004,665	NC横旋盤	韓国	6,380,398
18	NC横旋盤	イタリア	6,702,915	レーザー加工機等	韓国	6,371,491
19	NC横旋盤	オランダ	5,495,207	レーザー加工機等	アメリカ	6,044,487
20	NC横旋盤	台湾	5,357,084	立マシニングセンタ	タイ	5,824,534

注：機種別・輸出先別に各年の上位20を列挙した。
　　機種名は統計の輸出品分類の変化に従って変わっている。
　　その他特殊加工機、レーザー加工機等は、非金属を加工する半導体製造装置等を含んでいる。
　1）普通、ならい、自動旋盤以外の旋盤。
　2）内面、平面研削盤以外の研削盤。
　3）内面、平面、円筒、万能工具研削盤以外の研削盤。
　4）電気浸食その他の電気的または電子的な方法を用いた加工機械および超音波加工機。
　5）NC、円筒、内面、平面、心無し、万能工具研削盤以外の研削盤。
　6）ひざ形以外のNCフライス盤。
　7）平面研削盤以外のNC研削盤。
出所：大蔵省編『日本貿易月表』日本関税協会、各年12月版。

翌年にかけて中国が最大の輸出先となる。中国もソ連も研削盤や横中ぐり盤など単価の高い工作機械を多く輸入していた。普通旋盤に関しても、中古品市場で扱われるアメリカ向け小型低価格品とは異なり、中国向け製品の平均単重（1台あたり重量）と単価はいずれもアメリカ向けの3倍近くであった。60年代後半に文化大革命が高揚した後、中国は国内での供給が不充分な工作機械を輸入で補完したわけで、当時の中国工作機械工業の弱みがどの辺りにあったのかを示している。この時期の旋盤輸出は普通旋盤からNC旋盤への移行期にあたり、その中継ぎとしてタレット旋盤[b)]、自動旋盤といった自動化度の高い製品が増加している。タレット旋盤は日立精機が37年に初めて国産化して以来、同社の主力製品の一つであった。それよりさらに自動化度の高い多軸自動旋盤は国産化が難しく、三菱重工業（当時三菱造船）が61年に米ナショナル・アクメと、日立精機が63年に西独ギルデマイスターと技術提携していた。日立精機はギルデマイスターの要請により69年から自動旋盤を西ドイツに逆輸出している[54)]。

75年の工作機械輸出はアメリカを中心とする一方、韓国が輸出先として急速に台頭している。アメリカへの輸出は旋盤に集中していたが、その中でもNC旋盤が首位に立った。アメリカ向け普通旋盤、自動旋盤の平均単価がそれぞれ309万円、792万円であったのに対し、NC旋盤は平均1452万円の高付加価値商品であった。当時のアメリカ向けNC旋盤輸出の大部分は山崎鉄工所製であったが[55)]、かつての普通旋盤のように中古品市場で販売されるのではなく、一流大手企業で採用されるようになっていた。75年は韓国で工作機械生産が本格化する直前にあたり、重化学工業化のための旺盛な工作機械需要が輸入によって充足されたため、同国の工作機械自給率が最も低下した年であった。

80年以降の工作機械輸出先を見ると、対米工作機械輸出自主規制が始まる87年まで北米が日本からの工作機械輸出の4～5割を占めていた。またそれまで少なかったヨーロッパ向けの輸出も増えている。87年以降は東南アジアを含む東アジア市場の比重が高まり、ヨーロッパ市場に次ぐ位置を占めるようになる。東アジア市場の比重は90年代に入るとさらに高まり、ヨーロッパ市場、北米市

場を抜き、97年にアジア経済危機が発生するまで日本にとって最大の工作機械市場となった。機種別に見れば80年以降、日本の工作機械輸出はNC旋盤とマシニングセンタにきわめて偏していることがわかる。特に日米工作機械貿易摩擦が高じていた85年はアメリカ向けマシニングセンタとNC旋盤に著しく傾斜していた。自主規制の結果、90年には両機種のアメリカ向け輸出が減るが、その後、規制の撤廃と日本の工作機械内需激減の中で、日本の工作機械輸出依存度は急増し、2000年には生産額の4分の3以上が世界各国に輸出されるという未曾有の水準に到達している。

第6節 おわりに

　日本の工作機械工業はすでに百数十年の歴史を積み重ねてきたが、最近30年ばかりを除けば、その大半は後発工作機械工業国としての歩みであった。先進工業国を久しく後追いしてきた日本を先進工作機械工業国に押し上げたのは、言うまでもなく70年代後半から80年代にかけてのNC工作機械生産における成功であった。これは正に日本の工作機械工業史の画期であった。もう一つの画期は戦時から戦後にかけての時期であり、終戦で区切るより、戦後の技術導入期まで連続していると見たほうがよさそうである。

　日本における工作機械工業の最初の担い手は工作機械製造を志した中小企業であった。これらの民間企業はしばしば到来した戦時の軍需によって成長を遂げたが、非戦時の工作機械需要低迷期を凌ぐには、工作機械以外の製品の兼業生産、すなわち経営の多角化が不可欠であった。品質で欧米先進国製品に劣る日本製工作機械の市場はその当時、海外には存在しなかったからである。1938年に工作機械製造事業法が施行されるが、これによって日本の工作機械工業は政策的に育成され始める。この法律は、既存の有力工作機械メーカーに生産拡大を促すとともに、財閥を含む大資本の工作機械工業への新規参入を促進し、工作機械工業の中心となる企業層の厚みが増したという点でも大きな効果をもたらした。こうした工作機械工業に対する産業政策は戦後のキャッチアップ過

程でも、戦時中ほどの強制力はなかったにせよ、立案されることになる。戦時期に工作機械工業に参入してきた企業は敗戦まで不景気に悩まされることはなく、兼業の必要性がないどころか、繊維機械などの兼業生産を打ち切って工作機械と兵器に生産を集約していった。

　敗戦を機に一変したのは工作機械需要の性格であった。終戦によって軍需がなくなり、さらに戦争放棄によって将来の軍需も望めなくなった。戦間期と同じように、否それ以上に工作機械工業は民需にしか頼ることができなくなった。古くからの、これまでに戦間期を乗り越えてきた経験を持つ工作機械メーカー、あるいは戦争に伴って他業種から工作機械製造へ転換していた企業は、経営を維持するために、生産の主力を兼業製品あるいは旧来の製品に再転換した。戦時中に発足した工作機械企業は戦後の一時凌ぎに種々の製品を手掛けたが、グループ内の他企業と互恵的関係を築くことができた豊田工機のように継続的な受注の見込める兼業製品を見出せた企業は多くなかった。

　一方、戦後のこの時期、輸出市場は一時的な朝鮮特需を除いて、依然として見出せなかった。工作機械市場が変化を示すのは60年代半ば以降である。内需が中心であることに変わりはなかったが、65年不況を契機に輸出が本格化する。国内における工作機械需要の減少を輸出で補完することができるようになったわけである。海外市場の開拓を率先したのは工作機械専業メーカーであった。頼りになる兼業製品を持たず、しかも標準型汎用工作機械の量産指向が強かった山崎鉄工所や日立精機にとっては、経営の多角化よりも市場の多角化こそ望ましかったのである。これが可能になった背景には日本製品の品質向上と世界市場の重層性を持った広がりがあった。60年代半ばを境とする日本製工作機械の市場変化に伴って工作機械企業による需要変動対策の選択肢は増えたのである。経営の多角化に代わる市場の多角化は70年代後半以降、NC工作機械の輸出が急増するにつれて、一層有効な不況対策の手段となった。

　技術修得の主要な手法は戦前・戦時に行われた輸入工作機械の模倣から、52年以降、先進国企業との正式な技術提携へと変わっていく。模倣製作のために輸入機械を分解して部品をスケッチしても、原設計の寸法公差（許容誤差）、

熱処理法、材質、加工方法等は容易にわからない。治工具設計や生産管理技術となると製品からはほとんど予想がつかない。先進企業との間で技術提携すると、製品図面の供与だけでなく、提携先の技術者や技能者との交流を通じて、設計と製造にかかわるあらゆる情報を享受することができた。提携技術の修得の速さ、次の段階としての自社設計製品の開発の速さから判断すると、日本は戦時期までに技術導入を消化するのに充分な技術を蓄積していたと言えるであろう。

注

a）〜y）は巻末技術用語解説を参照。
1）　本章第2節、第3節は、拙稿「日本と台湾にみる発展途上期工作機械工業」中岡哲郎編『技術形成の国際比較』筑摩書房、1990年の第4節、第5節を修正したものである。
2）　早坂力全集刊行委員会編『工作機械と文明』小峰工業技術、1964年、499頁。
3）　同前、502頁。
4）　『日本機械工業50年』日本機械学会、1949年、529頁。
5）　大隈鉄工所『製品沿革写真集』1968年より算出。
6）　たとえば、三菱重工広島工作機械製作所では煙草截刻機、人絹紡糸機などを、津上でもミシン、活字型彫機、化繊用ギヤポンプを手掛けた。
7）　花房金吾編『池貝鉄工所五十年史』池貝鉄工所、1941年、99〜105頁。
8）　この時期、日本では政策による工作機械工業の育成も、工作機械の公的研究機関もなかった。それに代わる機能を持っていたのは軍工廠や鉄道省などの先進的な公共技術部門であった。陸軍造兵廠名古屋工廠は、1928年、アメリカの一流会社製横フライス盤を購入し、国内主要4社にそれを各10台ずつ模倣製作させ、翌29年の完成時と7年間使用後の1936年に精度検査を行ったが、その結果は原品とほぼ近似していた（横井由之助「日露戦役以降国産工作機械利用の推移その他について」『日本機械学会誌』第40巻第237号、1937年1月）。
9）　『日本の工作機械工業発達の過程』日本工作機械工業会・機械工業振興協会、1962年、223〜226頁。
10）　同前、142頁。
11）　『日本の軸受工業の発展過程』日本ベアリング工業会・機械振興協会経済研究所、1965年、27頁、および成瀬政男『日本技術の母胎』機械製作資料社、1945年、48

~51、140、162頁。
12) 成瀬、前掲書、50~51、140、162~163頁。
13) 詳しくは、沢井実「工作機械」米川伸一・下川浩一・山崎広明編『戦後日本経営史 第Ⅱ巻』東洋経済新報社、1990年、154~155頁参照。
14) 56年度に指定された対象業種は、金属工作機械、試験機、精密測定器、金型、切削工具、人造研削砥石、電動工具、電気溶接機、銑鉄鋳物、ダイキャスト、粉末冶金、ねじ、歯車、軸受、バルブ、自動車部品、ミシン部品、時計部品、鉄道車両部品であった。
15) 金属切削型工作機械が中心であったが、成形型工作機械のほか、日立製作所によるカプラン水車の試作も含まれていた。
16) 対象機種と交付先、補助金額の詳細は、『工作機械工業戦後発展史(Ⅰ)』機械振興協会経済研究所、1984年、41~43頁参照。
17) 小林正人・大高義穂「工作機械産業」産業学会編『戦後日本産業史』東洋経済新報社、1995年、383頁。
18) 前掲『工作機械工業戦後発展史(Ⅰ)』28頁。
19) 対象となった機種は工具旋盤、横フライス盤、万能研削盤、ジグ中ぐり盤、単軸自動旋盤、内面研削盤、歯車研削盤、プログラムコントロールフライス盤であった。
20) 長尾克子「戦後日本工作機械工業の展開——昭和20~40年代——」北海道大学『経済学研究』第45巻第2号、1995年6月、39~40頁。
21) 『工作機械工業戦後発展史(Ⅱ)』機械振興協会経済研究所、1985年、9頁。
22) 機械試験所、機械振興協会機械総合研究所、大阪府立工業奨励館、鉄道技術研究所のほか、各大学研究室である。
23) 三菱造船広島精機製作所の前身は39年創立の東洋機械であるが、旋盤生産はその親会社東洋鋼鈑で37年に始まった。東洋機械は40年にコーハン400型旋盤を1042台生産した（三菱重工業㈱広島精機製作所『広機25年』1964年)。米ロッジ・シップレー製品を模倣したコーハン旋盤は戦前に量産された旋盤の中で名機と言われた。主軸前部にティムケン製円錐ころ軸受を採用し、ベッドは合金鋳鉄製で摺動面を米トムソン製ベッドすべり面研削盤で仕上げていた（平柳恵作「東洋機械・コーハン400形旋盤と池貝・D20形旋盤——戦前最も量産された双璧の名機——」『日本工業大学工業博物館ニュース』第42号、2001年8月)。
24) 振りは旋盤上で加工可能な素材の直径。
25) 工師は60年代までの三菱重工業において現場技能者の最高ランクであった。
26) 前掲『広機25年』158頁。

27) 桜井勝太郎「エリコン社との技術提携により学んだもの」『マシナリー』1959年7月号。
28) たとえば平面仕上げにおける水準器の利用、穴加工におけるシリンダーゲージの活用、心出しにおける0.001mmダイヤルゲージの採用、ツァイス製歯車測定器および親ねじ測定器や、高速回転軸用釣合い試験機の採用などである（同上論文）。
29) たとえば従来、普通旋盤によっていた加工を自動化度の高い倣い旋盤やタレット旋盤に、すり合わせを研削加工に、罫書きをジグに、ハンドタップを機械タップに代替する等、技能への依存が軽減された。また主軸の深穴加工では高速度鋼ドリルを超硬ガンドリルに変えることで加工時間を58％節約している。提携に伴って超硬きさげを導入したのは次に述べる豊田工機と同様である（同上論文）。
30) 豊田工機は1931年にトヨタ自動車工業の工機部から分離・独立した工作機械メーカーで、大量生産用工作機械の生産を目的としていた。精密中ぐり盤は国家総動員法に基づく試作研究命令によって、米エキセロ製品に準拠して試作された。
31) 加圧した流体を軸受隙間に供給することで軸を支持する軸受で、高い回転精度が得られる。
32) カタログを参考にして精密中ぐり主軸と流体軸受を3組製作したところ、結果は思わしくなく、「ノウハウもなく、カタログだけで所期の性能を得るのは無理だろう、と得心することにした」（豊田工機社史編集委員会編『技に夢を求めて　豊田工機50年史』1991年、37頁）。
33) 同前、35頁。
34) 提携を仲介したのは同社顧問で元池貝鉄工所社長の早坂力であった。彼はこのほかにも日本とフランスの工作機械メーカーの提携を仲立ちしている。
35) 豊田工機二十年編集委員会編『豊田工機二十年』1961年、76頁。
36) 前掲『技に夢を求めて』42頁。
37) 同前、45頁。
38) 小林・大高、前掲論文、387頁。
39) 仏ベルチエから立旋盤の技術導入をした芝浦機械（61年に芝浦工機と合併して東芝機械）では支給された図面どおりに加工、組立しても軸受の焼損などうまくいかないことがしばしばあった。ベルチエの現場責任者を招聘して尋ねたところ、図面にはベルチエの現場の意見が充分反映されていないことや、図面寸法の公差（許容誤差範囲）についての解釈に相違があることが判明した（小池八衛『技術ひとすじ45年』自費出版、1995年、214～218頁）。
40) 前掲『技に夢を求めて』72頁。
41) ただし昌運工作所では以下のように新製品の自社開発に遅れた。「カズヌーヴ旋

盤が（昭和）30年代には売れに売れ」た上、「カズヌーヴ旋盤以外は一切やっては困るという制約を（カズヌーヴから――引用者）受けて」いたため、「カズヌーヴを勉強してきた昌運の幹部は……カズヌーヴ旋盤だけを造ってきた。カズヌーヴ旋盤の上にあぐらをかいていたわけです。それが、日本が低成長時代に入り、他社の安い旋盤の品質向上とともに売れなくなって我々困ってきました」（社史編纂委員会編『昌運工作所50年史』昌運工作所、1983年、61頁）。

42) 大隈鉄工所の旋盤で言えば58年に発売されたLS形実用高速旋盤（100周年記念誌編纂事務局編『オークマ創業100年史』オークマ、1998年、111頁）。

43) ベッド上の振りは920〜1880mm、心間最大距離は2〜12mである（山崎鉄工所60年史編纂委員会編『還暦迎えた若きマザックのきのうとあす』山崎鉄工所、1979年、94頁）。

44) このマシニングセンタは当初ヒューズ・エアクラフトが社内設備用として設計したもので、左右に対向する主軸を持ち、生産性は高いが需要の限られる機種であった。その後、その製造販売権を取得した米バーグマスター（フーダイル・インダストリーの子会社）は提携によって山崎鉄工所に図面を支給した（久芳靖典『匠育ちのハイテク集団』ヤマザキマザック、1989年、111〜112頁）。

45) 前掲『マザック』92頁。

46) 75年にアメリカンツールワークスとの契約が満了し、大型NC旋盤は自社開発製品に代替された。

47) 最初に製造された提携機種エコノセンタⅢ-25形マシニングセンタは71年2月に図面を供与され、11月に完成している。すでにマシニングセンタの自社開発を経験していた山崎鉄工所の「技術陣にとって、バーグマスター社からの技術導入を消化することは、それほど至難のワザではなかった」（前掲『マザック』95頁）。山崎鉄工所とバーグマスターの技術提携およびそれが火種となって日本とアメリカとの間に工作機械貿易摩擦が生じていく過程については、Max Holland, *When the Machine Stopped*, Harvard Business School Press, 1989［マックス・ホーランド、三原淳雄・土屋安衛訳『潰えた野望――なぜバーグマスター社は消えたのか――』ダイヤモンド社、1992年］を参照。

48) 前掲『工作機械工業戦後発展史(I)』23頁。

49) 前掲『オークマ創業100年史』92頁。

50) 大阪機工五十年史編纂委員会編『大阪機工五十年史』大阪機工、1966年、164頁。

51) 前掲『豊田工機20年』42頁、前掲『技に夢を求めて』18頁。

52) 前掲『マザック』124頁。

53) これはほとんどが三井精機によるものである（三輪芳郎・鶴田俊正「戦後日本

技術の再評価 2　三井精機──治具中ぐり盤の発展」『経済評論』第20巻第 6 号、1971年 6 月）。
54)　ダイヤモンド社編『ポケット社史　日立精機』ダイヤモンド社、1971年、116頁。
55)　当時、山崎の輸出の三本柱は NC 旋盤、単軸自動旋盤、普通旋盤であった（前掲『マザック』141頁）。

第2章　台湾工作機械工業の市場と技術

第1節　はじめに

　戦後になって工作機械生産を本格化させた後発工業国の中で、台湾は工作機械貿易において最初に輸出超過を達成し、成功を収めた事例として注目される。2006年には、金属切削工作機械の生産額が世界第4位、切削型と成形型を合せた輸出額も第4位となった[1]。

　東アジア諸国に見られるいくつかの工作機械工業の発展パターンのうちで、台湾のケースは第1章で述べた戦前の日本における工作機械工業の発展形態に最も似ている。基本的な共通点は、工作機械製造の経営主体が中小機械製造業者の中から草の根的に生まれ、成長したことである。諸機械製造に従事していた中小企業が需要の変化に対応する過程で、工作機械メーカーとなった。戦前の日本と同じく政府による育成政策は遅れ、また国営企業や大企業によって本格的な国産化が図られることもなく、工作機械生産は民間の中小企業群に委ねられていた。

　中小企業中心の台湾工作機械メーカーは、資金的制約から、財閥系企業を主体とした韓国のように先進国企業との正式な提携によって技術を導入することが難しかった。いくらかの技術提携が見られたほか、日本の滝澤鉄工所などの直接投資による生産、あるいは東台精機に見られるような日本人技術者による企業経営といった技術修得の事例もあり、これらはそれぞれ台湾工作機械工業の発展に少なからぬ貢献をしてきた。しかし台湾工作機械メーカーが技術を修得した主要な方法は、戦前の日本と同じく外国製工作機械の模倣であった。

草創期に先駆となった工作機械メーカーは、後発工業国の常として依るべき外注先が存在しないため、工作機械製造に必要な一切の工程を社内に抱え込まざるをえなかった。しかし工作機械メーカーが中小企業として成り立ちえたことと多くの従業員に見られる旺盛な独立心は、後述するアメリカ市場の開拓に導かれた台湾工作機械工業の発展過程で、既存企業からの従業員の独立、新規開業を促し、工作機械の完成品メーカーが増殖するとともに、一方で構成部品およびユニットのメーカーや部分加工工程を担う中小企業群が派生した。

　後発工作機械メーカーはこれらの分業ネットワークに支えられて、組立や重要部品の加工だけを社内で行い、他の多くの工程を外注することができた。加えて、こうして展開した台湾の部品・ユニット製造企業の集積は、台湾内にとどまらず、東アジア全体への供給基地となりつつある。

　工作機械工業の発展が軌道に乗り始め、技術の高度化が求められるようになると、政府系研究機関からの技術移転が民間中小企業の技術修得を補うようになる。政府機関は技術導入の主体として、外国企業から技術を学び、それを国内メーカーに広めるとともに、企業家の孵卵器としての役割も果たした。

　このように台湾工作機械工業の発展過程を見てくると、台湾の日本との類似性とともに、いや類似性のゆえに殊更、日本の工作機械工業に見られた戦前の苦渋に満ちた経験と台湾の相対的に順調な発展という、対照的な工作機械工業の歩みに印象づけられる。戦前の日本工作機械工業と戦後の台湾工作機械工業の発展を画したのは、戦前と戦後における工作機械市場の変化と工作機械技術の革新すなわちNC化であった。

　この章では、台湾の工作機械メーカーが生まれて、市場を広げながら、産業集積を発展させ、技術を向上させていく過程について述べていく[2]。

第2節　台湾工作機械企業の起源

　台湾で最初に工作機械が製造されたのは、日本統治下の第二次世界大戦末期であったようである[3]。しかしその規模が大きかったとは考えられず、また後

代への影響も確認されていない。

戦後1940年代後半には、高雄にある製糖機械メーカー台湾鉄工所を接収した公営台湾機械公司がその事業の一部として旋盤[a]やボール盤[c]も製造した。50年代には大同製鋼機械（現大同）、三元鉄工廠、華栄機器廠、台湾宜昌機械などが平削り盤や旋盤、歯切り盤[h]、ボール盤を製造していた[4]。

大手電機メーカー大同は70年代半ばに岡本工作機械や大隈鉄工所から技術導入し、97年には工作機械を生産する大同大隈を合弁で設立している。三元も草創期の工作機械メーカーとしては重要である。しかしながら、これらの工作機械メーカーは台湾工作機械工業の本流からはややはずれている。

現在、台湾工作機械工業は台中地域に顕著な産業集積を形成している。その源流をたどっていくと、一つは1920年創業の振英機械鉄工場（現振英工業）[5]に行き着く。創業者楊振賢は徒弟として経験を積んだ後、台中で創業し[6]、籾摺機や精米機、製糖機械、冷凍機、そして旋盤の製造を手掛ける[7]。

台湾大手の工作機械メーカーとなる台中精機を創業した黄奇煌（1923年生）は、小学校を卒業後、父親について製糖工場で木型づくりをしたものの興味がわかず、基隆に行って坑夫となった。その後、台中に戻った彼は兵器工場であった東洋鉄工[8]の徒弟となり、機械技術を身につけた。一人前の職人になった黄は、自分で巻き煙草機械をつくったりしたが、優れた技能を持っていたため、振英に招かれた[9]。

日本の工業学校に学んで振英に務めていた李道東と意気投合して、黄は李とともに1954年に従業員4名で創業する。台中精機は形削り盤の製造を皮切りに、旋盤へと製品展開して、工作機械メーカーとして発展を遂げる。一方、その過程で少なからぬ従業員が独立して、台中に工作機械の産業集積をつくり上げていく。

同じく振英で見習工をした荘慶昌（1936年生）は、1960年に自ら創業して、産業機械の部品生産を始めたが、65年から工作機械生産に乗り出し、優良なマシニングセンタ[j]メーカーとなる大立機器を育てた。

近年まで台湾を代表する工作機械メーカーであった楊鉄工廠[10]の創業者楊

朝坤は、日本資本の製糖工場[11]で機械修理工をした後、台中にあった日本人経営の鉄工所を経て、1943年に創業した[12]。彼の子息楊日明（1933年生、小卒）は父親の鍛冶仕事を嫌って、機関車修理工場があった嘉義に行き、旋盤の操作を覚えた。戦後、楊父子はポンプや電動機の修理、脱穀機、さらにポンプや万力の製造を経て、ベトナム戦争の際、米軍向け弾丸加工用小型旋盤の生産を始める。一時、繊維機械も生産していたが、第1次石油危機による繊維不況を機に工作機械を主製品とするようになる。

戦前からミシン製造業が集積していた大阪の猪飼野でミシンのアーム・ベッドの加工に従事していた張深耕は郷里台中に戻り、41年にミシン製造工場中国縫紉機を設立する。林徳龍（1936年生、小卒）は彼の下から出て、1958年に龍昌機械を創業し、66年以降、工作機械メーカーとして発展する。

台中地域は工作機械メーカーに加え、その部品やミシン、金型といった工作機械ユーザー群が集積する地域となっている。その台中の隆盛に比べて陰が薄くなったが、かつては台北周辺の工作機械工場も表2-1のように盛名を馳せていた。この中には前述の大同や三元も含まれる。

戦時中、勤勉で日本語を話せた陳土牆は、日本の工場に派遣され、機械技術を学んだ。台北市内で挽肉機やかき氷機の製造事業を興した彼は、49年に大興機器工廠を創業して、工作機械の生産を始め、台湾工作機械工業草創期の重鎮となった[13]。

陳金朝（1921年生）は働きながら台北工業専科学校（旧台北工業学校、現台北科技大学）機械科を卒業し、泉成鉄工場[14]での働きを認められ主であった張家の女婿となる。彼は1947年、台北に隣接する三重市で金剛鉄工廠を創業する。当初からホブ盤[h]による歯車加工のできた同社は、51年に繊維機械の生産を始め、65年には鋳造工場も設置して、67年から山崎鉄工所と技術提携して旋盤の生産を始める。金剛鉄工は無杼織機と旋盤で隆盛を誇った[15]。

同じく三重市に立地する有力研削盤[g]メーカー建徳工業の創業者は盧基盛（1933年生）である。上述したように、高等教育を受けず、現場で叩き上げられた職人[16]による起業が多い中で、盧は台湾大学（旧台北帝国大学）で機械

表2-1 台湾工作機械製造工場一覧（1970年）

工場名	所在地	代表者	登記資本額 (1,000元)	従業員数 (人)	主要製品
双茂機器㈱	基隆市	蔡宜璋	900	60	ラジアルボール盤
宏茂機械廠	基隆市	蔡瑞泉	500	19	ボール盤
太元機械工業㈱	三重市	程冠盛	1,000	17	普通旋盤、立フライス盤、横フライス盤
錬勝鉄工廠㈲	三重市	陳鉄城	400	48	普通旋盤、形削り盤、平削り盤
興泰鉄工廠	三重市	林蔡隠	10	11	プレス、横フライス盤
恒豊鉄工廠	三重市	李永賢	10	5	普通旋盤、圧搾機、油圧機
立興機械廠	三重市	陳清風	50	16	形削り盤
慶豊機械廠	三重市	林胡蜜子	30	8	普通旋盤
双福機器工廠	三重市	蔡福瑞	8	3	普通旋盤
啓興機器工廠	三重市	陳銘	8	3	普通旋盤
瑞興印刷機械廠㈲	三重市	王栄成	921	8	剪断機、プレス、油圧機、印刷機、裁紙機、円筒研削盤
陸成鉄工廠㈲	三重市	頼太平	240	53	形削り盤
金原鉄工廠	三重市	林栄貴	30	4	普通旋盤
台立鉄工廠㈱	三重市	李石順	1,000	37	平削り盤、中ぐり盤、剪断機、プレス、圧延機
永大鉄工廠㈲	三重市	李万得	100	10	その他金属製品、普通旋盤、ボール盤、形削り盤、プレス
三元機械㈱	三重市	周益源	300	121	普通旋盤、形削り盤
建徳工業㈱	三重市	盧基盛	5,000	110	輸送機械、平面研削盤
金剛鉄工廠㈱	三重市	陳金朝	36,000	473	織機、普通旋盤、ボール盤
台湾工機廠㈱	三重市	許秀宝	600	38	鉱山機械、化学機械、動力ポンプ、ボイラ、輸送機械、空気圧縮機、伸線機、普通旋盤
大益鉄工廠㈱	三重市	王聡鐘	300	55	普通旋盤
新進鉄工廠㈱	三重市	呉振芳	2,000	155	円筒研削盤
台湾宜昌機械製造㈲	台北県五股郷	倪麒時	3,000	70	その他機械・部品、印刷機、普通旋盤、形削り盤、ボール盤
成隆機械廠㈲	台北県板橋鎮	許成禄	110	10	紡織用鋼線・部品、ローラ、動力ポンプ、工具研削機
山大金属工業㈱	台北市	劉圳松	1,600	41	普通旋盤、形削り盤、ボール盤、織機、モータ
大益鋳造廠㈱	台北市	李木魚	240	18	印刷機、形削り盤、平削り盤、剪断機、プレス、造型機
大興機器工廠㈱	台北市	陳塗潘	10,000	337	普通旋盤、形削り盤
銓益鉄工廠㈱	台北市	固文理	500	51	動力ポンプ、普通旋盤、形削り盤、プレス
成発機械工廠	台北市	王武雄	30	10	ボール盤
建業鉄工廠	台北市	邱聡文	30	6	普通旋盤
安全機器廠	台北市	黄褚真	30	8	製氷機、円筒研削盤
国興電機㈲	台北市	陳建安	2,600	117	モータ、動力ポンプ、工具研削盤、平面研削盤、ボール盤
瑞明鉄工廠	台北市	鄭芳瑞	10	7	ボール盤
永賢鉄工廠	台北市	鄭芳賢	30	8	ボール盤、プレス
興隆盛鉄工廠㈲	台北市	黄金波	200	28	鋸盤、平面研削盤、円筒研削盤、剪断機

工　場　名	所在地	代表者	登記資本額 (1,000元)	従業員数 (人)	主要製品
鉗豊鉄工所	台北市	孫春賢	40	13	ラジアルボール盤、立フライス盤、万能フライス盤
明晃機械廠(有)	台北市	程明標	200	23	普通旋盤、ラジアルボール盤、横フライス盤、立フライス盤、万能フライス盤
永松機械(股)	台北市	高進福	500	26	普通旋盤
興盛鉄工廠(股)	台北市	林水法	5,000	41	横フライス盤、ゴム機械
金川機械(股)	台北市	曽和郎	250	14	普通旋盤
永豊隆機械廠(有)	台北市	周永福	200	10	板曲げ機、平削り盤
三元機械廠(股)	台北市	周益源	3,000	205	旋盤、形削り盤
統大機械廠(有)	台北市	李三塗	200	17	ボイラ、輸送機械、空気圧縮機、形削り盤、平面研削盤、製紙機械、ゴム機械、化学機械
愛正精機(股)	台北市	陳子従	6,000	41	形削り盤、時計
台興機械廠	台北市	李林運妹	25	22	形削り盤、プラスチック機械、製紙機械
誠益工業(股)	桃園県桃園鎮	温登旺	500	30	紡績機械、織機、煉瓦製造機、製缶機、普通旋盤、剪断機、プレス
麟環工業社	新竹市	高金澄	8	11	タレット旋盤
南鉱機械工業(股)	苗栗県頭份鎮	林佾魁	500	19	普通旋盤、伸線機
大豊機器廠	花蓮市	陳徳発	600	8	普通旋盤、鋸盤、工具研削盤
永豊機器工廠	台中県豊原鎮	江大亨	600	58	亜鉛めっき鉄線、ボルト・ナット、製釘機、ホブ盤、プレス、伸線機
連興機械工業(有)	台中県豊原鎮	何金海	1,000	37	製釘機、普通旋盤、鋸盤
大全鉄工廠	台中県豊原鎮	林其昌	30	7	ボール盤
全一鉄工廠	台中県豊原鎮	游渓全	30	11	圧搾機、普通旋盤
大森鉄工廠	台中県豊原鎮	李森	8	4	鋸盤
協原電機工廠	台中県豊原鎮	頼春雄	10	4	モータ、送風機、矯正機、平面研削盤
克安鉄工廠	台中県豊原鎮	張武正	10	4	木工機、普通旋盤
吉豊鉄工廠	台中県豊原鎮	尤桐洲	30	8	鋸盤、ボルト・ナット
新生鉄工廠	台中県豊原鎮	張泰漢	30	9	鋸盤、木工機、煉瓦製造機
振豊鉄工廠	台中県豊原鎮	鄭振守	8	6	鋸盤
永進機械工業(有)	台中県神岡郷	陳金森	3,200	103	横フライス盤、立フライス盤、万能フライス盤
龍昌鉄工廠	台中県太平郷	林徳龍	200	40	ボール盤
金剛工業(股)	台中県太平郷	張月澄	600	15	ボール盤
大光活塞(股)	台中県太平郷	頼銀海	10,000	176	その他機械・部品、普通旋盤
振興鋳造廠	台中県太平郷	盧渓川	3	9	平面研削盤、精米機
永勝鉄工廠	台中県清水鎮	蔡葉鉄	5	2	平面研削盤
達興機械(有)	台中県烏日郷	楊品鵬	200	15	織機、普通旋盤、横フライス盤、立フライス盤
義立鉄工廠	台中市	李阿粉	30	8	ボール盤、手押しポンプ
李耀興機器廠(股)	台中市	李査某	1,000	9	ボール盤
金声精機工業	台中市	謝貴美	30	17	普通旋盤、ボール盤、銅合金
大立機械工業(股)	台中市	荘慶昌	650	40	横フライス盤、立フライス盤、万能フライス盤

第2章 台湾工作機械工業の市場と技術 59

工　場　名	所在地	代表者	登記資本額 (1,000元)	従業員数 (人)	主要製品
泰新機械廠	台中市	張慶珍	30	5	形削り盤
公進鉄工廠	台中市	宋添進	10	12	その他機械・部品、平削り盤
安国機械工業㈱	台中市	邱懐徳	200	19	普通旋盤、平削り盤、横フライス盤
三興鉄工廠㈱	台中市	林祝欽	600	35	普通旋盤、剪断機、プレス、圧延機
良栄工業㈲	台中市	頼立良	200	20	ボール盤
龍昌機械㈱	台中市	林清発	1,000	22	ボール盤
健安鋳造廠	台中市	林安	200	49	普通旋盤、ラジアルボール盤、形削り盤
天乙機械廠㈱	台中市	黄文源	200	13	平削り盤
振英工業㈱	台中市	楊仲信	980	21	ボール盤、精米機
大昌鉄工廠	台中市	黄玉昆	300	15	空気ハンマ、製紙機械、裁紙機、動力ポンプ、鋸機、ボイラ、製氷機、プレス
東正鉄工廠㈱	台中市	江満堂	600	98	空気圧縮機、ボール盤、グラインダ、伸線機
張機械㈱	台中市	張飛梅	500	26	横フライス盤、立フライス盤、万能フライス盤
台中精機廠㈱	台中市	黄奇煌	108	75	普通旋盤、形削り盤、工具研削盤
楊鉄工廠㈱	台中市	楊日明	2,900	193	普通旋盤、鋸盤、織機、混砂機、篩砂機、砂処理設備、鋳造品表面処理機
金興機械廠	嘉義市	王呉利	100	16	その他金属加工品、立フライス盤、鋸盤、ボール盤
聯春機器廠	彰化市	黄栄松	12	11	精米機、ボール盤
益豊機器廠	彰化市	陳張翠霞	30	15	型彫盤、洋釘
万金機器廠	彰化市	楊万活	30	5	普通旋盤
青年歯輪機械廠㈲	彰化市	呉青年	500	13	ホブ盤、歯切り盤、その他金属加工品
永豊農器工廠	屏東県枋寮郷	郭景	50	6	精米機、脱穀機、除草機、その他農具類、平面研削盤
開発工業㈱	高雄県仁武郷	盧福慶	3,000	16	その他輸送機械・部品、木工機、ボール盤、起重機、単能機
正大鉄工廠㈱	高雄県鳳山鎮	侯定居	1,600	64	起重機、送風機、電解槽、その他金属加工品、集塵機、中ぐり盤、撹拌機、
東台精機㈱	高雄県湖内郷	郭清顔	4,600	34	その他機械・部品、単能機、ボール盤
大達盛機械工業公司	高雄市	朱錦聡	200	17	木工機、ラジアルボール盤、冷凍機
新光益鉄工廠	高雄市	蔡新福	30	16	圧延機、普通旋盤、化学機械
三和鉄工廠	高雄市	謝泳銚	30	8	普通旋盤、ボール盤、形削り盤
隆富鉄工廠	高雄市	謝元隆	50	4	その他機械・部品、普通旋盤
栄成鋳造廠	高雄市	黄聡徳	15	10	普通旋盤
允勝歳鉄工廠	高雄市	林高春枝	10	18	板曲げ機、油圧機、裁紙機、圧搾機、製缶機、普通旋盤、ボール盤、プレス

工場名	所在地	代表者	登記資本額 (1,000元)	従業員数 (人)	主要製品
穎川鉄工廠	高雄市	陳騰雲	15	10	製材機、木工機、輸送機械、鋸盤、平面研削盤
文化鉄工廠(有)	高雄市	蔡登月	1,000	17	銑鉄、マンガン鉄、形鋼、アルミ片、亜鉛めっき鉄線、鋳鉄管、鋼管、ステンレス食器、普通旋盤、ボール盤、平面研削盤、電気溶接機
和豊鉄工廠	高雄市	王再来	100	45	普通旋盤
嘉泰工業(股)	高雄市	荘金龍	1,200	42	立フライス盤、銅製品
民環機械(有)	高雄市	呂芳昌	500	7	ホブ盤、歯切り盤
東宏機械工業(股)分工廠	台南市	黄清照	540	8	普通旋盤、ボール盤、形削り盤
興南鋳造廠(股)	台南市	鄧栄昌	3,600	175	鋳鉄管、横フライス盤
振発鉄工廠	台南市	盧振漢	60	8	万能フライス盤、工具研削盤
永進鉄工廠	台南市	蔡皆得	30	3	普通旋盤、形削り盤
基宏鉄工廠	台南市	鄭錦潜	10	6	横フライス盤、ゴム機械、切削工具・金型、圧延機
振裕鉄工廠	台南市		60	8	ゴム機械、横フライス盤、工具研削盤
松田鉄工廠(股)	台南市	蔡山根	50	17	銑鉄、プレス、普通旋盤、紡績機械
同志機械工廠	台南市	林丙寅	44	20	歯切り盤、製糖機械
協成興機器工廠	台南市	陳朝茂	30	8	普通旋盤、形削り盤
建美五金工廠(股)	台南市	陳文湯	950	76	ラジアルボール盤、横フライス盤、立フライス盤、万能フライス盤、木工機

出所：経済部工業局編『金属機械工業調査報告　付録』1971年より工作機械製造企業を抜粋。

工学を学んだ。兵役を終えた彼は、大同に5、6年勤務後、東元電機に転職し、日本の三菱や日立といった電機工場で1年間、実習する機会を与えられた。自らの学識と実務経験を頼りに、彼は1966年に精密金型と治工具[w]を製造する建徳工業を立ち上げる。建徳は69年に台湾で初めて平面研削盤を開発し、研削盤メーカーとして発展を遂げる。

　台中、台北地域以外では、嘉義の遠東機械と台南の東台精機を紹介しておこう。

　荘俊銘（1913年生）は旧制台南工業専門学校（現成功大学）機械科を卒業後、日本でディーゼルエンジン技術を学んだ。台湾のいくつかの工場で技術者を経験した後、1949年、嘉義市に遠東車輪廠を開設し、ガソリン缶を切断して、自転車のリムをつくり始めた[17]。70年代に横中ぐり盤[f]など大型工作機械に進

出し、鋼管やリムの製造を主にしながら、工作機械生産を継続している。

　台南で東台精機が創業した経緯はやや特異である。台湾における専用工作機械製造の草分けとして登場し汎用NC工作機械大手となった同社は、日本の専用機メーカー鮎沢機械から台南の新三東にオートバイ用エンジンの技術指導に来ていた吉井良三（1925年生、旧制工業専門学校卒）と現地資産家たちによって1968年に設立された[18]。当初、従業員の研修も兼ねて、本格的なひざ形フライス盤[d]を1、2台つくったが、需要がなく、また歯車の調達が困難であったので、軸物部品加工用の油圧式単能機や多軸ボール盤を手掛けた。日系および現地量産型機械メーカーを顧客とし、日立精機など日本企業と技術提携しながら発展してきた。

第3節　台湾工作機械工業の市場

　台湾は国土面積、人口いずれでみても小さい。しかも戦前は長らく日本への農産物供給基地とみなされていた。製糖など農産物加工の必要から、あるいは戦時に日本が台湾の位置づけを変えたために、いくらかの近代的工業が展開し、それらが戦後に継承されていたとはいえ、工作機械のような資本財産業が発展する可能性は誰にも予想できなかったであろう。

　台湾でも戦後復興の過程で、まず諸機械を修理する必要から、工作機械が必要とされた。そうした需要に応えて、さまざまな産業機械の製造に従事していた工場が工作機械の製造もするようになった。

　1949年、国民党の遷台とともに、中国大陸から綿紡績工場が逃れてくると、アメリカの綿花援助もあり、第1次石油危機まで繊維産業が成長を遂げる。それは繊維機械の修理と製造を必要とし、繊維機械工業の発展を助長するとともに、間接的に工作機械の需要につながった[19]。

　日本では戦後復興期にミシンや自転車といった軽機械の労働集約的な生産と輸出が盛んになり、貴重な外貨収入をもたらしたが、台湾でも60年代にミシン・自転車工業が興り、工作機械の需要を生み出した。こうした内需拡大に牽

引されて、1950年代から60年代前半にかけて、旋盤、形削り盤、ボール盤等の工作機械は、年率10～50％で増産されていく。

1965年、米軍による北爆が始まると、台湾から南ベトナムへの工作機械輸出が急増した。翌年に台湾から輸出された旋盤の6割、ボール盤の95％が南ベトナム向けであった。南ベトナムへの工作機械輸出は2～3年で急減し、それに代わってタイ、フィリピン向けが伸びたが、73年までは台湾製工作機械の市場は国内が主であった。

当時、台湾の工作機械対日輸入依存度は6割近くに達し、対日工作機械貿易収支も台湾側の極端な入超であった。ところが、台湾の工作機械生産は表2-2に見られるように、1976年頃から急速に成長を始める。

生産の伸びは輸出拡大に起因しており、77年に初めて輸出が輸入を上回ってから、台湾工作機械工業は輸出に主導されてめざましい発展を遂げる。70年代の輸出額に占める旋盤の比率は約5割、ボール盤が約3割で、輸出はこれら2機種に偏っていた。輸出先について見ると70年代半ばまでタイの比重が高かったが、それ以降、アメリカが取って代わり、87年の対米輸出自主規制まで5割前後を占めていた。76年以降の台湾製工作機械の輸出は、アメリカという先進国市場を中心に展開したのである。

アメリカの工作機械需要は、第1次石油危機の後、80年代初めにかけて5年間で3倍近くに膨らんだが、需要の減少を常に警戒しなければならない工作機械メーカーは、生産量の拡大に遅れをとる。その結果、内需と国内生産の差は輸入によって埋められる。

第1章で述べたように、日本は60年代にアメリカ市場を開拓して、非NC工作機械を売り込んでいった。そして70年代にはNC工作機械の輸出に力を入れていく。日本の工作機械メーカーはアメリカ市場の最下層に参入して橋頭堡を築き、そこからより付加価値の高い市場領域へと上昇し始めたのである。

その結果、巨大で重層的なアメリカ工作機械市場の最下層に新規参入の余地が生じた。ジョブショップや農業機械を修理する農場は依然としてボール盤や小型普通旋盤を必要とし、実用的な加工精度さえ確保できれば、生産性や耐久

表2-2 台湾の工作機械の生産、輸出、輸入、輸出率

(単位:100万ドル、%)

年	生産額			輸出額	輸入額	輸出率
	切削型	成形型	合計			
1970	7.9	6.3	14.2	3.1	9.8	21.8
1971	10.2	4.8	15.0	3.2	9.0	21.3
1972	12.0	3.0	15.0	5.0	7.4	33.3
1973	13.0	3.5	16.5	6.0	8.0	36.4
1974	19.3	2.8	22.1	14.7	33.3	66.5
1975	18.7	2.5	21.2	15.0	32.5	70.8
1976	32.0[c]	3.0[c]	35.0[c]	30.0[c]	35.7[c]	85.7[c]
1977	50.0	8.3	58.3	49.8	35.7	85.4
1978	119.7	6.3	126.0	94.0	58.3	74.6
1979	190.9	7.1	198.0	144.3	91.4	72.9
1980	237.5	7.6	245.1	178.3	125.1	72.7
1981	237.2	12.2	249.4	182.6	99.2	73.2
1982	174.3	11.3	185.6	124.4	79.7	67.0
1983	190.5	14.4	204.9	131.5	109.8	64.2
1984	219.7	24.4	244.1	172.5	118.6	70.7
1985	252.4	25.8	278.2	201.7	75.6	72.5
1986	335.6	31.0	366.6	261.2	84.8	71.2
1987	482.6	95.2	577.8	379.9	214.8	65.7
1988	609.0	173.6	782.6	504.7	338.7	64.5
1989	788.0	225.0	1,013.0	657.5	396.1	64.9
1990	682.8	260.9	943.7	640.3	294.2	67.8
1991	702.3	289.8	992.1	644.1	298.3	64.9
1992	692.6	337.0	1,029.6	659.6	456.9	64.1
1993	715.8	357.9	1,073.7	687.9	441.4	64.1
1994	845.7	403.3	1,249.0	835.0	503.0	66.9
1995	1,116.8	543.4	1,660.2	1,175.8	648.3	70.8
1996	1,350.5	626.5	1,977.0	1,510.0	676.1	76.4
1997	1,160.3	597.8	1,758.1	1,310.7	831.9	74.6
1998	1,191.8	397.2	1,589.0	1,170.6	714.8	73.7
1999	1,148.0	403.4	1,551.4	1,180.3	965.3	76.1
2000	1,404.7	493.6	1,898.3	1,532.1	1,559.4	80.7
2001	1,242.5	392.4	1,634.9	1,362.7	845.5	83.4
2002	1,296.0	479.4	1,775.4	1,453.1	706.6	81.8
2003	1,540.9	569.9	2,110.8	1,671.4	857.5	79.2
2004	2,162.7	720.9	2,883.6	2,247.5	1,980.9	77.9
2005	2,545.8	848.6	3,394.4	2,651.1	1,504.8	78.1
2006	2,996.0	845.0	3,841.0	2,964.0	2,010.0	77.2
2007	3,548.7	943.3	4,492.0	3,471.0	2,542.0	77.3
2008	3,845.7	1,249.8	5,095.5	3,700.6	1,531.3	73.1

注:c)は断片的なデータに基づいた大まかな推定数字。
輸出入額は切削型および成形型工作機械の合計。
出所:『工作機械統計要覧』各年版、日本工作機械工業会。

性よりも、価格を重視した。台湾製非NC工作機械は60年代の日本製品に代わって、アメリカ市場に受け入れられたのである。

　日本経済が台頭する一方、アメリカの競争力低下が露呈した80年代、アメリカの工作機械需要は82年に底を打った後も93年まで盛り上がりに欠け、工作機械生産額も82年に世界首位の座を日本に奪われた後、低迷を続けた。その一方で工作機械輸入額は増加傾向を示し、輸入依存度は80年代後半には5割を超えるようになる。

　台湾製工作機械の対米輸出額もアメリカの内需減少に合せて82年に落ち込むが、その後、ほぼ一貫して96年まで高い成長を示す。当初の輸出は小型旋盤と卓上ボール盤を中心とする非NC工作機械であったが、台湾も80年代後半にマシニングセンタとNC旋盤[i]を主とするNC工作機械の輸出を増やしていく。しかしアメリカの小型NC工作機械輸入に占める日本の比重は圧倒的で、80年代を通じて、8〜9割を占めており、台湾の占有率は高くても5％であった。

　ところが台湾製工作機械の対米輸出は、日本製品とともにアメリカで貿易摩擦を引き起こした。86年末の米台協議に基づき、87年から最終的に93年まで工作機械輸出の対米自主規制[20]が実施されたため、アメリカへの輸出比率は急減した。

　しかし台湾は海外市場の分散化と製品の高付加価値化に成功したため、輸出総額は増加傾向をおおむね維持できた。かつて普通旋盤と卓上ボール盤が中心であった輸出構成は、フライス盤、研削盤、さらに立形マシニングセンタやNC旋盤などNC工作機械の成長で多様化した。

　90年代に入っても台湾の工作機械生産は輸出に主導されながら順調に伸長した。表2-3に示すように、特に90年代と2000年代のいずれも後半に急速な輸出拡大が見られた。機種別の構成比率に注目すると、単価の最も高いマシニングセンタがシェアを大きく広げていっていることがわかる。しかし同じく代表的なNC工作機械であるNC旋盤はシェアを伸ばしあぐねている。表2-4でアメリカの小型NC旋盤輸入市場におけるシェアの推移を見ると、韓国製NC旋盤との競争において台湾が劣勢に立っているためとみられる。

表2-3 台湾の工作機械輸出の機種構成の推移

年	金属切削工作機械輸出額 (1,000NT$)	機種構成（％）							
		マシニングセンタ	NC旋盤	非NC旋盤	ボール盤	フライス盤	研削盤	放電加工機	その他
1989	14,494,796	17.3	13.1	15.9	14.1	14.4	7.4	6.0	11.8
1990	13,692,370	17.3	13.7	16.0	13.5	14.6	8.8	5.8	10.3
1991	12,584,232	17.1	9.6	18.3	14.9	14.1	7.9	6.4	11.7
1992	12,006,810	20.3	9.9	13.0	14.7	13.8	7.2	7.3	13.8
1993	13,164,025	19.4	9.6	12.0	13.7	15.4	7.9	7.1	14.9
1994	14,862,284	22.2	11.8	11.2	10.5	13.4	7.0	6.9	17.0
1995	21,666,928	27.4	13.3	12.3	7.2	12.5	6.1	5.2	16.0
1996	27,544,139	28.7	14.6	11.4	5.3	12.8	5.6	6.0	15.6
1997	27,130,687	27.8	13.3	10.3	5.3	14.3	6.0	7.1	15.9
1998	30,176,215	31.4	11.5	13.2	5.4	12.8	5.9	6.4	13.4
1999	27,630,286	32.5	7.2	13.2	5.7	12.5	6.1	7.0	15.8
2000	35,471,389	31.8	7.7	12.6	5.5	13.4	5.7	6.2	17.1
2001	34,371,041	34.2	10.9	10.0	5.3	11.0	4.6	6.0	18.7
2002	36,188,054	33.2	10.4	10.7	4.7	11.7	4.9	5.1	19.3
2003	42,006,360	34.2	12.5	10.4	3.7	12.4	4.4	4.9	17.5
2004	55,603,249	36.1	14.4	9.6	4.6	10.6	4.7	4.5	15.5
2005	63,276,214	38.6	15.6	9.8	3.2	8.9	4.6	4.4	14.9
2006	74,016,037	40.0	15.9	9.8	4.4	6.9	4.6	3.6	14.8
2007	89,253,132	41.7	16.0	9.5	3.6	7.8	3.8	2.9	14.7
2008	91,337,374	40.2	20.4	9.0	2.4	7.2	3.7	2.3	14.8
2009	42,719,870	34.4	20.7	9.1	3.1	7.9	3.2	3.3	18.3
2010	72,707,944	39.7	16.9	6.8	4.4	8.7	4.0	3.7	15.8

注：1997年より明示された半導体製造装置は除外している。
　　各機種は輸出統計の以下の分類番号の製品である。
　　マシニングセンタ84571、NC旋盤845811、845891、非NC旋盤845819、845899、ボール盤84592、フライス盤84595、84596、研削盤84601、84602、放電加工機84563、8456991（1997年以降）、8456901（2009年以降）。
出所：財政部関税総局統計室『中華民国台湾地区出口貿易統計月報』。

　非NC工作機械では、最も付加価値の低いボール盤の輸出構成比率が急速に低下する一方、非NC旋盤は長らく一定のシェアを維持してきた。日本をはじめとする先進国は非NC旋盤を生産しなくなっており、また台湾の競争相手である韓国は非NC工作機械に弱いためである。
　90年代後半以降、台湾製工作機械の輸出が増えた背景には、台湾にとって依然として最大の工作機械輸出先であるアメリカの景気が好転するとともに、87

表2-4　アメリカにおける小型 NC 旋盤と小型立形マ

年	小型 NC 旋盤							小型立形	
	輸入額 (1,000$)	輸入市場占有率（％）						輸入額 (1,000$)	
1980	87,681	日本	87.6	フランス	3.7	西ドイツ	2.6	30,973	日本	94.6
1981	122,103	日本	89.2	フランス	3.3	西ドイツ	3.0	90,724	日本	99.2
1982	87,976	日本	89.0	韓国	3.2	フランス	2.6	81,063	日本	98.8
1983	65,379	日本	92.2	韓国	3.6	イギリス	1.8	90,284	日本	98.8
1984	106,302	日本	93.4	イギリス	1.7	韓国	1.6	32,982	日本	97.5
1985	158,434	日本	89.0	西ドイツ	3.1	台湾	2.5	196,828	日本	95.7
1986	158,025	日本	86.6	西ドイツ	4.1	韓国	3.6	171,306	日本	93.9
1987	174,307	日本	86.4	西ドイツ	5.1	韓国	4.4	129,509	日本	90.8
1988	216,262	日本	87.0	西ドイツ	4.7	台湾	3.3	140,589	日本	82.3
1989	227,427	日本	92.1	台湾	3.1	韓国	1.9	201,059	日本	78.0
1990	147,846	日本	87.2	台湾	4.5	イギリス	2.8	165,264	日本	67.1
1991	130,759	日本	82.5	台湾	4.4	韓国	3.4	147,383	日本	74.7
1992	137,183	日本	83.5	台湾	4.5	イギリス	3.9	156,614	日本	75.1
1993	179,459	日本	82.8	台湾	4.7	韓国	3.8	175,210	日本	69.5
1994	259,580	日本	78.8	韓国	9.0	台湾	5.9	192,286	日本	61.1
1995	324,511	日本	75.4	韓国	16.8	台湾	4.3	279,485	日本	59.7
1996	323,316	日本	61.8	韓国	23.3	台湾	6.2	288,161	日本	55.5
1997	294,101	日本	63.4	韓国	16.2	台湾	5.3	306,352	日本	58.6
1998	398,146	日本	70.7	韓国	11.7	台湾	4.7	356,701	日本	54.3
1999	273,025	日本	72.2	韓国	8.2	スイス	5.5	235,799	日本	61.2
2000	323,555	日本	74.4	韓国	7.3	台湾	4.9	329,950	日本	57.2
2001	261,252	日本	71.5	韓国	8.3	台湾	6.9	202,993	日本	48.3
2002	145,710	日本	76.4	韓国	6.6	台湾	5.6	114,604	日本	51.6
2003	170,905	日本	75.5	韓国	8.5	台湾	5.7	131,666	日本	48.5
2004	271,386	日本	67.3	韓国	14.7	台湾	6.1	199,869	日本	48.3
2005	353,027	日本	62.4	韓国	18.9	台湾	9.8	321,983	日本	57.0
2006	382,654	日本	60.7	韓国	22.4	台湾	9.4	292,288	日本	42.8
2007	369,969	日本	53.9	韓国	24.3	台湾	9.9	281,803	日本	44.9
2008	335,000	日本	63.7	韓国	18.3	台湾	9.3	278,541	日本	45.6
2009	128,490	日本	69.0	韓国	10.7	台湾	10.7	110,679	日本	37.5
2010	203,571	日本	63.3	韓国	19.6	台湾	7.1	158,681	日本	59.0

注：小型 NC 旋盤は横形、単軸で、主電動機の出力が 18.65kW 未満のもの。
　　小型立形マシニングセンタは ATC（自動工具交換装置）付きでテーブルの Y 軸（前後）方向移動量が 660mm
出所：U. S. Department of Commerce, Bureau of the Census, *U. S. Imports For Consumption and General Imports*,
　　　_____, _____, *U. S. Imports For Consumption*, 1989-1993.
　　　World Trade Atlas: United States (Consumption/Domestic) Edition, Global Trade Information, 1994-2010.

シニングセンタの輸入市場占有率

マシニングセンタ

輸入市場占有率（％）

スイス	2.1	イタリア	1.4
西ドイツ	0.4	スイス	0.4
イギリス	1.0	西ドイツ	0.1
韓国	1.0	台湾	0.2
韓国	1.1	台湾	0.9
台湾	2.2	西ドイツ	0.7
台湾	3.7	イギリス	1.0
台湾	5.0	西ドイツ	2.0
イギリス	8.8	台湾	5.1
イギリス	7.1	シンガポール	4.5
イギリス	15.0	シンガポール	5.0
イギリス	6.7	台湾	6.2
イギリス	9.5	シンガポール	5.2
イギリス	11.9	台湾	7.4
イギリス	14.8	台湾	10.6
イギリス	15.7	台湾	8.8
イギリス	12.9	台湾	11.2
イギリス	13.8	台湾	11.1
台湾	17.6	イギリス	11.8
台湾	16.9	イギリス	5.0
ドイツ	14.6	韓国	4.4
台湾	19.9	ドイツ	15.3
台湾	17.7	ドイツ	11.4
ドイツ	17.9	台湾	15.6
台湾	20.4	韓国	11.0
台湾	15.0	韓国	11.8
台湾	25.1	韓国	14.6
台湾	28.2	韓国	11.9
台湾	19.1	韓国	16.1
台湾	18.7	ドイツ	15.1
台湾	15.8	韓国	10.0

以下のもの。
1980-1988.

年から継続していた工作機械対米輸出自主規制が94年に解除され、アメリカへの輸出が拡大したこと、NC工作機械においても非NC工作機械においても、中国がアメリカと並ぶ巨大市場として台頭したことがある。

戦後、工作機械の市場は世界的に急拡大し、そして今なお拡大しつつある。しかも需要が国・地域によって多様であるとともに、一つの国の工作機械市場も重層的な構造を持っている。こうした市場の広がりは戦前の日本工作機械工業の眼前には存在しなかった。戦後の後発工業国は、狭い制約された国内市場に捕われずに、世界各地に自国で生産可能な工作機械の市場を見つけ出すことが可能で、それによって需要変動を平準化しやすくなっている。工作機械市場の点で、戦後の後発工業国はより恵まれた状況に置かれている。

次節では、新市場の獲得による生産量の拡大とともに展開し、また競争力の源泉ともなった産業集積について考える。

第4節　台湾工作機械工業の産業集積

　台湾製工作機械が海外市場を獲得できた供給側の要因として価格競争力、納期の短さ、需要に対する柔軟な対応力を挙げることができる。こうした台湾の強みを支えているのが、台中地域で発達した産業集積である。

　台湾のこの地域に分業ネットワークを構成する中小機械工場群が最初から存在したわけではなく、草創期の主要な工作機械メーカーは、鋳造設備も含め、一貫した製造工程を内包していた。

　劉仁傑の研究によると、タレット（砲塔）形あるいはブリッジポート形と呼ばれる非NCフライス盤の輸出向け生産が70年代に始まり、その大量生産が分業による部品加工を促したため、産業集積の形成にはずみがついたという[21]。タレット形フライス盤[e]はもともと米ブリッジポート（Bridgeport Machines）が製造していたひざ形立フライス盤の一種である。

　フライス盤は工具を装着する主軸[m]の向きによって、立、横の区別があり、材料を固定するテーブルと主軸の間隔を変えるのに、テーブル側を上下に動かすか、主軸ヘッドを上下させるかによって、ひざ形とベッド形に大別できる。材料を上げ下げしないベッド形は重量物の加工に適している。

　ひざ形立フライス盤は通常、剛性の高いコの字形コラムの先端に主軸が収められており、主軸の向きは固定されている。これに対してタレット形はL字形コラムの上に前後移動可能なオーバーアーム（ラム）が載り、その先端に装着された主軸ヘッドは傾けることができる。

　タレット形は重量物の重切削には向かないが、比較的安価なわりに、汎用性が高く、穴あけ、平面加工、溝加工はもちろん、形状が複雑で、かつ小さな部品の加工に適している。設備の限られている中小企業にとっては、使いでのある機械で、とりわけプラスチック金型の加工工場で多用されてきた。日本では牧野フライス製作所が1958年に発売したタレット形フライス盤がロングセラーとなった。

台湾では1971年に永進機械がタレット形フライス盤の製作を始め、創業の早い前出の大立機器や龍昌機械なども手掛けた。主として1番半と呼ばれるサイズの小型フライス盤が対米輸出に向けられた。

永進機械は現在、マシニングセンタやフライス盤で台湾トップクラスのメーカーである。永進の初代董事長陳金森（1918年生）はもともと農業に従事していたが、薬草を農閑期に栽培することを試みて成功し、46年に漢方薬を製造する勝昌製薬を創業する[22]。

その一方で、子息陳志弘（1937年生、中卒）が中心となって1954年に永進鉄工廠を立ち上げる[23]。製靴、製材、紡織、製油に用いられる産業機械の修理、製造から始めたが、バンド掛機など包装機械を製造したところ、よく売れて、鋳物部品の調達が追いつかなくなると、鋳造工場を設けた。

69年に組織変更して設立された永進機械工業㈱は、日本から主要な生産設備を導入し、翌年、立フライス盤の製造販売を始めたが、台湾の工場では形削り盤は知られていても、フライス盤にはなじみが薄く、売れなかった。かろうじて遠東機械や台湾シンガーなどから特殊仕様のフライス盤を受注して、技術蓄積することになる。

71年に貿易商から引き合いがあったため、外観も規格もアメリカ製品と同じタレット形フライス盤を開発し、75年にはそれを量産する体制が整う。

70年代末に永進は各種フライス盤を月160台生産するフライス盤専業メーカーとなっていた。製品の輸出比率は6割で、うち7割がアメリカに輸出されていた[24]。ユーザーの大部分はジョブショップと呼ばれる小さな工場であった。アメリカではバイヤーズブランドで販売され、欧州など他の地域に対しては自社ブランドで売られた。

日本の機械商社を代表する山善はMAXMILL、ユアサ商事はYUASAという商標で、また台湾のシャープ（Sharp）やアメリカのドゥオール（DoALL）もそれぞれのブランドで、永進のタレット形フライス盤をアメリカに売り込んだ。とりわけ山善の発注単位は大きく、対米輸出は1976年の252台から1980年の1270台へと急増した[25]。

表2-5 台湾主要工作機械の生産と輸出

(単位:上段は台、下段は10,000NT$)

	旋盤		ボール盤		フライス盤	
	生産	輸出	生産	輸出	生産	輸出
1969	3,228	2,025	2,575	45	165	87
	18,670	12,219	3,075	945	3,802	1,932
1970	3,554	2,433	3,592	50	221	115
	20,496	14,352	4,160	1,050	4,608	2,545
1971	4,569	2,664	4,863	55	429	224
	25,455	14,916	5,148	1,138	7,565	3,961
1972	5,365	3,591	9,563	3,156	504	175
	31,552	20,244	7,838	2,911	8,499	3,322
1973	6,490	3,434	18,145	16,321	692	256
	43,719	20,517	11,466	7,243	11,211	4,359
1974	7,707	4,804	16,112	13,825	1,194	572
	64,767	38,425	13,304	9,155	17,132	7,309
1975	7,933	4,775	26,632	20,705	1,937	898
	55,731	34,111	18,817	14,073	23,073	8,762
1976	13,068	8,895	96,167	92,650	2,473	1,916
	71,162	48,072	38,975	37,994	18,016	10,236
1977	14,284	11,925	148,503	144,724	5,290	3,754
	114,590	83,324	63,700	58,670	42,233	18,893
1978	17,649	15,722	259,522	278,683	7,168	5,045
	185,247	132,877	121,489	111,570	62,273	33,399

出所:「我国工具機工業近年発展概況」『工業簡訊』9巻4号、1979年4月。

80年に完成した新工場は、環境汚染が少なく、効率よく、品質のよい鋳物が吹ける低周波電気炉や砂型の強度を上げるためにフラン樹脂を用いる造型法などを採用するとともに、各種NC工作機械を導入して、1番半のタレット形フライス盤を月600台生産可能な専用ラインが設置された。大卒社員を採用するようになるのもこの時期である。

台湾におけるフライス盤の生産はタレット形の対米輸出に主導されて、表2-5のように1970年代から80年代初めにかけて急増した。当初は永進、建徳、龍昌、大立といった加工設備の整った企業が生産していたが、旺盛な海外需要に触発されて、外注依存度の高い後発企業がタレット形フライス盤の生産に乗り出す。

たとえば1972年に創業し、78年から小型卓上旋盤を生産していた益全機械工業は、80年代にタレット形フライス盤を手掛けるようになったが、主軸ヘッド、オーバーアーム、コラム、サドル、テーブルといった本体を構成する重要部品の加工およびユニットの組立を社外に外注し、摺動面p)のきさげv)によるすり合わせ、組立、塗装は社内で実施していたが、いずれも内部請負制をとって

いた[26)]。また鋳造専門工場によって同じ木型を用いて吹かれた鋳物は、各社によって共用されていた[27)]。

　戦後1950、60年代の日本、特に大阪で輸出向け家庭用ミシンが中小アセンブリ（組立専門）企業によって大量に生産されていた。その一方には特定の部品生産に特化し、市場占有率の高い、やはり中小規模のミシン部品メーカーが存在していた。ミシンの場合も売れ口はシンガーミシン15種83型相当品に絞られていたので、標準化と組立企業の枠を超えた部品共通化が進んでいた。

　台中地域にミシンと工作機械の関連企業が集積していたことを考えると、ミシンのアセンブリ生産方式が生産量の多い小型工作機械の製造にも適用されることは自然ななりゆきであったと思われる。

　劉仁傑の指摘によると、このタレット形フライス盤の生産が展開したことを通じて、台中地域に工作機械の分業ネットワークが準備され、このことがマシニングセンタの新興メーカー、たとえば台湾麗偉電脳機械を生み出す基盤となった[28)]。こうした新興NC工作機械メーカーがNC旋盤ではなく、マシニングセンタを主製品としたのも、マシニングセンタの基本的構造がフライス盤の延長線上にあり、構成する部品も類似した形状をしており、タレット形フライス盤の部品生産で技術蓄積した工場にマシニングセンタ部品を発注することが容易であったためと考えられる。

　NC工作機械が普及する前、日本でも台湾でも旋盤の需要と生産がフライス盤に先行した。旋盤は材料を回転させながら、工具を垂直に切り込んで、材料の中心線と平行に移動させる（送る）ことで、所要の形状をつくり出す。工具の動きは切込みと送りの2方向である。

　これに対してフライス盤は、工具を回転させながら、テーブル上に固定された材料を左右、前後、上下の3方向に移動させる必要があり、旋盤に対して構造が複雑で、コストも高くついた。

　さらに旋盤のほうが多様な加工に対応でき、円筒形状だけでなく、フライス盤が得意とする平面加工も可能であった。こうしたことから工作機械といえば、まずは旋盤の利用と生産から始まるのである。早くから生産の始まった旋盤は、

一貫性の高い工場で製造され、部品内製比率も高かった。

　加工の高速化が求められるにつれ、旋盤では材料を、フライス盤やマシニングセンタでは工具を、より高速に回転させることになる。ところが工具より材料のほうが大きいため、材料を高速で回転させる必要に迫られる旋盤は振動しやすく、加工物の真円度や円筒度の確保が難しくなる[29]。

　こうした事情も考慮しつつ、主として加工外注先の展開状況から、新興企業は NC 旋盤ではなくマシニングセンタを最初に手掛けるという賢明な技術選択をしたと考えられる。台湾の好敵手である韓国は次章で見るように内需中心で発展し、その内需の大きな柱が回転部分の多い自動車の製造業であったため、旋盤に対する需要が多かった。一方で、韓国では台湾のようなマシニングセンタの生産に有利な産業集積は形成されていなかった。この結果、台湾の工作機械は、韓国と比べて相対的に、マシニングセンタに強く、NC 旋盤に弱いという性格を持つようになった。

　台中地域では加工を担当する外注工場だけではなく、工作機械を構成する汎用機能部品やユニットの専門メーカーも育った。たとえば、ボールねじ[r]の上銀科技、摺動面カバーの台湾引興、チップコンベアの逢吉工業、自動工具交換装置（ATC）の潭子精密機械、自動パレット交換装置（APC）・割出し台の亙陽国際精機、冷却装置の哈伯精密工業などである。これらの企業の製品はいずれも台湾市場で高い占有率を持つとともに、一部は日本を含む海外にも輸出されている。

　逢吉工業を創業する鄭金海は年少時から機械職人であった父親を助けてプレス加工に従事していた。兵役後、1972年に台中精機に入社した鄭は、旋盤の組立工から部品加工の班長になった。6年後、彼は貯金と父からの借金でプレスを購入して、退勤後、家で仕事をするようになる。それを知った台中精機の董事長は切屑を NC 旋盤から排出するチップコンベアの仕事を鄭に発注し始めた。チップコンベアで台湾市場の8割を占有する逢吉工業はこうして創業した[30]。

　工作機械メーカーの従業員が独立して工作機械をつくる事例も台湾では数多い。こうした現象は台湾に限ったことではなく、欧米や日本など先進諸国にお

ける工作機械工業の発展過程でもしばしば見られる。日本では工作機械の老舗であった池貝鉄工所から岡本工作機械製作所をはじめ、いくつもの工作機械メーカーが派生したことが知られている。

　貧農出身の陳瑞栄は、1956年に小学校を卒業すると、2年前に創業したばかりで従業員がまだ10名足らずであった台中精機の見習工になった[31]。日中は工場で仕事を覚えながら、夜は初級さらに高級商工補習学校で苦学した。半年ほどしてから形削り盤の組立に回され、それを1年ほど経験してから、部品の加工技術を覚え、さらに旋盤の組立をするようになった。彼は黄奇煌董事長に目を掛けられ、技術を覚えてからは、購買や外注もまかされた。60年まで台中精機に在職した陳は、技術と管理だけでなく、董事長の人柄、処世術、従業員との接し方から、経営者としてのあり方も学んだ。

　その後、陳は古い平削り盤を借りて仕事を始め、73年に義弟の王坤復とともに国興機械廠を創業し、主として鋳鋼製万力を製造するようになる。74年末からボール盤を月300台生産し、輸出するようになった。海外需要が旺盛であったため、76年に業務を拡充し、国駿機械工業㈲に組織変更し、78年にさらに増資して力山工業㈱に改組した。

　翌年には組立ラインにベルトコンベアを導入して、年間生産台数は6万台近くに達した。こうして力山は台湾最大のDIY（Do It Yourself）用卓上ボール盤メーカーとなり、84年には世界市場の4割を占めた。

　DIY用卓上ボール盤は、工場での生産に用いられる工作機械とは、要求される精度も耐久性も価格も大きく異なるが、生産量はもちろん生産額、輸出額で見ても、台湾工作機械工業の一時期を代表する製品の一つであった。そして力山が台湾工作機械工業の本流から派生しつつも、母体企業とは似て非なる製品を選択して棲み分けたことは、骨肉相食む競争を避ける上で賢明であった。

　次節では、市場とともに戦前と戦後の後発工作機械工業を画したもう一つの要因である戦後の技術革新に注目しながら、台湾工作機械工業の技術発展を検討する。

第5節　台湾工作機械工業の技術

1　60年代の技術水準と金属工業発展中心の役割

　台湾の機械製造業者にとって、戦後初めて工作機械技術を修得する機会は、当時の日本でも見られたように、外国製品の再生あるいは修理の経験だったようである[32]。それに続いて生じた新規需要に対して、製造業者は既存の、あるいは輸入された工作機械を分解して、模倣製作した。独自製品を開発する技術力も資金もない小さな工場にとって、既存製品の模倣は最小のリスク負担で身近な需要に応える手段であった。

　こうした企業が大多数を占める台湾工作機械工業にとって、新しい技術を海外から導入して、国内に普及させた公的工業技術機関は民間企業の自助努力を補完する役割を担った。

　1963年、台湾政府は国連特別基金から100万米ドル近くの資金提供を受け、鉄鋼業や機械工業などの振興と技術水準の向上を目的とした財団法人金属工業発展中心（以下、金工中心）を高雄に設立した。63年から5年間に、国際労働機関（ILO）から24名の欧米人技術者が派遣され[33]、専門知識と実務経験を兼ね備えた彼らから工場の管理や金属・機械技術などの指導を受けた。機械工業部門ではとりわけミシン、工作機械、自転車工業の振興に重点が置かれた。

　ジグ中ぐり盤やねじ研削盤などの精密工作機械や測定装置が導入された金工中心の実験工場では、図面と規格に基づく部品加工が実演され、高精度を要するジグ、金型、ゲージなどの製作や、試作品の開発が行われ、これらの設計・製造技術が業界に広められた。

　当時の民間機械工場では、職人が実機をモデルにして模倣製造を行っていた。その際、用いられた測定器は直尺とキャリパス[34]であって、図面に依拠することはなく、寸法公差についての知識も彼らにはなかった[35]。したがって軸と穴のはめあいなどは、職人の経験に基づいて判断され、当然のことながら部品

の互換性は確保されていなかった。

こうした技術水準を改善すべく、機械設計室主任朱柏林[36)]は所員に対して半年以上にわたって設計製図、とりわけ公差とはめあい

表2-6　工作機械メーカーの規模別分布（1968年）

従業員数	20人以下	20～50人	50～100人	100人以上
	13	11	4	1
設備台数	20台以下	20～50台	50～100台	100台以上
	17	9	2	1
年産台数	20台以下	20～100台	100～500台	500台以上
	7	13	7	2

出所：『二十年来之金属工業発展中心』金属工業発展中心、1983年、32頁。

について指導した上で、彼らを全国各地に派遣して、講習会を実施し、機械設計に関する基礎知識を民間企業に広めた[37)]。

企業側からも切実な要望があった。米シンガーは1963年に台中で部品の互換性生産が不可欠な家庭用ミシンの量産を始めるにあたって、協力工場に対する技術指導を金工中心に依頼した。同中心は公差の考え方やマイクロメータ[x)]の使用について、中小企業を指導して、その後のミシン工業の興隆に寄与している。

金工中心は68年に約50社あるとみられた工作機械メーカーの中から、29社を実地調査した[38)]。このうち、従業員数50人以上の企業が5社、年産100台以上の企業が9社で、家族経営の中小企業が多かった（表2-6参照）。

これらの工場でつくられていた製品は外国製品を模倣した小型工作機械で、寸法誤差は許容値の3倍にも達し、部品には互換性がなかった。台湾製工作機械は低廉ではあったため、東南アジアに輸出もされていたが、国内主要産業では補助的にしか用いられなかった。

このように品質が良くなかった原因は主として製造現場にあった。当時の工作機械製造工場の生産設備は概して低精度で、親ねじ[n)]を加工できる精度の高い旋盤を保有している企業は3社のみであった。研削盤やフライス盤は少なく、特に大型機は設置されていなかった。

工場は三元機械や金剛鉄工廠などを除いて、狭小かつ雑然としており、同一建屋内で精密機械加工とそれに悪影響を及ぼす鋳造が行われている事例も見ら

れた。生産管理はされておらず、製造設備の維持管理も悪かった。

　ベッドやフレームなど重要な部品に普通鋳鉄が用いられており、熱処理あるいはシーズニングも施されていなかった。そのため、硬度の低い摺動面は摩耗しやすく、かつ残留応力によって経年変形して、精度が劣化した。

　2、3社を除いて、鋳物の機械加工にあたって、ジグが用いられず、逐一、罫書きがなされていた。加工工程の段取りが悪いため、部品が揃わず、組立に時間がかかった。

　工場には測定検査機器やゲージが完備されておらず、仕掛品の中間検査が実施されていないことが指摘されているが、そもそも部品の寸法公差が図面に明示されていなかった[39]。2、3社は完成品の静的精度検査を一部実施しているが、工作精度検査はほとんど行われていない状況であった。

　合理的な価格で品質の良い標準部品を供給できる工場はほとんどなく、工業規格と品質管理の経済的利益が理解されていなかった。こうした状況の下で製作された製品の精度はCNS（中華民国国家標準）を外れていた。

　こうした状況下で輸出が増え始めたことから、71年に金工中心は経済部商品検験局から工作機械を含む金属製品の輸出検査を受託し、翌年には同部国際貿易局から国際市場で品質上の問題を抱えていた中小企業に対する製造技術の指導を委託された。

2　精密工具機中心の役割

　69年、金工中心内に設立された金属工業研究所は、73年に財団法人工業技術研究院[40] 金属工業研究所（以下、金工研）に改組され、さらに77年、新竹に精密工具機中心[41]を設立した。その任務は精密工作機械および精密歯車の試製、海外の先進的製造技術の導入、海外研修による技術者の養成、業界への技術供与であって、当初は工作機械の開発ではなく、製造技術の修得に関心が向けられた[42]。

　工具機中心の発足に先立ってカーネー・トレッカー（Kearney & Trecker）のマシニングセンタ、デヴリーグ（DeVlieg）のNCジグ中ぐりフライス盤、

ワーナー・スウェージー（Warner & Swasey）のNC旋盤などが導入され、それに伴い若手技術者がメーカーに数カ月間派遣されて、NC工作機械の操作・保守方法および製造技術を学んできた。

まだNC工作機械が普及していなかった当時、主な工作機械メーカーは旋盤の主軸台や歯車箱の加工を、マシニングセンタを備えた工具機中心に委託した。穴加工の精度や同心度が高く、そのため組立工数も減るという効果が確認されたため、工作機械メーカーもマシニングセンタの導入を始める[43]。

経験の少ない若手中心だった工具機中心は、まず非NC工作機械の技術を修得するため、76年に米ブラウン・シャープ（Brown & Sharpe）からひざ形フライス盤、翌年米カールトン（Carlton）からラジアルボール盤、79年に米ロッジ・シップレー（Lodge & Shipley）から旋盤、クロス（Cross）から連続生産ラインに関する設計および製造技術を導入した。15名の技術者が延べ76カ月間、アメリカの提携先で研修を受けてきた。

工具機中心の機械設計主任関永昌たちは、技術提携先から供与された製作図や技術資料を熟読して、中国語に翻訳し、インチ表示の寸法をメートル法に直した。さらに図面から製品に用いられているメカニズムや歯車伝動装置の設計、重要な部品の材料選択や寸法公差、はめあいを分析して、機械設計のノウハウを吸収した[44]。こうした作業を通じて、大学における工学教育と機械設計の実務が結び付けられた。

それまでの民間工場では部品の加工方法や製造工程は熟練工によって掌握されており、自らの手で機械をつくった経験のない技術者の介入する余地はなかった[45]。したがって熟練工への依存度が高く、しかも離職率の高い台湾において、熟練工の離職とともにその経験が持ち去られることは、長年にわたる経験の積み重ねが肝要な機械製造技術の発展を阻害する要因であった。

NC工作機械を導入した工具機中心では、工程設計、ジグ・取付具設計・加工準備、NCプログラム作成を担当する製造工程部を設け、熟練工ではなく技術者が部品加工に先立って、使用する設備・工具、加工の段取り、切削条件などを決定した。経験不足から当初は問題が多かったが、失敗の中から経験を積

み、製造工程を管理できる技術者が育った。

　提携機の製造にあたって工具機中心は鋳物、鍛造品、一般加工部品などを協力工場に外注した。当時の国産工作機械はASTM 30（アメリカ規格、JIS FC 200相当）クラスの鋳鉄を用いていたが、提携先は耐摩耗性の観点から強度の高いASTM 40および50（JIS FC 250, FC 350）相当品を採用し、かつ砂かみなどの鋳造欠陥がないことを求めてきた。また機械加工業者には公差という概念が依然として浸透していなかった。工具機中心は製造の外注を通じて、これらの協力工場を技術指導した。

　78年に完成したフライス盤は提携先での完成検査に合格し、39台が製造・販売された。ラジアルボール盤と旋盤も提携先での検査の後、電装工事がなされて、それぞれ189台、69台がアメリカで販売された。このようにして工具機中心に工作機械製造技術が蓄積された。

3　NC工作機械の開発

　NC工作機械の開発は1970年代前半に民間企業によって先鞭が付けられた。まず楊鉄工廠が滝澤鉄工所製品をモデルとして、平ベッドの旋盤にファナック製NC装置[1]を取り付けた国産初のNC工作機械を74年に開発した。しかし価格が普通旋盤の6倍以上であるのに対し、加工効率は3倍程度で、市場にはまだ受け入れられなかった。

　普通旋盤大手であった大興機器は滝澤鉄工所と76年に技術提携してNC旋盤を開発し、大隈鉄工所（現オークマ）と技術提携していた大同もこの時期にNC旋盤を開発している。

　永進機械は78年にNCフライス盤の本体を製造して、アメリカに輸出し、現地で代理商が同国製制御装置を取り付けて販売し始めた。翌年にこの制御装置を取り付けた完成品が台湾初のNCフライス盤として登場する。

　79年に楊鉄工廠は8本の工具が装着可能なタレットを備えた立形マシニングセンタを開発するが、これは76年に同社が購入した大阪機工製品と同じ型式である。楊鉄工廠はこの本体構造を踏襲しながら、タレットを廃して、そのかわ

りに ATC と20本の工具マガジンを備えた本格的な立形マシニングセンタを翌年に開発するが、これも大阪機工製品と酷似していた。

同年、楊鉄工廠はスラント（傾斜）ベッドを採用した NC 旋盤を開発する。三角断面を持ち剛性が高いため、加工精度の向上が期待でき、かつ切屑の排出性もよく、自動化に適したスラントベッドは以後、中小型 NC 旋盤の主流となる。

一方、工具機中心は79年にロッジ・シップレーと提携した旋盤の本体を改造してアメリカ製数値制御装置を搭載した NC 旋盤を試作して、NC 工作機械に取り組み始めた[46]。81年に横形マシニングセンタの開発計画を立て、関永昌設計主任の指導の下に外国製品の構造を参考にしながら開発を進め、82年の機械展に MC-15H 型を出展して注目を集めた。開発にあたっては、モジュール設計を採用して、分担したので、設計時間が短縮された。

続いて、工具機中心は中華台亜から自動車用差動装置ケーシングの加工ラインを豊田工機と競争入札して受注した。ラインを構成する横形マシニングセンタ7台は、工具機中心から設計・製造技術の移転を受けた連豊機械によって製作された。苦労は多かったが、民間企業と連携した NC 工作機械共同開発の先駆けとなり、82年に工具機中心が機械工業研究所に改組されてからも、表2-7のように工作機械メーカーと横形・立形マシニングセンタ、五面加工機、スラントベッド型 NC 旋盤、NC 研削盤などの共同開発が行われた。

台湾の工作機械メーカーは独立系の中小企業が多く、先進国の企業から技術導入することは容易ではなかった。そういう状況の中で、金属工業発展中心、精密工具機中心、機械工業研究所といった公的機関は、欧米人技術者を招聘したり、台湾人技術者を海外研修に派遣したり、あるいは技術提携の主体となって、みずから新製品を製造する経験を積んで技術を修得した。

高等教育を受けた技術者は理論的研究に偏らずに、実際に工作機械を製造する経験を積み重ねたのである。そして修得した先進的技術を民間企業に普及させるための拠点として、公的機関は工作機械メーカーのニーズに応えた。

時代はちょうど工作機械が NC 化する転換期であり、それまでの初等教育だ

表2-7　機械工業研究所の技術移転・共同開発

年度	技術移転機種	移転先
1982	MC-10Hマシニングセンタ	連豊機械
1983	CNC旋盤 CNC旋盤	栄富工業 大岡工業
1984	門形マシニングセンタ	高明機械
1985	CNC平面研削盤 小型マシニングセンタ	新徳精機 福先隆精機
1986	精密平面研削盤	建徳工業
1987	CNC旋盤 FMS	程泰機械 台湾麗偉電脳機械

年度	共同開発機種	契約企業
1983	NIG-120型 NC内面研削盤	安加実業
1984	GCL-15型 NC旋盤 五面加工機 立形マシニングセンタ CNC旋盤 門形マシニングセンタ CNC旋盤 MC-15Hマシニングセンタ CNC平面研削盤 横形マシニングセンタ	程泰企業 大同 高鋒機械 大岡工業 高明精機 栄富工業 龍昌機械 建徳工業 高鋒機械
1986	MC-10H横形マシニングセンタ 精密平面研削盤 CNC平面研削盤 小型マシニングセンタ	連豊機械 建徳工業 新徳精機 福先隆精機
1987	CNC旋盤 モジュール化CNC旋盤・マシニングセンタ	程泰企業 亜崴機電
1988	CNC内面研削盤 モジュール化門形マシニングセンタ	安加実業 亜崴機電

出所:『機械工業研究所　所史　源遠流長』工業技術研究院機械工業研究所、1993年、484〜493、509〜517頁より抜粋。

けで現場に飛び込み、そこで腕を磨いて一人前になった機械職人の時代から、幅広い工学的知識を身につけて新しい技術に挑戦できる技術者が不可欠な時代へと変わりつつあった。その過渡期において若い学卒者の集団は橋渡しの役割を果たした。

海外研修を受けてきた技術者の一部は、帰国後、よりよい待遇を求めて転職し、技術を拡散させた。工具機中心で活躍した関永昌も中途退職して、1986年、新竹に亜崴機電を設立する。同社は自動専用設備の開発から始めて、88年に開発した門形マシニングセンタで発展を遂げる。

1984年、アメリカの大手工作機械メーカーであるシンシナティ・ミラクロン（Cincinnati Milacron Inc.）は一部のフライス盤を永進に生産移管する商談を持ち込んだ。仕事がなくなることを恐れたアメリカ側労働組合の反対で、この計画は実現しなかったが、かわりに86年にNC旋盤の重要部品である主軸台、

主軸、タレット、サドル、心押台などの重要部品が発注された。その過程で永進は多くの精密加工技術や品質検査の考え方を修得した[47]。

その後、日本や欧州の有名企業からも商談が舞い込むようになり、永進は93年にスイスの優良工作機械メーカーであるミクロン（Mikron）に対して、立横複合形マシニングセンタ YCM-90HVAR を供給するようになった。ミクロンは永進の製品に独自デザインのカバーと商標を取り付けて、欧州で販売した。

日系工作機械メーカーである台湾瀧澤科技では大立機器の横形マシニングセンタ、永進機械の立形マシニングセンタを加工設備として採用している。機種の選定を誤らず、主軸の組立について指示を出し、検査データを求める等の念を入れれば[48]、台湾製工作機械の上位機種は工作機械工場のマザーマシンたる水準に達していると言えよう。

台湾製工作機械は、価格面だけではなく、性能面でも先進企業に高く評価されるようになってきたのである。

4 新興 NC 工作機械メーカーの登場

工作機械の NC 化は、終章第2節で詳述するように、後発国あるいは後発企業によるキャッチアップをある面で容易にし、台湾でも新興工作機械メーカーの台頭を招いた。代表的事例が台湾麗偉電脳機械である。

麗偉の創業者張堅浚（1948年生）は成功大学大学院で機械工学を修めた。数年の外資系商社勤務を経て、1974年から工作機械メーカー連豊機械工業[49]の総経理を経験した後、80年に大学時代の同級生夏錫宝たちと10名足らずで麗偉を創業する。

当初貸工場で非 NC フライス盤の製造を始めたが、まもなくイスラエル向け OEM 生産の機会を得て、それに伴い顧客から技術指導を受けた。81年に麗偉は米ラムコ（RAMCO）と提携して、NC 工作機械の製造を始めた[50]。OEM による生産は80年代末において生産全体の約3割を占めており、米ハーコ（Hurco Machine Tool Products）には月30台を供給していた[51]。製品市場はヨーロッパを中心として、海外が95％を占めていた[52]。

表2-8 台湾工作機械輸出企業上位10社の推移

順位	1993年 企業名	金額	1994年 企業名	金額	1995年 企業名	金額	1996年 企業名	金額	1997年 企業名	金額
1	力山工業	D	台湾麗偉	D	台湾麗偉	B	台湾麗偉	B	台湾麗偉	B
2	台湾麗偉	D	力山工業	D	台中精機	D	台中精機	B	金豊機器*	C
3	台中精機	E	永進機械	D	永進機械	D	金豊機器*	C	台中精機	D
4	福裕事業	E	台中精機	E	金豊機器*	D	永進機械	C	協易機械*	D
5	金豊機器*	E	金豊機器*	E	喬福機械	D	喬福機械	D	楊鐵工廠	D
6	楊鐵工廠	E	福裕事業	E	楊鐵工廠	D	協易機械*	D	喬福機械	D
7	永進機械	E	協易機械*	E	福裕事業	D	楊鐵工廠	D	福裕事業	D
8	大立機器	E	楊鐵工廠	E	友嘉実業	D	友嘉実業	D	永進機械	D
9	春日機械*	E	喬福機械	E	程泰機械	D	福裕事業	D	協鴻工業	D
10	喬福機械	E	大立機器	E	東台精機	E	大立機器	D	友嘉実業	D

注：＊印の企業は成形型工作機械を主とするメーカー。
　　輸出金額のランクは以下のように区分されている。
　　A：20億NT＄以上、B：15～20億NT＄、C：10～15億NT＄、D：5～10億NT＄、E：1～5億NT＄。
出所：『台湾工業年鑑』98/99年版、2001年版、台湾産業研究所。

　生産にあたって、後発工作機械メーカーであった麗偉は既存の工作機械部品加工ネットワークを十二分に活用して、主要な加工工程である鋳造、熱処理、各種機械加工を外注し、社内には最終製品の組立ラインしか持たなかった。しかも社内で行う塗装ときさげ加工には内部請負を利用している。外注先は当初2、30社で、90年代半ばには150社ほどになったが、このうち3分の2は家族経営で登記もしていない零細企業であった[53]。

　こうして鋳造から機械加工、組立までの一貫工程を社内に抱え込まねばならなかった先駆的工作機械メーカー、あるいはNC化のためにボールねじを内製する必要があった先行NC工作機械メーカーに比べ、麗偉は設備投資負担の点で有利で、製造コスト面で強い競争力を発揮することができた。その結果、麗偉は先行工作機械メーカーを一時は凌いだのである（表2-8参照）。台湾中部の多様で層の厚い工作機械の産業集積は、こうした販売と設計と組立に特化した新興工作機械メーカーの台頭さえ可能とする母胎となった[54]。

　このようなスタートアップモデルは、麗偉の従業員に対しても独立の刺激となり、90年代半ばまでに6、7社が派生した。

1998年		1999年	
企業名	金額	企業名	金額
楊鐵工廠	B	金豊機器*	C
台湾麗偉	C	協鴻工業	C
喬福機械	C	永進機械	C
台中精機	C	喬福機械	D
永進機械	C	協易機械*	D
福裕事業	C	福裕事業	D
協鴻工業	C	台湾麗偉	D
金豊機器*	D	楊鐵工廠	D
協易機械*	D	台中精機	D
力山工業	D	友嘉実業	D

確かに台中の産業集積は個人で創業するのにうってつけの苗床であった。しかし、外注先の品質と納期とコストは鼎立しがたく、それらの管理は一筋縄ではいかない。また、他社と同じ外注先を使うと、製品は大同小異となり、差別化が難しく、一歩先んじようとすると、外注先を通じて、情報が他社に漏れた[55]。麗偉も生産規模が拡大するとともに、機密保持と納期管理の点から重要部品の外注を減らし、90年代半ばには外注比率を約25％とした。

第6節　おわりに——製品差別化に向けて

　台湾の工作機械メーカーは、戦後における世界経済の成長と、それに加えて先進国の工作機械がNC化したことによって、台湾製品の性能と価格に見合った、すなわち低価格の非NC工作機械を必要とする海外市場にまずは参入することができた。市場規模の大きさに対して、台湾の工作機械メーカーは中小企業で、規模を拡大しづらく、一方で従業員が強い独立志向を持っていたため、完成品メーカーと関連企業が増殖した。

　産業集積が進むと、新規開業はさらに容易になり、拡大する輸出を追い風にして、それぞれの企業が互いに切磋琢磨しつつ、得意分野に特化して棲み分けた。品質が良く、コストの安い企業に発注が絞り込まれ、さらに技術の向上とコストダウンが進む。素形材および加工業者、部品・ユニットメーカーが国際競争力さえ持つに至って、台湾の工作機械完成品メーカー全体の競争力が強化された。

　ここが台湾工作機械工業に特徴的な強みであり、輸出主導による生産拡大をこれまでもたらしてきた。しかし完成品メーカーが部品やユニットを同じ標準

品メーカーから調達し、素形材や加工の外注先も特定の優良企業に集約されてくると、業界全体の水準が上ってくる反面、製品の差別化が難しくなる。産業集積の利用によるコストダウンは競争力の一つの源泉であるが、低賃金によってコスト的に優位な後発国の追い上げに遭うと、価格競争力は強みでなくなる。

90年代に入り、中国の経済成長が本格化し始めた結果、アメリカに匹敵する新たな市場が出現した。中国市場への対応とコストダウンを目的として、台湾工作機械メーカーも製造拠点を中国に設置し始めた。

現在までのところ、中国には台中地域のように工作機械生産を支援できる産業集積がないため、かなりの部品が台湾から調達されている。しかしやがて現地調達が進むと、大田区や東大阪のように、台中の産業集積が空洞化していく可能性がないとは言えない。

価格競争から距離を置くために製品の差別化を考えた場合、東台精機は一つの示唆を与えてくれる[56]。第2節で触れたように、東台精機設立の経緯は他社と異なる。吉井良三という日本人技術者が経営者であったから、日本および日系企業からの受注や日本企業との技術提携が容易で、そのことが東台精機の営業と技術形成に有利に作用したことはまちがいない。最近では、長年にわたり提携していた日立精機の破綻によって、その技術者を受け入れたり、あるいはその顧客の一部を引き継いだりという僥倖もあった。しかしここで注目したいのは、その製品選択である。

もともと東台精機は汎用機ではなく、専用工作機械を製品としてきた。この選択には吉井が量産部品の生産技術者であったという経歴が大きく影響している。また創業当時の台湾では、汎用工作機械に不可欠な品質のよい歯車の入手が難しく、油圧機構を用いた単能機のほうが手掛けやすかったという事情もある[57]。

後発工業国台湾において、専用工作機械メーカーは異端であった。顧客は国内企業に限られ、汎用機メーカーのように大きな海外市場を開拓することもできなかった。しかもNC工作機械の発達により、専用機の市場は蚕食される運命にあった。

しかし80年代前半にNC旋盤やマシニングセンタといったNC工作機械に進出した東台精機は、専用機生産の過程で技術を培ってきた、特定部品を専用加工するためのジグや取付具を含めて、各種自社製NC工作機械から構成された生産ライン全体を一括受注して、顧客にトータルソリューションを提供するようになった。マシニングセンタやNC旋盤のメーカーはあまたあるので、単体で売ろうとすると価格競争にさらされやすいが、NC工作機械群で構成されるラインをターンキーベースで納入できると、独自の付加価値を生むことができるのである。

台湾工作機械工業は将来に向けた課題を抱えつつも、戦後の世界において、それまでにはなかった後発工業化のパターンを提示したことになる。

注

a）～y）は巻末技術用語解説を参照。
1）『工作機械統計要覧2008』日本工作機械工業会、2008年。
2）台湾工作機械工業に関しては、拙稿「日本と台湾にみる発展途上期工作機械工業」中岡哲郎編『技術形成の国際比較』筑摩書房、1990年、服部民夫・佐藤幸人編『韓国・台湾の発展メカニズム』アジア経済研究所、1996年、水野順子編『アジアの金型・工作機械産業』同、2003年、同編『アジアの自動車・部品、金型、工作機械産業——産業連関と国際競争力——』日本貿易振興会アジア経済研究所、同年、水野順子・佐々木啓輔編『アジアの工作機械・金型産業の海外委託調査結果』同、同年、『高度機械技術（金型・工作機械）の技術移転と国際分業に関する調査報告書』日本労働研究機構、同年、川上桃子「台湾工作機械産業における革新と模倣の主体」『アジア経済』44巻3号、同年、張書文「台湾工作機械製品の進化と技術知識学習の仕組み」『工業経営研究』23号、2009年9月、『台湾工作機械工業の動向——技術・需要動向調査報告書——』日本機械輸出組合、1981年、『台湾の機械工業（工作機械、ミシン）』交流協会、1984年、『台湾の工作機械』交流協会、1990年、Alice H. Amsden, "The Division of Labour is Limited by the Type of Market: The Case of the Taiwanese Machine Tool Industry", *World Development*, Vol. 5, No. 3, 1977; Alice H. Amsden, "The division of labour is limited by the rate of growth of the market: the Taiwan machine tool industry in the 1970s", *Cambridge Journal of Economics*, 9, 1985; Martin Fransman ed., *Machinery and Economic Development*, Mcmillan Press, 1986; Staffan Jacobsson, *Electronics and*

industrial policy: the case of computer controlled lathes, Allen & Unwin, 1986; N. T. Wang ed., *Taiwan's Enterprises in Global Perspective*, M. E. Sharpe, 1992; Tetsushi Sonobe, Momoko Kawakami, Keijiro Otsuka, "Changing Roles of Innovation and Imitation in Industrial Development: The Case of the Machine Tool Industry in Taiwan", *Economic Development and Cultural Change*, Vol. 52, No. 1, 2003. も参照されたい。
 3 ）　たとえば『台湾の工作機械市場調査』交流協会、1976年によると、第二次世界大戦末期に高雄近郊の日本海軍第六燃料廠で工作機械が製作された。また張宗漢『光復前台湾之工業化』聯経出版、1980年［長房明訳『光復前台湾の工業化』交流協会、2001年］には、日本の高進商会によって台湾精機工業㈱が設立されて、精密測定器と工作機械を製造したとの記述がある（113頁［100頁］）。なお、1926年と29年に出版された台湾総督府殖産局商工課『台湾工場通覧』には、工作機械を製品として明示している工場はない。
 4 ）　台湾区機器工業同業公会編『機械工業五十年史』同会、1995年、55〜56、75頁。
 5 ）　フライス盤メーカーとして現存するが、主導的企業には成長しなかった。
 6 ）　『台湾工場通覧』によると1925年当時、職工数 5 名で籾摺機を製造していた。
 7 ）　林鎮台「台湾中部地区機械業発展根源」『機械会訊』465号、1995年11月。
 8 ）　東洋鉄工は終戦後、接収され、台中工場は現天源義記機械公司に、台北工場は現大同に、高雄工場は唐栄鉄工廠に継承された。
 9 ）　陳素恩「黄奇煌董事長生平事略」http://www.or.com.tw/news/news/down_news_1-20.htm
10）　その末期については、黄樫進『黒手大革命：伝奇的黒鷹』聯経、2001年参照。
11）　当時、台中とその周辺には帝国製糖（のち大日本精糖が継承）など大規模な製糖工場が多く、そこでは近代的な製糖機械が使われていた。
12）　楊日明口述「早期工具機発展回憶録」鄭祺耀・許淑玲編『機械工業六十年史』台湾区機器工業同業公会、2005年、478〜479頁。
13）　大興、金剛、建徳の記述は、蔡棟雄編『三重工業史』台北県三重市公所、2009年による。
14）　『台湾工場通覧』によると1925年当時、職工数 5 名で精米機を製造していた。創業は1909年である。
15）　大興機器と金剛鉄工は90年代には解散ないし衰微している。なお、両社は砲弾や砲・銃身などの兵器生産もしていた。
16）　台湾では黒手と呼ばれる。
17）　『工商人名録』中華徴信所、1973年による。

18) 吉井は東京発動機でガソリンエンジンの生産技術を経験していた（2009年12月23日聞き取り）。設立メンバーには荘俊銘も名を連ねていた。
19) 『台湾における機械工業（繊維機械）』交流協会、1982年、4頁、および谷浦孝雄編『台湾の工業化　国際加工基地の形成』アジア経済研究所、1988年、230頁。
20) 自主規制の対象は、NC旋盤、非NC旋盤、マシニングセンタ、フライス盤の4種で、アメリカ市場での占有率をそれぞれ3.23％、24.7％、4.66％、19.29％に規制された。
21) 台中の工作機械産業集積については、劉仁傑『分工網路：剖析台湾工具機産業競争力的奥秘』聯経出版、1999年、同「台湾工具機産業分工体系之探討——砲塔型銑床分工網路的実証研究」『東海大学学報』37巻、1996年、『経済部工業局94年度専案計画執行成果報告　工業区産業群聚調査及策略規劃』経済部工業局、2005年、呉立民編『台湾産業聚落　蛻変与重生』中華民国対外貿易発展協会、2009年、Brookfield, Jonathan Lord, *Localization, Outsourcing, and Supplier Networks in Taiwan's Machine Tool Industry*, PhD dissertation, University of Pennsylvania, 2000; Chen, Liang-Chih, *Industrial Upgrading of Newly Industrializing Countries—The Case of Machine Tool Industry in Taiwan*, PhD dissertation, University of California, Berkeley, 2007; Jonathan Brookfield and Ren-Jye Liu, "Supplier Networks in Taiwan's Machine Tool Industry", *Journal of Asian Business*, Volume 17, 2001; Ren-Jye Liu and Jonathan Brookfield, "Stars, Rings and Tiers: Organisational Networks and Their Dynamics in Taiwan's Machine Tool Industry", *Long Range Planning*, 33, 2000; Jonathan Brookfield, "Firm Clustering and Specialization: A Study of Taiwan's Machine Tool Industry", *Small Business Economics*, 30, 2008; Liang-Chih Chen, "Learning through informal local and global linkages: The case of Taiwan's machine tool industry", *Research Policy*, 38, 2009. を参照。
22) 『永進機械50週年紀年文集』2004年、28頁。
23) 永進の創業に必要とされた機械技術の起源について、同前書には記述がない。前掲『工業区産業群聚調査及策略規劃』2-191頁によると、創業者は豊原で製靴機械をつくっていた金和勝の下で見習工をしていた。
24) 『月刊生産財マーケティング』1978年9月号、A-114頁。
25) 前掲『永進機械50週年紀年文集』36頁。こうした台湾製タレット形フライス盤の輸出攻勢に対して、当時ブリッジポートを傘下に置いていた米テキストロン（Textron Inc.）は、永進等台湾製品が類似した外形・商標で消費者を誤認させているとして関税法337条に基づく輸入差し止めを国際貿易委員会（ITC）に求めた。83年に永進側の勝訴となり、以後も対米輸出は継続された。

26) 前掲『分工網路』74〜77頁。
27) 同前、96頁。
28) 同前、112〜114頁。
29) 嚴瑞雄東台精機㈱董事長兼執行長、米本勝行台湾瀧澤科技㈱董事長（滝澤鉄工所会長兼任）のご教示による（2009年12月24日、29日聞き取り）。
30) 『珍情50薪火相伝　台中精機50週年特刊』2004年、41〜42頁。
31) 同前、39〜40頁、『中華民国先駆企業（下冊）』中華徴信所、1986年、10〜23頁参照。
32) 高熊飛『台湾区工具機工業基本結構之研究』経済部金属工業研究所、1970年、6頁。
33) 工作機械の専門家としては、独クルップや工作機械メーカーで経験を積み、インドでも技術指導の経験があるアーゼルマン（K. Aselmann）が69年に来台し、翌年に開催された工作機械・工具技術研究会では鋼材の標準化や工作機械の品質改善について発表している。
34) 二又になったアーム先端の開きで寸法を写し取る道具。絶対値のわかる目盛はない。
35) 『機械工業研究所　所史　源遠流長』工業技術研究院機械工業研究所、1993年、71頁。
36) 朱は兵工工程学院（現国防大学理工学院）を卒業して、小銃や機関銃および弾丸を製造していた高雄の第六十兵工廠廠長を務めた人物で、台湾でも互換性生産の源泉は兵器の製造技術にある。
37) 前掲『機械工業研究所所史』71〜72頁。
38) 『二十年来之金属工業発展中心』金属工業発展中心、1983年、31〜34頁。
39) 前掲『台湾の工作機械市場調査』13〜14頁にも同様の記述がある。
40) 台湾の工業技術研究院については、洪懿妍『創新引擎　工研院：台湾産業成功的推手』天下雑誌、2003年参照。
41) 台湾では工作機械を工具機あるいは工作母機と表記する。
42) このほか、内燃機関や装甲車用伝動系統の研究開発も行われた。
43) 過去の経緯から日本に距離を置く外省人が多い軍工廠や公営工場が欧米から調達したのに対し、本省人の経営する民間企業は安価でアフターサービスを受けやすい日本製を好んだ。
44) 前掲『機械工業研究所所史』119頁。
45) 『機械工業四十年史』台湾区機器工業同業公会、1985年、254頁。
46) 前掲『機械工業研究所所史』122〜123頁。

47) 前掲『永進機械50週年紀年文集』36〜39頁。
48) 前出米本董事長の言。
49) 1966年に何金海が卓上旋盤メーカーとして連豊機械工業を創業した。70年代末にはねじ立て盤、小型平面研削盤、円筒研削盤、帯のこ盤などを生産していた。当時の外注加工比率は1、2割で、鋳物はすべて購入していた。ねじ研削盤を保有し、ねじ研削の受託加工もしていたのが特徴である。輸出比率は65％で、仕向け先はアメリカ中心であった。80年に英PGMと技術提携し、82年から子会社何豊精密でボールねじの生産を始める。ところが日本のボールねじメーカーの低価格攻勢にあって経営難に陥った。89年に何豊を吸収した上銀科技は、世界有数のボールねじ・直動ガイド[s]メーカーに発展し、輸入代替から輸出に転じるのに成功した。
50) 劉仁傑「台湾工作機械工業の経営戦略と技術蓄積——台湾麗偉のケース・スタディ——」『アジア経済』第32巻第4号、1991年4月。
51) 李禄銘「有心破記録的台湾麗偉」『生産力雑誌』391号、1988年9月、53〜54頁。
52) 荘素玉「麗偉的清晨特別沉静」『天下雑誌』1990年1月1日、168〜171頁。
53) 孫盈哲「産業網路的分工体系　台湾麗偉公司的案例浅析」『台湾経済研究月刊』第19巻第11号、1996年11月、65〜68頁
54) 麗偉は新興のNC工作機械専業メーカーとして急成長を遂げるが、2000年に財務危機に陥り、友嘉実業が筆頭株主になると、張は退任する。友嘉実業は朱志洋（台湾海洋大学舶用機械工学系卒）によって79年に設立され、当初は神戸製鋼所の建設機械販売を主としていた。84年に経営不振に陥った連豊機械や遠洲機械工業（代表の張清河は永進出身）などを買収して工作機械の製造販売と部品製造に参入し、85年に工作機械事業部を立ち上げた（呉偉立「友嘉朱志洋靠併講打出天下」『財訊月刊』327号、2009年5月、233〜235頁）。
55) 高雄県にある東台精機も主として台中地域に外注している。鋳造、板金、丸物機械加工はすべて外注し、箱物の機械加工は中小物の8割、大物の3割を社内で実施している。前出嚴董事長によると、内製の理由は高い精度の確保に加え、秘密保持の意味合いがある。
56) 東台精機については、小林茂『「特技研鑽」物語』東台精機股份有限公司、1999年、『台湾企業成功的故事』中華民国対外貿易発展協会、2004年、98〜103頁参照。
57) 前掲『「特技研鑽」物語』59〜60頁。

第3章　韓国工作機械工業の技術形成

第1節　はじめに

　朝鮮半島は日本による35年間の支配から解放された後、さらに朝鮮戦争で焦土と化し、南北に分断されたまま東西冷戦の最前線となった。日本よりもさらに過酷な条件の中から復興を始めた韓国は、周知のとおり、めざましい経済発展を遂げて今日に至っている。

　本章では、そうした韓国の工業発展を下支えしてきた資本財である金属切削工作機械を取り上げて、その技術形成過程について考察する。

　韓国の工作機械生産額は2009年に初めて台湾を上回り、世界第5位、日本の約3分の1の規模に到達した。貿易面では長らく輸入超過が続いていたが、2007年から輸出が輸入を上回り始めた。技術水準を見ても、韓国製品は工作機械が輸出産業化して久しい台湾を上回っており、日本に肉薄しているという評価がされている[1]。

　後発工作機械工業の発展パターンは、東アジア諸国に限ってみても、本書の各章で明らかにするように、それぞれ違いが見られる。第2章でみたように中小工作機械メーカーが主として先進国製品を模倣しながら海外市場を開拓していった台湾、次章で示すように外国直接投資を積極的に誘致することで外資系工作機械メーカーが定着し、かつそこからのスピンアウトでローカル企業が生まれたシンガポール、長年にわたる社会主義体制下で独自の工作機械工業を育てた中国など、複線的発展経路が観察されるのである。

　これらに対し、韓国工作機械工業にみられる発展路線の特色は、財閥系大企

業による先進国企業との技術提携を通じた技術形成であることが、豊富な先行研究によって解明されている[2]。

本章では、財閥が工作機械工業に参入する以前の中小メーカーによる技術形成を検証した上で、財閥系企業による技術導入を再検討し、韓国に典型的に見られる技術提携依存型技術形成の実態を明らかにする。

第2節　先発中小企業の技術形成

1　工作機械製造の始まり

韓国における近代的工作機械生産の嚆矢は、日本によって統治されていた1927年、鉄道局京城工場で内製された2台の研削盤[g]だと言われている[3]。鉄道工場はその後も工作機械をつくるが限定的であった。44年頃には三成鉄工所や弘中工業が旋盤[a]や形削り盤等を製造したが、その後、工作機械メーカーに発展することはなかった[4]。

一方、朝鮮戦争以後、工作機械の生産を開始するいくつかの企業の起源は日本統治末期に求められるが、これらの企業が当時、工作機械を製作することはなかった。解放後、工作機械の製造を始める企業は、戦時の技術的遺産を継承しているとはいえるが、工作機械製造技術を受け継いではいない。

60年代に一時、優れた工作機械を製作した大韓造船公社（現韓進重工業）の前身は、37年に設立された朝鮮重工業㈱であるが、本業は造船である。86年に起亜グループに統合される大韓重機工業は、70年代半ばに日立精工や山崎鉄工所（現ヤマザキマザック）から技術導入して工作機械を生産していたが、前身は㈱関東機械製作所である。77年に大宇機械に吸収されて大宇重工業となる韓国機械工業は、37年発足の㈱朝鮮機械製作所を源としている。関東機械も朝鮮機械も鉱山機械メーカーであって、後年、工作機械製造に従事することになるこれらの大手企業は機械製造技術を蓄積してはいたが、工作機械メーカーではなかった。

解放後、最初に工作機械の製造に取り組むのは、技能工によって創業された中小企業である。47年に光州南鮮旋盤工場を創業する朴南述は、中学を2年で中退して八谷機械製作所に入った。彼は日本人社長の好意で、終業後、工場を利用させてもらい、3年かけて旋盤を自作している。その経験が旋盤工場の創業に結びついた[5]。

独立系としては韓国随一の工作機械メーカーを育て上げることになる権昇官は、釜や犂をつくっていた日本人経営の全州鋳物工場に32年、見習工として入り、鋳造の仕事を覚えた。40年、彼は繁浦貞次郎が光州で経営していた巴鉄工所にスカウトされ、農業用鉄製水門の製作に従事した。やがて彼は繁浦の信頼を得て、工場の管理や営業、集金を任されるようになる。終戦により帰国する繁浦から後事を託された権は、道庁から管理人に選任され、50年に工場の払い下げを受け、52年、合名会社貨泉機工社を設立した。水門や鉄骨から旋盤へと事業転換するのは59年のことである[6]。

このように韓国人による工作機械生産は、外貨不足とウォン安の下での内需に応じて、日本人が営んでいた工場での就業経験を持つ技能工自らの発意で始められた。60年代、工作機械を製造していたのは、ソウルの京城鋳物製作所、大邱の勝利機械製作所、大邱重工業、釜山の義信工作所、大田の南鮮機工、光州の貨泉機工、馬山の第一機械、馬山韓国金属、永登浦の精工社などである[7]。こうした中小企業はどのようにして工作機械製造技術を修得していったのであろうか。

貨泉機工は水門などの公共工事に携わりながら、仕事がなくなると農機具、発動機、練炭製造機械、水車などを製造していた。しかし受注に伴う賄賂の横行に嫌気が差した権は、民需品への転換を図る。そこで選定された新製品が国産化の進んでいなかった旋盤である。

権昇官は日本の工業学校を卒業した設計技師にスケッチさせて、59年にベルト掛け旋盤3台を製作し、まず社内で用いた。鋳造工出身の権が手掛けた旋盤は鋳物の品質が良く、ソウルの工具商街元暁路で販売したところ、好評を博し、事業の比重は水門から旋盤へと移されていった[8]。

64年に貨泉は他社から図面を購入して、歯車駆動式旋盤を製作した。ベルト掛けに比べ、動力損失が少なく、強力切削が可能な歯車駆動式旋盤は高価ではあったが、作業能率が高く、以後、普及していくことになる。

44年に鉱山機械と織機のメーカーとして設立された大邱重工業は、60年代初めにベルト掛けの工作機械を製作したが、図面はなく、見て聞いて、頭の中で思い描いて作るというやり方であった[9]。

一方、60年代に工作機械を製造した唯一の大企業として、大韓造船公社があった。50年に発足した造船公社は釜山で船舶の建造と修理をしていた。50年代後半、ICA（アメリカ国務省国際協力局）援助資金と韓国産業銀行からの融資で、工作機械が新増設されたが、設備能力に余剰があったため、舶用機械の製作と修理を担当していた機械事業部が工作機械生産に乗り出す。

西独マーチンから輸入した歯車変速電動機直結旋盤を分解して、図面にし、それに基づいて、62年に旋盤の製造が始まった。外観は原品と似ていたが、同じ熱処理がほどこせなかったため、負荷される応力や衝撃を考慮して、部材のサイズを大きくするしかなかった[10]。

公社製旋盤の品質は、韓国工業規格（KS）1級および日本工業規格の普通旋盤規格による検査に合格する水準であった。64年には韓国製工作機械として初めて、アメリカ等へ輸出された。旋盤を中心に、形削り盤や平削り盤もつくられたが、68年に民営化されると同時に、累計生産台数200余台で工作機械の生産は打ち切られる。65年の日韓国交正常化に伴って、韓国に供与された対日請求権資金が日本からの工作機械輸入に充当できるようになると、国産品に対する内需が低迷したためである。

2　60年代の技術水準

65年に公刊された『機械工業技術実態調査』には工作機械を製造していた10社の企業概要と技術上の欠陥、その原因、対策が記載されている[11]。この資料に基づき、当時の技術水準を瞥見しよう。

貨泉の歯車駆動式旋盤については、①歯車用鋼材の成分が不均一な上、熱処

理温度が不適切なため、歯車の摩耗が進み、振動と騒音が発生している、②主軸[m)] 軸受のはめあい精度が不良なため摩擦熱が生じている、③塗装不良、と指摘されている。対策としては、成分の確かな鋼材の使用、高温温度計を用いた熱処理温度の管理、仕上がり寸法の精密測定、吹付け塗装と赤外線式焼付け炉の採用、そして技術者、技術工の強化を勧めている。

1920年に創業し、54年に朝鮮戦争の被害から復旧して、鉱山機械、揚水機その他の機械製作を再開した京城鋳物製作所は、61年に旋盤やボール盤[c)]の製作を始めた。63年にアメリカ鋳物協会の招きで技師を派遣したこともある企業であったが、旋盤の鋳物に対する評価は低かった。

硫黄分の多い無煙塊炭を用いているため、溶解温度が低く、鋳物中の硫黄含有量が多くなっている。また材料の古鉄が不均質である。鋳物砂の処理装置がなく、砂処理が不適切である。結果として、鋳物の品質は良くない。その上、鋳物は十分な応力除去がなされないまま、機械加工されるので、加工後に歪みが生じている、という評価であった。

歯車は、材質が不詳である上、加工に歯切り盤[h)] が用いられていないため、精度が低く、焼入れ後、歪みが除去されていないため、耐久性も低かった。

工場内の照明が暗く、中間製品の精度検査が行われていない、という指摘もあり、これらの要因が重なって、製品の性能はKS規格が定める水準の7～8割にとどまり、耐久性にも乏しかった。

造船公社や貨泉はまだ良いほうで、当時の平均的な韓国製工作機械は、材質不明の素材と低い精度の加工設備を用いて、満足な検査器具もないまま、形だけ似せてつくられていたと言えよう。

次に漢陽大学校工科大学が科学技術処の事業として国産旋盤を調査した結果に基づく研究論文[12)] を紹介することで、当時の技術水準を検証しよう。対象となった京城鋳物製作所、南鮮機工社、東一鉄鋼工業、勝利機械製作所、大韓造船公社、貨泉機工社の製品仕様と静的精度検査項目の合格割合をまとめたのが表3-1である。

旋盤のベッドはキューポラを用いて鋳造された灰鋳鉄でできているが、化学

表 3-1　旋盤の仕様と静的精度

メーカー名	京城鋳物 (1)	京城鋳物 (2)	貨泉機工	造船公社	勝利機械
製作年月	1966.6	1963.12	1968.5	1968.8	1968.7
振り (mm)	400	480	360	360	500
心間距離 (mm)	800	600	900	480	850
ベッド長さ(mm)	1,800	1,600	1,400	1,820	1,200
最高回転数 (rpm)	695	690	640	600	
駆動馬力 (PS)	3	3	2	2	
主軸台形式	4段段車バックギア直結	4段段車バックギア直結	全歯車直結	全歯車直結	段車式
KS 2 級合格割合 (%)	15.4	27.0	27.0	38.5	50.0

注：検査合格割合は特定の 1 台の静的精密度を検査して、26項目中、規格に適合していた項目数の割合を示す。
出所：康明順編『国産工作機械品質및精密度向上을為한研究』科学技術処、1968年。
　　　『重工業発展의基盤──韓国의機械및素材工業의現況과展望分析──（下）』韓国科学技術研究所、1970年、635

的成分と機械的性質が不均一で、引張強さと硬度がともに不足している。シーズニングはまったくしていないか、していても不十分なので、鋳造応力除去のための焼鈍方法が提示されている。ベッド摺動面[p)]の硬化処理もされていないので、火炎および高周波硬化処理を試して、その方法を記している。

　ベッド摺動面の真直度と平行度を検査した結果、測定箇所の約半数が KS 規格 2 級の許容値から外れていることが判明したので、機械加工法の改良で精度向上が可能であることを指摘し、きさげ[v)]仕上げのフライスおよび研削加工による代替を勧め、『池貝技報』に依拠してベッドの中高加工法を紹介している。

　主軸には剛性の高い材料がほとんど使用されておらず、軟鋼の使用例も見られた。軸受部は熱処理硬化されておらず、摩耗しやすいため、精度の維持に問題があった。主軸の真円度は不良で、穴と外径の同心性が欠如しており、主軸外径と主軸穴の振れはほとんど規格外であった。

　ねじ切りの規範となる親ねじ[n)]は、ピッチ誤差が大きく、すべて規格外であるため、加工されたねじも精度不良であった。

　静的精度の測定結果は、KS 規格に示された全26項目中、2 級合格率で最高53.8％、最低15.4％であった。

　機械工学を学んだ技術者が絶対的に不足していた工作機械企業にとって、大

第3章　韓国工作機械工業の技術形成　97

検査結果

	東一鉄鋼	南鮮機工	Kulenkampff（西独）
	1968.6	1968.8	
	520	560	420
	1,250	700	860
	1,640	1,930	1,800
			2,000
	3	3	3
	段車・歯車変速装置併用 Vベルト直結	4段Vベルト バックギア直結	全歯車直結
	38.5	53.8	96.2

頁。

学の機械工学者が精密な測定機器を用いて検査した結果と学界では知られていた新しい知識が紹介されたことには大きな意義があったと考えられる。

しかしながら、この論文で紹介されたベッド摺動面の焼入れは、韓国工作機械製造業界に速やかに普及したわけではなかった。貨泉機工において、ベッド摺動面に焼入れが実施されるようになった過程を次項で紹介しよう。

3　貨泉の対外技術交流

歯車駆動式旋盤の生産を始めた頃から貨泉は成長路線に乗り、66年には工場を移転拡張して、従業員も40余名から150名へと増えた。68年、貨泉はソウルで開催された世界産業博覧会に製品を出品したが、この展示を見た山崎鉄工所の社長から技術提携ないし合作について意向の打診があった。権昇官社長は山崎鉄工所を訪問することを希望し、その年、初めて日本の土を踏んだ。

まず東京で折よく開催されていた日本国際工作機械見本市を見学した。このとき、権社長の頭には「それらの機械の水準はあまりにも高くみえて、われわれの技術では永遠に追いつくことができないのかもしれないという考えさえ生じた」[13]。彼はこのような日本の成功の秘訣に強い関心を抱いた。

山崎鉄工所を見学して「工場内の機械設備やその配置、製品管理等がとても合理的で体系的になされている」[14]と感じた権社長は、貨泉をどのように運営せねばならないか、何を開発しなければならないか、と考えた。とりわけ山崎

では旋盤のベッド摺動面に焼入れして耐久性を高めていることに驚いた彼は、熱処理装置の価格を尋ね、ラフなスケッチをした。

技術提携や合作については、先方の説明を熱心に聞いたが、即断することは避けて、帰国後、山崎の提示した条件を検討した。合作から5年間は、素材である鋳物を含め、あらゆる部品を山崎から支給され、その後も重要部品の支給を受けねばならないという条件に対して、自信のある鋳物程度は最初から自社生産したいと考えていた貨泉は、実力を過小評価されたと感じた。権社長は「多分彼らは合作自体より我々を前面に押し立てて、韓国市場を広げてみようという計算がより大きかったようだ」[15] と書いている。

結局、貨泉と山崎の間に協力関係は築かれなかったが、貨泉が世界の工作機械業界の中での自らの位置を確認し、急成長を遂げつつあった山崎鉄工所の工場を見学できたことの意義は大きかったといえよう。

権社長が最も注目したベッド摺動面の焼入れであるが、山崎でもそれほど以前からなされていたわけではなかった。62年に山崎製旋盤を対米初輸出する商談があったとき、アメリカ機械商社から突きつけられた条件が、当時の日本では行われていなかったベッド摺動面の焼入れ研削加工だったのである。ベッド摺動面に焼入れすると歪みが生じて反り、表面にヘアー・クラックが生じた。焼入れ面を研削して平面に仕上げようとすると、硬化部分が削り取られてなくなってしまった[16]。こうした問題の解決に苦労しながら技術修得したのがベッド摺動面の焼入れ研削加工であった。

貨泉は70年にベッドの火炎焼入れ技術を自社開発することに成功する。71、72年は経営不振であったが、73年に重化学工業化宣言が出されると、工業系高校の実習教育が強化され、貨泉は学校向け工作機械で伸びていく。

74年には製品の耐久性と精度を高めるために、貨泉は政府の外貨支援を受けて、日本から平削り盤や各種研削盤などを導入した。外貨節減のために中古機械が購入されたが、それでもこのことが貨泉の品質を画期的に向上させる契機となった。

他方で貨泉は日本からの技術導入を試みるが、このことは次の節で述べるこ

とにして、本節の最後に、工業振興庁が74年から実施した工作機械の技術指導について見てみよう。

4 工業振興庁の技術指導

工業振興庁は韓国精密機器センター（FIC）と共同で74年5月から翌年2月にかけて、4社の歯車駆動式旋盤の精度をKS規格に基づいて検査した。比較的優良な製品は72の検査項目中、4分の3の項目でKS1級に合格しているが、それでも8項目が規格から外れていた。メーカーによっては、半分近くの項目が規格外の製品もあった。

74年秋に実施された8社のフライス盤[d]とボール盤の検査結果はさらに悲惨で、10項目程度の検査結果がすべて規格を外れている製品も見られた。

こうした実態調査を踏まえて、75年に韓国工作機械、南鮮機工社、大邱重工業、貨泉機工社の旋盤製造4社、精工社、南一機械製作所、起興鉄工所、南鮮機工社、達秀鉄工所、第一機械工業社、韓国工作機械のフライス盤・ボール盤製造7社に対し、鋳造、熱処理、設計、加工、さらに精密測定、品質管理の技術指導を実施した。指導には大学教員やFICないし韓国規格協会の経験者があたった。旋盤では、製造・設計技術の指導が3次にわたり計40日間、精密測定と品質管理の指導はそれぞれ10日間、25日間、行われた。

こうした技術指導の内容と結果は報告書として刊行され、それは同業他社にも参考となる技術書になっている[17]。韓国工作機械工業の概要と技術指導の目的および方法をしるした総論の後、技術者の確保と技能工の再教育、設備の増強、重要部品・工具の輸入促進、生産性向上のための工具管理・機械配置の再検討などの必要性が論じられている。設計については軸と穴のはめあい、旋盤主軸の駆動力算出方法、主軸変速装置の設計方法が解説された。加工法に関しては、ジグ[w]の利用、親ねじやベッド、主軸、主軸台など重要部材の加工あるいは組立の要点が述べられた。鋳物の応力除去のための焼鈍とベッド摺動面や歯車の焼入れなど熱処理も扱われている。鋳造部門では炭素や珪素の含有量や溶湯の温度を管理せずに鋳込みがされている現状が記されている。測定につ

表3-2　旋盤検査成績（1975年12月31日まで分）

（単位：台、％）

メーカー名	貨泉機工社		韓国工作機械		南鮮機工社		大邱重工業		南鮮旋盤工場		第一機械		合　計	
1級合格	101	15.7	1	1.4									102	12.5
2級合格	533	82.8	61	87.1	4	44.4	25	69.4	39	70.9	1	33.3	663	81.2
3級合格					2	22.2	3	8.3	1	1.8	2	66.6	8	1.0
不合格	10	1.6	8	11.4	3	33.3	8	22.2	15	27.3			44	5.4
合　計	644	78.8	70	8.6	9	1.1	36	4.4	55	6.7	3	0.4	817	100.0

出所：『工作機械技術指導報告書（普通旋盤）』工業振興庁、1975年、231頁。

いては、精度に対する認識不足、測定室の欠如、測定機器の不適切な取り扱いが指摘された。

　こうした技術指導の結果、75年末時点での旋盤の検査結果は、表3-2のようになっており、成果が現れているといえよう。一方で、軸受や歯車などの部品の精度向上、鋳物の均質化、専用・精密・NC工作機械生産に向けた外国技術の導入、生産設備のメンテナンス・代替および測定器の拡充、設備投資資金の支援・輸入部品の関税減免・直接税の減免といった、工作機械メーカーだけでなく、支援産業や政府の課題が認識されている[18]。

　特に工作機械の本体をなす鋳物に関しては、次のような所見が示された。熱処理して所期のベッド硬度を得るには、ベッドの材質が熱処理に適合していなければならない。この目的にかなう材質はミーハナイト鋳鉄と球状黒鉛鋳鉄であるが、これらの製造技術は難しく、国内の技術水準では対応できず、コストも高価になる[19]。

　この技術を貨泉は77年に英国ミーハナイトから導入する。

第3節　後発財閥系企業の技術形成

1　韓国工作機械技術提携の概観

　解放後、中小企業を中心とする韓国の工作機械メーカーは、自助努力による

技術形成を図ってきた。しかし、顧客の求めが高まるにつれ、それに応じて技術水準を向上させることは容易ではなかった。輸入品を模造することはできても、設計技術が不足しているため、独自製品の開発には長い時間と多くの費用が必要であるのみならず、成功の保証がなかった。そこで、資金力のできた企業が海外からの技術導入に踏み切るようになる。技術提携製品は顧客の性能と品質に対する保証要求にも応えるものであった[20]。

1962年から95年までの金属切削工作機械に関する技術提携状況を示したのが表3-3である。この間の技術提携契約総数は101件で、67年、韓国工作機械が大日金属工業と旋盤に関する契約を締結したのが最初である。

時期別に契約件数の推移を見ると、70年代後半と、80年代後半以降に増えている。70年代後半は大宇、起亜、現代が工作機械事業に進出した時期で、それに伴い非NC工作機械の技術導入が多い。

80年代以降では特に88年と90年の提携件数が多い。88年の契約件数は13件で最多であるが、契約当事者は日韓とも非大手が多く、円高が進行する中でコストダウンのために生産を韓国に移管したい日本側中小企業の意図によると見られる。

提携機種は非NC工作機械では、フライス盤、研削盤、それに旋盤が多いが、むしろ幅広い機種を網羅していることが特徴である。

82年までは非NC工作機械に関する提携がほとんどであったが、79年、大宇重工業が三井精機からマシニングセンタ[j]に関して技術導入したのを皮切りに、83年以降、NC工作機械が技術導入の中心となっていく。工作機械はNC化が進むとともに、マシニングセンタとNC旋盤[i]の2機種に集約されていく傾向があるが、NC工作機械の提携件数は前者が30件以上、後者が10数件で、両機種で大半を占めている。

技術を導入する韓国側の企業別契約件数を見ると、大宇重工業が最多の15件、続く現代グループが13件、大韓重機を含む起亜機工が11件である。これらの企業は財閥系で、いずれもグループ内で自動車生産に従事していることが大きな特徴である。これらに続くのが統一（現S＆T重工業）[21]と貨泉で、それぞれ

表3-3 韓国の工作機械技術提携

認可年	技術導入者	技術提供者	国名	導入技術
1967	韓国工作機械	大日金属	日本	各種工作機械
1969	東洋機械工業(のちの統一)	大隈鉄工所	日本	各種工作機械
1974	貨泉機械	滝澤産業	日本	高速旋盤
1975	大韓重機工業(起亜機工に吸収)	日立精工	日本	フライス盤
	南鮮機工社	静岡鉄工所	日本	フライス盤
	東洋機械工業	大隈鉄工所	日本	高速旋盤
1976	現代洋行(のちの韓国重工業)	大阪機工	日本	フライス盤、旋盤
	起亜機工	日立精機	日本	工作機械
	起亜機工	豊田工機	日本	研削盤
	第一機械工業	日本機械製作所	日本	歯車切削機械
	大宇重工業	池貝鉄工	日本	普通旋盤
	三千里機械工業	北川鉄工所	日本	精密卓上ボール盤
	大韓重機工業	山崎鉄工所	日本	旋盤
	大韓重機工業	東芝機械	日本	中ぐり盤、フライス盤
1977	精工社(吸収されて斗山機械)	小川鉄工	日本	ラジアルボール盤
	大宇重工業	池貝鉄工	日本	中ぐりフライス盤
	韓国重工業	Cincinati Milacron	米国	円筒研削盤
1978	大宇重工業	浜井産業	日本	生産フライス盤
	大宇重工業	牧野フライス製作所	日本	万能工具研削盤
	貨泉機械	滝澤産業	日本	工作機械
	貨泉機械	岡本工作機械製作所	日本	精密平面研削盤
	大宇重工業	Kearney & Trecker	米国	ひざ形フライス盤
	韓国ベアリング	日平産業	日本	研削盤
	現代自動車	三菱重工業	日本	専用機、ホブ盤、歯車形削り盤
	起亜機工	富士機械製造	日本	自動旋盤
1979	精工社	豊和産業	日本	ひざ形フライス盤
	大宇重工業	三井精機工業	日本	マシニングセンタ
	統一産業	Pittler Maschinenfabrik	西独	自動旋盤
	統一	安田工業	日本	マシニングセンタ
1980	真友機械工業	遠州製作	日本	フライス盤
1982	大宇重工業	MIT	米国	数値制御旋盤
	大宇重工業	Izumi Engineering Institute	日本	工作機械に関する技術諮問用役
1983	起亜機工	日立精機	日本	CNC旋盤、マシニングセンタ
	大宇重工業	Chiron Werke	西独	立形マシニングセンタ
1984	統一産業	Wanderer Maschinen	西独	マシニングセンタ
	現代自動車	新日本工機	日本	マシニングセンタ
1985	三千里機械工業	北川鉄工所	日本	旋盤・自動盤用油圧チャック・同関連シリンダ
	貨泉機械工業	遠州製作	日本	立形マシニングセンタ
	大宇重工業	東芝機械	日本	横形マシニングセンタ、同NCコントローラ

第3章　韓国工作機械工業の技術形成　103

認可年	技術導入者	技術提供者	国名	導入技術
1985	大宇重工業	ソディック	日本	NC放電加工機（ワイヤカット含む）
	斗山機械	大隈豊和機械	日本	CNC工作機械
1986	統一	Wanderer Maschinen	西独	CNCマシニングセンタ
	現代自動車	Cincinati Milacron	米国	数値制御旋盤
	統一	Heyligenstaedt	西独	強力高速NC工作機械
	万都機械	Kosoku通商	日本	単能盤
	起亜機工	日立製機	日本	マシニングセンタ
1987	貨泉機械工業	大阪機工	日本	横形マシニングセンタ
	世中エンジニアリング	杉山鉄工所	日本	工作機械・金型・ジグ
	国際ダイアモンド工業	不二越	日本	ブローチ盤
1988	翰園精機	本間金属工業	日本	金属工作機械
	翰園精機	西田機械工作所	日本	FMS構成用NC加工機・周辺機器
	韓国工作機械	丸福鉄工所	日本	平削り盤
	現代エンジン工業	新日本工機	日本	プラノミラ
	現代自動車	カシフジ	日本	NC歯車加工機
	韓国ファナック	ファナック	日本	放電加工機
	韓国豊成機械	北条機械工業所	日本	専用工作機械
	韓国豊成機械	UNI Engineering	日本	専用工作機械
	大栄機械工業	安永鉄工所	日本	金属専用加工機械
	有一機械工業	松沢製作所	日本	万能工具研削盤
	統一	Gebruder Honsberg	西独	FMS用NC工作機械
	三星重工業	大阪機工	日本	マシニングセンタ
	韓国ファナック	ファナック	日本	Fanuc Tape Drill Mate Series
1989	韓国総合機械	滝澤鉄工所	日本	工作機械
	現代エンジン工業	AMCA International	米国	大型自動NC旋盤
	国際機工	関西鉄工所	日本	ガンドリルマシン
	貨泉機工	大阪機工	日本	マシニングセンタ
	万都機械	池貝	日本	CNC旋盤、マシニングセンタ
	統一	Heyligenstaedt	西独	CNCプラノミラ
	起亜機工	日立製機	日本	CNC旋盤
1990	ヘドック機械	Symab	フランス	NC旋盤
	ウチャン機械	オーテック	日本	ブローチ盤
	現代精工	ヤマザキマザック	日本	CNC旋盤、マシニングセンタ
	スサン精密	Show Shin Kiko	日本	横形マシニングセンタ
	三星重工業	大阪機工	日本	横形マシニングセンタ
	貨泉機械工業	Praewema	ドイツ	CNC研削盤
	韓国火薬	津上	日本	CNC自動旋盤
	起亜機工	日平トヤマ	日本	NCラインセンタ
	サンウォン産業	野村製作所	日本	横形中ぐりフライス盤
1991	国際ダイアモンド工業	中部工機	日本	CNC大型旋盤
	三星重工業	森精機製作所	日本	NC旋盤、マシニングセンタ
	ハンミ超音波	Lapmaster International	英国	超精密研削盤
	ハンミ超音波	ラップマスター	日本	超精密研削盤

認可年	技術導入者	技術提供者	国名	導入技術
1992	大栄機械工業	シギヤ精機製作所	日本	円筒研削盤
	現代精工	ヤマザキマザック	日本	横形マシニングセンタ
	貨泉機工	大阪機工	日本	横形マシニングセンタ
	起亜機工	日立精機	日本	横形マシニングセンタ
	大宇重工業	東芝機械	日本	横形マシニングセンタ
	南鮮機械工業	静岡鉄工所	日本	NCフライス盤
	南北	大鳥機工	日本	CNCベッド形フライス盤
1993	大宇重工業	ソディック	日本	NC放電加工機（ワイヤカット含む）
	南北	エンシュウ	日本	ドリルタップセンタ
	現代自動車	セイコー精機	日本	CNCグラインディングマシニングセンタ
	ハンファ	津上	日本	CNC自動旋盤
1994	三星重工業	大阪機工	日本	マシニングセンタ
	現代精工	エンシュウ	日本	ラインタイプ横形マシニングセンタ
	斗山機械	大隈豊和機械	日本	CNC旋盤、マシニングセンタ
	現代重工業	倉敷機械	日本	NC横中ぐり盤、マシニングセンタ
	現代精工	Chiron-Werke	ドイツ	立形マシニングセンタ
	大宇重工業	新日本工機	日本	五面加工機
	大宇重工業	オークマ	日本	横形マシニングセンタ
1995	三星重工業	豊和工業	日本	立形マシニングセンタ

出所：白彰鉉編『技術導入契約状況（1962～88）』韓国産業技術振興協会、1989年と『'62～'95 技術導入契約現況』韓国産業技術振興協会、1995年を中心に、林熊載編『昌原基地十五年史』昌原機械工業公団、1990年、『韓国近世科学技術100年史調査研究──機械分野──』韓国科学財団、1989年、水野順子「韓国工作機械工業の発展要因」『アジア経済』第31巻第4号、1990年、『月刊生産財マーケティング』で補完。

9件と8件の導入をしている。

韓国に技術供与した企業の国籍は日本が延べ85件で、ドイツの9件、アメリカの5件を大きく引き離している。このように日本からの技術導入が多い理由として、70年代後半に韓国側が指摘しているのは、①日本の技術水準は比較的低いので吸収しやすい、②地理的に近く、日本製部品の利用、技術・経営指導の受入れ、技術者の提携先での研修が容易である、③言語面で意思疎通がしやすい、④日本の企業体質に慣れている、といった点である[22]。

日本企業の中で契約件数が多いのは、大阪機工の7件、日立精機の5件、遠州製作（現エンシュウ）の4件であるが、50社以上が技術供与しており、供給

元は分散している。

　韓国企業と外国企業とのつながりについてみると、起亜機工は11件の契約のうち、5件が日立精機からの導入であり、日立精機は起亜以外の韓国工作機械メーカーには技術供与していない。統一はドイツからの技術導入が9件中6件を占めており、日本への依存度が低い。貨泉は70年代に二度、滝澤産業から旋盤の技術導入をし、87年からの6年間に三度、大阪機工からマシニングセンタの技術を導入している。

　契約内容をみると、技術情報・資料、加えて技術用役がほぼすべての案件において提供されており、代価の支払いは一時金とロイヤルティの組合せが大部分で、大半のロイヤルティは売上額の3％である。契約期間は5年が最も多く、もしくは3年である。

2　非財閥系企業の技術導入

　70年代に入って活発になる日本から韓国への工作機械技術の移転は、主として技術提携で行われ、合弁企業設立の事例は少ない。しかし、日韓工作機械技術協力の魁となったのは、69年の韓国工作機械の設立であった。同社は日本の中堅工作機械メーカー大日金属工業から49％の出資を受けて発足した。同年3月から6月にかけて12名の技術者が大日金属で加工方法に関する研修を受け、3月から9月まで旋盤とボール盤の設計について大日金属から指導を受けている。しかし前掲表3-2によると、韓国工作機械製旋盤の検査成績は、貨泉機工に劣っていた。

　当時の韓国では部品供給が可能な中小機械工場の集積が希薄であったため、韓国工作機械は主軸素材の鍛造から制御箱やオイルパンの板金加工まで社内で実施しており、軸受、チャック、センタ、それに親ねじと歯車の素材は輸入していた。生産設備はほとんど大日金属からの現物出資であった[23]。

　韓国工作機械に続く事例として、貨泉機工と日本の中堅工作機械メーカーである滝澤鉄工所の技術提携が重要である。74年に経営が好転した貨泉は技術導入に目を向け[24]、日本の機械商社である山善および滝澤鉄工所との共同出資に

よる合作会社の設立を推進した。総投資額20万ドル中、貨泉が10万ドル相当の工場と人員を提供し、山善は5万ドルの現金、滝澤は5万ドル相当の機械設備を現物出資する計画であった。

　75年、貨泉は光州に新工場を建て、別会社として貨泉機械工業を設立した。滝澤からはベッド研削盤など当時の韓国工作機械業界では目新しい機械が送られてきた。貨泉は中古品であることを承知の上で受け入れたのであったが、継続使用には耐えられないほど老朽化しており、しかも日本で市場調査したところ、半額程度で買える機械であると判明した。そこで貨泉からの申し入れにより合作は解消された。

　しかし滝澤側が謝罪したため、技術提携は継続され、滝澤から提供された機械設備も再生修理の上、生産に投入されて貨泉の既存製品の性能向上と品種の多様化に少なからず寄与した。貨泉は合作会社設立への取り組みの過程で、工作機械生産にはどのような設備が必要不可欠で、工場の配置と運営はいかにあるべきか等の先進的な工場経営方法を多く学ぶこともできた。

　貨泉は75年にNC旋盤の独自開発に挑戦したが、期待どおりに作動しなかった。そこで翌年、科学技術研究院（KIST）との共同研究を開始し、初歩的なNC旋盤WNCL-420を開発した。しかし実用化には程遠かったので、この経験を生かしながら、提携先の滝澤鉄工所やNC装置[1]供給元である富士通ファナック（現ファナック）から技術情報を得て、改めて76年12月から設計を始めて、77年5月にNC旋盤WNCL-300を完成した。こうして韓国初のNC旋盤が登場した。

　貨泉は77、8年当時、普通旋盤国内市場の半分を占有し、旋盤を月200台、フライス盤を月30台生産する韓国随一の工作機械メーカーとなっていた[25]。ミーハナイト鋳物の鋳造からベッドの焼入れ研削、歯車の切削・研削を含めて、自社およびグループ内で一貫加工し、普通旋盤では親ねじ用素材と軸受のみを輸入していた。品質面では製品の97％がFICによる検査を1級で合格していた。

3　財閥系企業の技術形成

　韓国工作機械工業が本格的な発展を始め、韓国独自の特徴を示し始めるのは70年代後半からである。73年に第3次経済開発計画の基本方針として重化学工業化を打ち出して以来、韓国政府は鉄鋼、非鉄金属、造船、機械、電子、化学を中心とする重化学工業を振興した。重化学工業化に伴い、工作機械需要が発生し、とりわけ70年代後半から80年代初めにかけては自動車工業が量産体制を構築するための工作機械を需要した。さらに80年代後半からは輸出産業として成長していく電子産業からの工作機械需要が急激に伸びる。

　こうして韓国の工作機械内需は73年の91億ウォンから90年の1兆843億ウォンへと約120倍となり、80年代最初の3年間を除いて、急激な増加傾向を持続したのである。この間、国内生産は内需の増加を上回る勢いで拡大し、同じ時期に工作機械生産額は20億ウォンから6783億ウォンへと340倍になっている。このため韓国の工作機械自給率は75年の9.5％を最低値として次第に上昇傾向をたどり、90年に58.1％となった。

　70年代後半以降に見られる韓国の工作機械生産の拡大は主として財閥の工作機械工業への新規参入によってもたらされた。代表的事例として、大宇重工業は76年、起亜機工は77年、現代自動車は78年に工作機械生産を始めている。起亜と現代はこの時期に本格的な自動車生産をめざしており、一部生産設備の内製による輸入代替を志向したのである。それは76年の起亜機工と日立精機の技術提携にタレット旋盤[b]や専用工作機械、78年の現代自動車と三菱重工業との技術提携に専用工作機械、ホブ盤[h]、歯車形削り盤といった自動車部品加工用機種が含まれていたことでもわかる。

　財閥の工作機械工業への参入は政策上からも促進された。工場立地に有利な昌原機械工業団地の造成が74年から始まるとともに、77年に機械工業振興法に基づく金属工作機械製造業基本育成計画が実施され、財閥系工作機械メーカーもその育成の対象となった。

　しかし新規参入した財閥系工作機械メーカーはそれ以前に工作機械を製造し

たことがなかった。そこで70年代後半以降に新規参入した大企業は日本を中心とする先進諸国から活発に技術を導入する。それまで韓国工作機械工業の担い手であった中小メーカーの中で技術導入可能な資金的余裕を持つ企業は限られていたが、財閥系企業は潤沢な資金を持っていたのである。韓国工作機械工業は70年代後半に非NC工作機械技術を導入し、80年代半ばからNC工作機械関連技術を導入していくことになる。

(1) 起亜の事例

1962年に日本の東洋工業（現マツダ）と技術提携してオート三輪の生産に着手した起亜産業は、74年、さらに同社からファミリアの技術を導入して乗用車生産に進出する。その際、起亜産業は自動車国産化率の向上をめざして、曲射砲等の兵器生産とともに工作機械や自動車部品の製造を目的とする㈱三原製作所を76年に設立し、昌原工場を建設した[26]。同時に日立精機との間でタレット旋盤およびひざ形フライス盤の製造に関する技術提携契約が締結され、特許権や技術資料の提供、そして技術者の交流が始まることになる。

直ちに技術提携に踏み切ったことについて、「会社設立当時、わが国は機械工業不毛の地も同然であった。そこで短時日内に技術力を確保するためには、海外先進企業との技術提携が必然的であった。このため起亜重工業（三原製作所、起亜機工の後身——引用者）は日本の工作機械企業との技術提携を通じて、海外先進技術を修得するのに注力した」[27]と社史に書かれている。

一方、日立精機で提携業務を担当した椎名敏夫は「当時、日本は汎用機からNC機への転換点で、しかも韓国はその汎用機の大きな市場であった。日本のメーカーは汎用機の図面やノウハウを抵抗感なく提供し、そのKD（ノックダウン——引用者）パーツを大量に輸出した」[28]と日本側の事情について記している。

三原製作所は翌77年、起亜機工に商号変更され、タレット旋盤の生産を開始する。これは自動車部品等、同一部品の反復加工に適した機種であり、日立精機は日本随一のタレット旋盤メーカーであった。

続いて77年に起亜は豊田工機と研削盤の製造に関する技術提携を結んだ。この提携に基づき、韓国初の円筒研削盤が80年に発売される。加工精度を左右する砥石軸には豊田工機が特許を保有するスタット（油静圧）軸受が用いられていた。当初は豊田から、簡単なカバーなどを除く、主要部品が支給されたが、81年までに部品の60％が国産化され、87年にはホイールヘッドも製造して95％の国産化を達成した。

79年には東洋工業からの技術導入によりシリンダブロック中ぐり用専用機を4台生産し、起亜産業に納入している。これは韓国で最初に生産された専用工作機械であった。またこの年、起亜は富士機械製造と技術提携して、自動車部品加工に適した油圧単能自動旋盤の開発に着手した。技術者3名を日本に派遣して技術研修を受け、翌年から製品を出荷している。

70年代は以上のように主として自動車部品の加工に用いられる、比較的生産性の高い非NC工作機械の技術が立て続けに導入された。80年代に入ると起亜もNC工作機械の技術導入に進むことになる。

82年、起亜は自社技術でNCフライス盤を開発し、さらに横形マシニングセンタの開発を始める。科学技術院（KAIST）の協力を得て、82年12月から84年6月にかけて横形マシニングセンタ国産1号機が開発された。設計図面に基づいて組立てられた製品には、無数の問題点が生じ、それらの原因解明と解決には多くの時間がかかった[29]。

たとえば、油圧配管の中に空気が入ったことによるテーブルの作動不良、油圧ホースの内径がカタログの仕様より小さかったことによる主軸の工具アンクランプ動作の遅れ、治工具[w]を用いなかったことによる自動工具交換装置の精度不良、メンテナンス性の考慮不足などである。これらの原因はわかってしまえば些細なことであるが、こうした数限りない失敗の蓄積がそれを経験した企業の技術力となっていく。

このように起亜はNC工作機械の自社開発に取り組んだが、その一方で83年に日立精機との間でNC旋盤と立形マシニングセンタの製造に関して技術提携する。同年から出荷が始まる前者は、起亜を代表する中型旋盤として10年以上

にわたって生産され、後者の生産は85年に始まる。

さらに86年、起亜は日立精機とマシニングセンタ3機種に関する技術提携を結ぶ。こうした提携の効果も寄与して、起亜製NC旋盤とマシニングセンタの国内シェアは87年に4位から3位に浮上した。

起亜は同じ86年、豊田工機との「技術提携を通じて修得した技術を基礎に」[30] NC研削盤の開発に着手し、91年に独自技術によるNC研削盤を開発している。

この年、起亜は大韓重機工業を買収し、生産規模も拡大する。大韓重機は75年に日立精工とフライス盤、76年に山崎鉄工所と旋盤、東芝機械と中ぐり盤[f]およびフライス盤の技術提携をしており、こうした技術も起亜に流れ込むことになる。

起亜は87年に立形マシニングセンタKV40A、88年にNC旋盤KT20Sを開発しているが、「特に技術提携を通じて生産した立形マシニングセンタKV40Aの生産とCNC旋盤KT20Sは起亜機工がCNC工作機械分野で独自的な技術を確保することができた足場になった」と社史では述べられている[31]。

89年、起亜は日本で3000余台も売れたNR（倍速）旋盤の製造に関する技術提携を日立精機と締結し、開発に着手した。起亜製NR旋盤は韓国でも好評で、模倣品も出回るなど、国内業界への影響が大きかった。起亜はNR旋盤の「生産過程で修得した設計・生産・検査・品質水準などを技術標準として設定する等、その後、NC旋盤の技術標準とした」[32]。

91年、起亜は純粋独自設計により、普及型のNC旋盤KIT30Aを開発した。この機種は以後5年間の販売が国内向け752台、輸出350台、合計1100台を突破して起亜最大のヒットモデルとなり、韓国国内市場において最多販売記録をつくった。「KIT30A旋盤の開発は国内業界でNC旋盤を大衆化する機会となり、独創性・技術性・経済性など起亜機工の技術水準を一段階高める契機となった」[33]。80年代を通じてNC工作機械の技術導入を繰り返し、社内に技術力が蓄えられた結果として、起亜の工作機械生産は表3-4のように増加した。

専用工作機械は78年以降、起亜産業、アジア自動車向けを中心に自動車部品

第3章　韓国工作機械工業の技術形成

表3-4　起亜機工の工作機械生産推移

(単位：台)

年	1982	1983	1984	1985	1986	1987	1988	1989	1990	1991	1992	1993	1994	1995
旋盤		10	5	18	85	63	74	76	173	237	238	456	790	915
マシニングセンタ		5	25	25	64	100	114	86	116	80	90	119	148	216
中ぐり盤					11	37	58	51	56	57	20	32	56	65
研削盤	12	12	20	22	40	64	79	84	77	76	30	41	59	50
その他汎用工作機械	156	157	135	90	226	105	136	83	33	4				
専用工作機械	7	16	21	95	26	74	73	67	27	57	31	19	18	27
合　計	175	200	206	250	452	443	534	447	482	511	409	667	1,071	1,273

出所：『起亜重工業二十年史』起亜重工業、1996年、322頁。

加工用専用機の生産が継続されている。特に89年には、シリンダヘッドトランスファライン8台、変速機ケース・クラッチハウジングトランスファライン7台が起亜産業に納入された。

　このとき、起亜は日立精機から技術援助を受けてはいたが、日立精機でも1年かかる32ステーション全長90m余りの加工ラインの組立を9カ月で完了している。この工事を担当した組立課長は77年、日立精機に派遣された最初の研修生であった[34]。

(2) 現代の事例

　1967年に設立され、韓国最大の自動車メーカーとなった現代自動車も、自動車生産の本格化とともに工作機械の内製と子会社での生産を展開していく。現代はフォードとの技術提携により、68年から乗用車、トラックのノックダウン生産を始めるが、同社が国内小型車市場を席巻していくのは、韓国初の国産車ポニーが生産開始された75年以降である。

　ポニーは73年に三菱自動車から導入された技術に基づいて開発されたが、生産ラインの構築にあたっては、高精度部品を量産可能な専用機が日本やイギリスから輸入された[35]。

　78年、工場を年産30万台規模に拡張する計画の中で、トランスファマシン[k]を中心とする専用工作機械の安価で迅速な調達に迫られた現代自動車は、工作

機械部を新設して、三菱重工業と専用機および歯車を加工するホブ盤の製作に関する技術提携に踏み切った。

専用機の技術導入に政府の理解が得られず、承認に1年半以上かかったが、80年に工作機械製造工場が竣工し、製造部門では81年6月から半年間、トランスファマシンの組立に備えて遊休設備を用いた組立の社内研修を実施した。

設計部門では、81年9月、2～3年の設計経験を有する技師4名がトランスファマシンの技術研修のため、三菱重工業京都精機製作所に派遣された。しかし三菱との間には大きな技術格差があり、現代の技術者が3カ月足らずの研修で設計技術を修得するには無理があった。またトランスファマシンの取扱説明書の閲覧が三菱社内に限定されるなど、「研修対象がトランスファマシンという理由で目に見えない冷遇を受けた」との印象も社史に綴られている[36]。

紆余曲折の末、三菱からベアリングキャップおよびディファレンシャルケース加工用トランスファマシンの図面が提供された。三菱重工業が53年頃、設計したベアリングキャップトランスファマシンは、当時も三菱自動車で稼働していた。

同機の図面は半年かけて修正の上、出図されて、現代自動車で製作にかかった。続いて各種自動車部品を加工するトランスファマシンの設計が始められた。

設計図に基づく部品加工を経て、組立にかかると、部品の「加工水準も低く、全体組立時には組立しながら、部品を手直しする場合も多く」[37]、また、設計の際、電気配線や油圧配管、潤滑系統までの配慮が行き届かなかったため、組立に大きく手間どった。

設計者も組立現場に張り付いて手助けしたが、納期に間に合わすのが難しかったため、三菱重工業の組立技術者3～4名を招聘して、組立を急ぎ、83年6月から稼働に入った。この最初に完成したベアリングキャップトランスファマシンは、素材投入から加工、検査、洗浄までの27工程を1名の監視者の下で自動的に行う設備であった。続けて83年中に計11基、総額23億ウォンの各種トランスファマシンが製作された。

以上のように「自社技術を最大限利用したおかげで、8億100万ウォンの装

第3章　韓国工作機械工業の技術形成

表3-5　現代自動車の工作機械生産推移

(単位:台)

年	1979-83	1984	1985	1986	1987	1988	1989	1990	1991	合計
単体専用機	54	70	70	156	155	94	133	77	32	841
トランスファマシン	6	7			10	8	12	8	12	63
マシニングセンタ		6	32	34	47	42	58	31	30	280
ターニングセンタ					6	18	10	20	26	80
NCホブ盤							4	8	13	25
その他工作機械	5	14	13	2		3	4	4		45

注:ターニングセンタは自動工具交換機能を備えたNC旋盤である。
出所:『現代自動車史』現代自動車、1992年、811頁。

備価格(ベアリングキャップ加工用ライン分——引用者)中、三菱の一部技術指導と、国内で生産されていない部品輸入に10％を支出しただけであった」[38]。社内に工作機械の生産能力を持つことが、内製化による直接的なコストダウンをもたらすだけでなく、他社から購入する際の価格交渉力にもなると現代は評価している。

専用機とともに技術提携されたホブ盤については、組立工が三菱で研修を受けたが、ノウハウが必要な作業はお手上げで、日本人スーパーバイザー1名を招いて、長年の経験と感覚による方法を修得する必要があった。特にベッドとコラムの直角度を出す作業や主軸の組立、傘歯車のバックラッシ(背隙)調整などが難しかった[39]。

現代自動車はこのように自動車部品加工設備を内製したが(表3-5に生産の推移を示す)、一方で関連会社でも工作機械生産がなされる。

77年、現代自動車サービス㈱を母体に発足した現代精工は、当初、変速機などの自動車部品、鋳造・バルブ、コンテナの生産を主力としていた[40]。現代の自動車生産規模が拡大を遂げていた87年、現代精工は国産化による輸入代替、さらには輸出をめざして、工作機械事業への進出を計画する。

まず工作機械輸出のための海外市場調査と技術提携先の探索が始められるとともに、工作機械生産の手始めとして、現代精工は日平トヤマ製立形タレットマシニングセンタをサンプル輸入して、リバースエンジニアリングにより昌原

工場で国産化した。これは88年に現代自動車のマニホールド量産ラインに投入された。

その後、90年に日本のヤマザキマザックとの間でNC旋盤と立形マシニングセンタに関する技術提携が成立した。注目すべきは、ヤマザキマザックの生産性および原価と同一水準になるように技術指導することが契約に盛り込まれたことである[41]。

90年、現代精工は技術研修のため、技術者6名をマザックに派遣し、自社の変速機部品加工用にNC旋盤21台がセミノックダウン生産された。

92年にはさらに横形マシニングセンタについてもマザックと技術提携し、同年の製品販売額はNC旋盤138億2500万ウォン、立形マシニングセンタ70億3200万ウォン、横形マシニングセンタ15億4000万ウォン、計223億9700万ウォンとなり、一躍、国内トップシェアとなった。

マザックとの提携以降、現代精工の工作機械事業は急進展し、NC旋盤、マシニングセンタの対米輸出を開始した94年の販売額は874億4900万ウォン、翌年は1337億8000万ウォンへと急増し、96年には輸出が内需を上回っている。

(3) 大宇の事例

大宇の自動車産業への進出に先立つ76年、大宇機械工業が韓国機械工業を吸収合併して、大宇重工業が成立する。同時に池貝鉄工と普通旋盤に関する技術提携を結んで、大宇は工作機械生産に着手する。続いて池貝と中ぐりフライス盤、浜井産業と生産フライス盤、牧野フライス製作所と万能工具研削盤、米カーネー・トレッカーとひざ形フライス盤の技術提携をして（表3-3参照）、大宇は非NC工作機械の品揃えをしていった。

しかし当時の技術提携品は高コストであった。たとえば、大宇製工具研削盤は牧野製の5割高であった[42]。このような韓国製工作機械の高コスト要因を、日本の業界誌は次のように説明している[43]。韓国の賃金は日本の5～6割であるが、生産技術が立ち遅れており、たとえば、中型普通旋盤1台あたりの所要工数は、日本では300～350時間であるが、韓国では2000時間以上かかっている。

さらに技術導入経費が必要である上、軸受や歯車を割高な輸入に依存していた。こうした高コスト体質のために、大宇の工作機械事業は当初から赤字続きであったという[44]。一方で国産化された機種の輸入は禁止されて、市場競争を免れ、国際価格との乖離が生じていた。

　79年に大宇は三井精機とマシニングセンタの技術提携を結び、NC工作機械に進出する。一方でNC旋盤も日本やドイツから技術導入しようと試みたが失敗し、79年に自らの手で普通旋盤にNC装置を装着することを試み、80年代初頭には日本製品を模倣して、NC旋盤の生産を始めた[45]。

　80年代後半から大宇は技術提携依存体質を脱皮し始めたと言われているが[46]、80年代の大宇はNC旋盤の対米輸出を中心とする工作機械輸出最大手として国内生産シェアを上げていく。

　90年には大宇製マシニングセンタとNC旋盤がそれぞれ5台ずつ、日産自動車に納入され、エンジン製造などの主要ラインに投入された。バブル経済による日本製品の長納期化と貿易不均衡是正によるもので、大宇製品は日産の工機工場で改造の上、現場に設置されたとはいえ、過酷な使用条件に耐えうる自動車生産設備として採用された[47]。

　90年代の大宇重工業は現代精工とともに韓国工作機械メーカーの双璧と称され、90年代末には海外向けを中心に生産して（輸出比率9割）[48]、NC旋盤の国内生産シェアは46％に達した。大宇におけるNC旋盤の技術形成過程は筆者の知るところではないが、技術提携できなかったため、自社開発を余儀なくされたNC旋盤で国際的にも国内的にも強い競争力を持つに至ったという事実は、自ら試行錯誤する経験の重要性を物語っているように思える。

第4節　韓日技術交流の意義と限界

　韓国工作機械工業の発展過程を振り返ってみると、戦後の技術革新を通じて、工作機械工業が急速に発展しつつあった隣国日本の存在は大きかったと言わざるをえない。

解放前に日本の工作機械技術が朝鮮半島に移植されることはほとんどなかったが、その種は期せずして蒔かれていた。日本の機械製造技術を実地で修得した技能工が解放後、最初期の韓国における工作機械製造の担い手となったのである。

　70年代の技術導入以前にも、貨泉と山崎の係わりのような日韓工作機械メーカーの交流が見られた。また対日請求権資金による60年代後半の日本製工作機械の韓国への普及も韓国工作機械メーカーに強い刺激を与えたと考えられる。こうして目標とすべき製品の技術水準が明らかになっていった。

　輸出拡大を通じて日本企業にとっての韓国市場の比重が高まる中で、いよいよ韓国は重化学工業化に舵を切り、工作機械工業に新しく参入した財閥は、日本企業に技術提携を要請していく。ブーメラン効果を危惧しながらも、この申し入れを拒絶すると、欧米企業の参入を招いて、日本企業は大切な韓国市場を失う恐れがあった。

　一方でちょうどこのタイミングは、日本の工作機械メーカーが非NC工作機械からNC工作機械へと主力製品を転換していく時期であって、韓国側とすれば従来技術を供与してもらうにはもってこいであった。しかもNC工作機械技術は発展途上にあって、次々と陳腐化していったため、NC工作機械の技術提携にも日本企業は応じていくことになる。

　NC工作機械の数値制御装置はファナックを筆頭とする電機メーカーによって開発、提供されてきた。これまで制御盤を内製していた工作機械メーカーではなく、専門メーカーが中枢部分を担ったことによって、NC技術の波及は促進された。NC装置メーカーは自らの製品を購入してもらうためにNC技術を内外の工作機械メーカーに広めていったのである。もしNC装置が各工作機械メーカーで内製されていたのであれば、技術は囲い込まれ、コストも下がらず、NC工作機械は現実のように普及しなかったであろう。

　このようにして韓国工作機械工業は、後発性の利益を顕在化させながら、技術水準を向上させることができたのである。しかしながら、韓国工作機械メーカーが先行する日本企業を視界に捉え始めると、日本側は韓国企業を競争相手

と認識して、技術流出を警戒し始める。

　しかしそうした中でも、日本の技術は韓国へ伝わりうる。たとえば、個人を通じた技術移転である。一つの事例として、1970年から95年まで牧野フライス製作所で工作機械設計に従事していた大平研五氏は47歳で退職して、貨泉の技術顧問を7年間務めた。

　彼によると96年当時の貨泉は、特許技術を持たず、製品の大半は日本製のコピーで、設計陣は基本的な知識すら乏しく、設計プロセスを理解していなかった。製造部門では機械加工と組立の作業場が仕切られておらず、室温管理も行われず、精密組立場で喫煙が見られた。納期にもコストにも関心が薄かった[49]。

　貨泉は前述したとおり70年代から技術導入を始め、その後も遠州製作や大阪機工と提携して、日本企業から技術修得を続けていた。しかし日本企業から図面を供与された場合、それに基づいて日本製と同じ製品を製造することは可能でも、その設計手法を学ぶことはきわめて難しい。断片的な設計ノウハウは図面から読み取ることができるが、設計者が最終設計にたどり着くまでの試行錯誤や失敗の経験、製品に採用されていない、どのような選択肢が検討されて、どういう理由で不採択となったのか、を知ることはできない。目にすることができるのは最終図面だけである。

　大平氏は「新しい機械を設計するとき、基本体形や構成を決める基本設計過程が一番大切である！と考えてきた。良い機械になるか否かは基本設計で決まる！と思っている。日本工作機械のレベルを目標に新機種開発を進める立場にあった韓国・貨泉機工時代の新機種開発では、基本設計に長い時間を割き、基本体形や構成を熟慮し決定した」[50]と述べている。彼は定年後の社会貢献として技術指導をするのではなく、働き盛りのときに貨泉の技術開発の先頭に立った。「バランス良い機械設計、切削音良否の判断、問題の迅速な特定などの"暗黙知"の知識は、身を持って体験させ、教えていかなければ習得できない」[51]。そういったことを教えながら過ごした7年間の成果として、剛性が高く熱変位特性の優れた高速主軸や、高速・高精度制御の技術が確立され、金型加工用立形マシニングセンタや多機能型NC旋盤などが商品化された[52]。

大平氏は、韓国の工作機械は「日本に追いつけ」から「『追い越せ』を目指すステップに入ろうとしていると思える。しかし本当にそれが実現できるか？は疑問である」[53]と述べている。

　韓国工作機械はいかなる課題を抱えているのであろうか。大平氏が最も危惧しているのは、創造力に富む人材の確保と育成であるが、ここでは別の角度から考えてみる。

　第一に、ファナック等NC装置専門メーカーによる技術支配は、後発工業国のNC工作機械への参入当初は参入障壁を下げる方向に働いた。しかし国を単位として技術力を考えるならば、中枢部分を外国企業に握られたままでは、技術依存状態から逃れられず、またコスト削減が進まないことになる。完成品の生産が増えるほど、構成部品の輸入を誘発する構造からの脱却もできない。

　二つ目の弱点は、つとに指摘されている産業集積の薄さである。競合する台湾と比較すると、製品の技術水準では韓国が優位であると評価されているが、産業集積とそれに基づく製造コストでは台湾が有利である。

　第三に、韓国では国内自動車産業が工作機械工業を育てた側面が強いが、昨今の世界的な自動車産業の成熟化の中で、どこに需要を見出していくかも、これからの大きな課題である。

　海外市場において、機械商社は韓国製工作機械を日本製品のワンランク下の商品として、品揃えしていた。技術水準が接近してくると日本製品との棲み分けが難しくなる。これが四番目の課題である。

　最後に98年の起亜自動車、2000年の大宇自動車の破綻などをきっかけとして、工作機械製造業界の再編が激しい中[54]、長期的展望の下で着実な技術開発が継続され、蓄積された経験が確実に次世代に継承されていくかという点も気がかりと言える。

　以上のような課題を抱えながらも、韓国の事例は後発工業国が工作機械技術を修得し、産業として育て上げる一つの有効な経路を示したことはまちがいないのである。

第3章　韓国工作機械工業の技術形成　119

注
a）〜y）は巻末技術用語解説を参照。
1）　水野順子・伊東誼「東アジアの工作機械産業にみられる特徴的様相と我が国の生存圏」斉藤栄司編『支援型産業の実力と再編』阿吽社、2005年。
2）　たとえば、水野順子「韓国工作機械工業の発展要因」『アジア経済』第31巻第4号、1990年、同「韓国工作機械企業における技術移転と技能形成——X社の事例——」尾高煌之助編『アジアの熟練——開発と人材育成』アジア経済研究所、1989年、同「韓国工作機械工業の生産分業体制」北村かよ子編『NIEs機械産業の現状と部品調達』同所、1991年、同「工作機械産業の国産化と企業間分業構造」水野順子・八幡成美『韓国機械産業の企業間分業構造と技術移転』同所、1992年、水野順子編『アジアの金型・工作機械産業』同所、2003年、同編『アジアの自動車・部品、金型、工作機械産業』同所、2003年、水野順子・佐々木啓輔編『アジアの工作機械・金型産業の海外委託調査結果』同所、2003年、Kong-Rae Lee, *The Sources of Capital Goods Innovation: The role of user firms in Japan and Korea*, Harwood Academic Publishers, 1998; Abigail Anne Barrow, *Acquiring Technological Capabilities: The CNC Machine Tool Industry in Industrialising Countries, With Special Reference to South Korea*, Ph. D dissertation, University of Edinburgh, 1989; Hwansuk Kim, *Determinants of Technological Change in the Korean Machine Tool Industry: A Comparison of Large and Small Firms,* Ph. D dissertation, The University of London, 1988; Chaisung Lim, *Sectoral Systems of Innovation—the case of the Korean machine tool industry*, thesis, Science Policy Research Unit, University of Sussex, 1997.
3）　韓国工作機械工業発達史編纂委員会編『韓国工作機械工業発達史』韓国工作機械工業協会、1991年、115頁。
4）　『韓国経済年鑑　1969年版』全国経済人聯合会、1969年、474頁。
5）　前掲『発達史』138〜140頁。
6）　권승관（権昇官）『기계와 함께 걸어 온 외길（機械とともに歩んできた一本道）』화천그룹（貨泉グループ）、2002年、45〜109、141〜143頁。
7）　康明順『우리나라金属工作機械의製造技術発展과展望』大韓民国学術院、1990年、41頁。
8）　권、前掲書、141〜143頁。
9）　前掲『発達史』141〜142頁。
10）　同前、148〜150頁。
11）　『機械工業技術実態調査　業体別報告書』韓国産業技術開発本部、1965年、634

〜1076頁。
12)　康明順編『国産工作機械品質및精密度向上을為한研究』科学技術処、1968年。
13)　권、前掲書、157頁。
14)　同前、158頁。
15)　同前、160頁。
16)　久芳靖典『匠育ちのハイテク集団』ヤマザキマザック、1989年、77〜82頁。
17)　『工作機械技術指導報告書（普通旋盤）』工業振興庁、1975年。
18)　同前、26〜28頁。
19)　同前、111頁。
20)　『韓国의産業1984』韓国産業銀行調査部、1984年、37頁。
21)　統一重工業は1998年に会社更生法の適用を受け、2003年、熱交換器メーカーから出発したサムヨン・グループの傘下に入り、2005年にＳ＆Ｔ重工業と改称した。
22)　『韓国의機械工業育成과展望에関한調査研究——工作機械、電気機械및플랜트製造業을中心으로——』韓国機械工業振興会、1978年、62頁、『工作機械製造業体実態調査書』韓国工作機械工業協会、1979年、33頁。
23)　小林茂・小田弘治「５社の生産現場みてある記」『月刊生産財マーケティング』1978年９月号。
24)　前掲『工作機械技術指導報告書』215頁によると、73年12月から74年５月にかけて貨泉の技術者が組立と治工具管理に関する研修を滝澤鉄工所で受けている。
25)　前掲「５社の生産現場みてある記」。
26)　『起亜50年史』起亜自動車、1994年、220〜221頁。
27)　『起亜重工業二十年史』起亜重工業、1996年、364頁。
28)　椎名敏夫「工作機械技術輸出の軌跡（韓国編）」『機械技術』第47巻第13号、1999年12月。
29)　朴鐘祥「水平型머시닝센터를開発하면서」『工作機械』10号、1985年６月。
30)　前掲『起亜重工業二十年史』167頁。
31)　同前、165頁。なおCNCはコンピュータを用いた数値制御のことで、本書ではCNCも含めてNCと表記している。
32)　同前、166頁。
33)　同前、167頁。
34)　椎名敏夫「工作機械技術輸出の軌跡（韓国編）」『機械技術』第47巻第８号、1999年８月。
35)　『現代自動車二十年史』現代自動車、1987年、470頁。
36)　同前、473頁。

37）　同前、473頁。
38）　同前、475頁。
39）　金潤泰「Hobbing machine 을 開発하고」『工作機械』10号、1985年6月。
40）　『現代五十年史 上』現代그룹文化室、1997年、561〜565頁。
41）　『現代精工20年史』현대정공、1997年、484〜491頁。
42）　小林茂・小田弘治「新・韓国事情　工作機械工業における"思春期"の構図」『月刊生産財マーケティング』1978年8月号。
43）　前掲「5社の生産現場みてある記」。
44）　小林茂「韓国企業の現況」『月刊生産財マーケティング』1996年7月号。
45）　Barrow, *ditto*, p. 217.
46）　大宇重工業工作機械事業本部金雄範常務のことば（『기계저널（機械ジャーナル）』Vol. 40, No. 12, 대한기계학회（大韓機械学会）, 2000. 12）。
47）　小林茂「大宇重工業（韓国）が日産自動車へ最新NC工作機械を一括納入」『月刊生産財マーケティング』1990年8月号。
48）　服部徳衛「韓国業界を牽引する大宇重工輸出急増、この時期フル生産」『月刊生産財マーケティング』1998年7月号。
49）　大平研五「韓国ものつくり産業の現状と課題」『日本機械学会〔No. 02-93〕講習会教材〔'03-2-7，東京：世界をリードし続けられるか、日本の工作機械最新動向〕』。一方で教育水準の高い技術陣は、旺盛な知識欲を持ち、現場にはきさげ技能が息づいており、鋳造技術の水準も高かった、という。
50）　大平研五「海外転出技術者の独り言⑨中国での工作機械商売（下）」『月刊生産財マーケティング』2005年12月号。
51）　大平研五「海外転出技術者の独り言⑥中国「株式会社」の営み」『月刊生産財マーケティング』2005年9月号。
52）　前掲「韓国ものつくり産業の現状と課題」。
53）　同前。
54）　起亜機工の後身起亜重工業は97年に経営破綻し、その工作機械事業部は現代グループに入り、WIAとして再発足する。2000年、現代精工の工作機械生産は現代自動車に統合され、さらに現代自動車は05年に専用機部門のみを社内に残して、工作機械部門の生産設備と人員をWIAに移管した。大宇重工業の工作機械事業は2000年に大宇綜合機械として分離し、05年、斗山財閥の傘下に入って斗山インフラコアとして再発足した。

第4章　シンガポール日系工作機械メーカーの展開と現地への波及効果

第1節　はじめに

　いまや近代的都市国家の観を呈するシンガポールも、1965年にマレーシア連邦から分離・独立した当初は、国内市場の狭さと労働力の過剰に悩む典型的な発展途上国であった。本来祝福されるべき独立は、市場規模の確保を目的としたマレーシアとの共同市場形成の試みが失敗したことを意味し、多難な前途が予想された。さらに追い討ちをかけるように67年には、当時重要な雇用機会の提供者であったシンガポール駐留イギリス軍の撤退が発表された。それまで主に中継貿易によって繁栄を築いてきたシンガポールでは、雇用吸収力の大きい製造業が弱体で企業家も技術も欠いていたため、国内資本による経済発展には期待が持てなかった。

　こうした低開発段階から出発して経済成長をめざすために選択された手段が外国資本の誘致であった[1]。シンガポールは共同市場構想に基づいた輸入代替工業化政策を断念して、資本、技術、経営ノウハウ、市場、マーケティング能力等の経営資源一切を持つ先進工業国の多国籍企業に依存した輸出指向型労働集約的産業の育成へと政策転換を図ったのである。その後の経済発展とともにシンガポール政府は労働集約的産業から技術集約的産業へと産業構造の高度化を誘導したが、現在に至るまで製造業の外国資本への依存は一貫しており、雇用、生産額、付加価値額、輸出額いずれにおいても、地場資本に対する外国資本の優位が続いている。

　外国資本への依存度の高さはシンガポールの製造業全般に見られると同時に、

本書の研究対象である工作機械生産の分野における特徴でもある。しかし発展途上期の工作機械工業の育成にあたって、先進国からの直接投資の導入は必ずしも普遍的に見られる唯一の方途ではない。同じアジア NIEs として工作機械工業を急速に発展させた台湾、韓国を見ても、そこでの外国直接投資は皆無とは言えないにしても、その果たしてきた役割はきわめて限定的である。すでに述べたように、台湾では現地資本の中小企業から発展してきた工作機械メーカーが多く、韓国では財閥傘下の工作機械部門が業界で大きな力を持っている。このようにアジア NIEs と称された三国を見ると、発展途上国の工作機械工業の発展には、少なくとも三つの経路があることをうかがい知ることができる。低開発国が今後の工作機械工業の展開を考える場合、これら三者三様の歴史的展開過程を押さえておくことは肝要である。

さて本章では発展途上国における工作機械工業発展の3類型のうち、外国直接投資に基づく類型の代表的事例として、シンガポールにおける工作機械製造の発展過程を検討する。シンガポールには台湾に見られたような中小機械工場の集積が存在したわけではないし、韓国のように重工業を担う財閥の発展も見られなかった。中小機械工場や財閥のかわりにシンガポールにおける工作機械製造の担い手となったのが外資系企業であった。

外資系工作機械メーカーのシンガポールへの進出は1970年代前半から始まり、現在に至るまで外資系企業が工作機械生産の中心となっている。現地生産に乗り出した企業は日本、欧米の工作機械メーカーであって、生産機種は普通旋盤[a]、平面研削盤[g]、自動旋盤、フライス盤[d]、マシニングセンタ[j]、放電加工機、NC旋盤[i] など多機種にわたっている。生産額と企業数の点で、シンガポールは台湾、韓国に及ぶべくもないとはいえ、海外の有力メーカーが現地生産に関与してきたこと、外資系企業による生産が高い比重を占めていること、一時的な低賃金利用ではなく生産機種の高度化を伴いながら現地に定着してきた事例が見られること、しかし出発点においては他の発展途上国同様工作機械生産に有利な産業基盤が弱かったことなどから、シンガポールは外国直接投資に基づく工作機械工業発展の典型的な例であると筆者は考える。

次章ではインドネシアにおける工作機械の国産化の難しさについて論じるが、同国では外国資本による工作機械の現地生産は見られない。インドネシアは94年に外資に対する規制を緩和したため、外資のインドネシアへの進出は以前に比べ容易になった。しかし現地政府によって規制緩和やインフラストラクチュアの整備がなされ、さらには優遇税制や補助金といった特典の供与があり、有望な市場の見込みと現地の豊富な低賃金労働力の活用がありえたとしても、進出する外資側にとって発展途上国での工場経営は、現地人技術者・技能者の養成、支援産業の欠如への対処といった問題の克服を避けることができない。この点では工作機械の製造が始まった当時のシンガポールとインドネシアその他の後発国は共通していると思われる。

そこで本章では、シンガポールにおける工作機械生産の展開過程を概観した後、条件の悪さにもかかわらず外国工作機械メーカーにシンガポールへの工場建設を決断させた要因と、シンガポール工場の親企業にとっての位置付けおよび製品市場について論じる。さらに後半ではシンガポールの外資系工作機械メーカーが支援産業の欠如にいかに対処し、技術者と技能者をいかにして養成したか、そしてその過程を通じて現地の機械工業にどのような波及効果を及ぼしてきたのか、を検討する。

外国直接投資に依存した工作機械工業の発展は、現地法人の経営判断が親企業の方針に制約されるため、地場企業からの自生的発展に依拠する他の2類型に比べ、自立性が弱いと言わざるをえない。外資系企業はその存続に制約された雇用機会の創出や税収と輸出への貢献を超えて、現地機械工業の将来的に自立した発展への可能性を生み出しうるのかという点が本章の焦点となる[2]。

第2節　外資系工作機械メーカーの展開過程

1　シンガポールにおける生産の展開

外国資本によってシンガポールに工作機械製造企業が設立されたのは1973年

が最初である。この年アメリカのレブロンド（LeBlond Inc.）が子会社レブロンド・アジア（LeBlond Asia Pte., Ltd.）を、岡本工作機械製作所が同じくオカモト（シンガポール）（Okamoto (Singapore) Pte., Ltd.）を設立している。

レブロンドは19世紀末に設立された大手旋盤メーカーである。レブロンド・アジアは同社初の海外生産工場で、部品生産から普通旋盤の完成品生産へと移行し、80年頃には従業員400人で月間140台を生産していた[3]。ところが日本製NC工作機械の輸出攻勢の前にアメリカ工作機械工業全体が競争力を喪失し始める中でレブロンドも経営危機に瀕し、81年に牧野フライス製作所に発行済株式の51％を譲渡した。当時のレブロンドは資本金2300万ドル（48億円）、従業員1874人、売上高1億ドル（210億円）で、売上構成は普通旋盤49％、NC旋盤37％等であった[4]。買収した側の牧野フライスは1937年にフライス盤メーカーとして創業した、金型業界に強い販売力を持つ大手工作機械メーカーである。当時の企業規模は資本金25億円、従業員670人、売上高271億円で、売上構成はNCフライス盤37％、マシニングセンタ30％、フライス盤22％、放電加工機6％等であった[5]。

この買収によってレブロンドはレブロンド・マキノ（LeBlond Makino Machine Tool Co.〔96年からMakino Inc.〕）に改称するとともに、牧野フライスのマシニングセンタをアメリカで生産することになる[6]。アメリカの親会社が買収されたため、レブロンド・アジアもレブロンド・マキノ・アジア（LeBlond Makino Asia Pte., Ltd.〔現Makino Asia Pte., Ltd.〕）と改称し、牧野フライスからマシニングセンタ、NCフライス盤の技術移転を受け始めた。90年代に入ると同社は放電加工機の生産も担当するが、他方で旋盤を減産し95年に生産を打ち切った。98年の資本金は165万Sドル、従業員数は285人であり、97年の売上高は8400万Sドル、主要製品の年産台数はマシニングセンタ・NCフライス盤240台、ワイヤーカット放電加工機230台、型彫放電加工機260台となっていた[7]。その後、年産台数は合計1400台にまで達し、2010年現在、シンガポールの従業員数は406人となっている。牧野グループ全体で生産される放電加工機の7割以上がシンガポールで生み出されている[8]。

日系企業として初めて工作機械を現地生産したオカモトの親会社岡本工作機械は、1926年に創業した。戦前岡本工作機械は国産化の遅れていた歯車工作機械の開発、製造に従事していたが、戦後になって世界有数の平面研削盤メーカーに発展した。同社初の海外生産拠点として設立されたオカモトは75年に平面研削盤の生産を始めた。しかし稼動開始が第1次石油危機後の不況期にあたり、当初の計画を縮小して現地従業員55人、日本からの出向社員15人で生産が開始された[9]。操業開始後2年目頃の「平面研削盤の月産台数は30台で月産能力の50％程度の操業度にすぎなかった」[10]。しかしその後の経済成長と数度にわたる設備投資を経て、90年には430人の従業員が月130台を生産していた。その後87年に設立されたオカモト（タイ）（Okamoto（Thai）Company Ltd.）へ従来シンガポールで製造していた製品の一部を移管したため、オカモト（シンガポール）の月産は97年には平均93台に減少した。98年の企業規模は資本金が1780万Sドル、従業員は302人であった。製品はNC機を含む平面研削盤が8割、残りを円筒研削盤と内面研削盤が占め、多機種少量生産されていた[11]。その後、同社の生産台数は再び増加し、2006年には月産160台に達した。2010年現在の資本金は2030万Sドル、従業員数は235人で、生産台数の構成は平面研削盤4割、円筒研削盤3割、内面研削盤2割、半導体製造装置（バックグラインダ）[12] 1割となり、製品構成の高度化がさらに進んでいる[13]。

 レブロンド、オカモト両社に続いて、78年に西ドイツの自動盤メーカーであるトラウプ（Hermann Traub GmbH Maschinenfabrik〔のち Traub AG〕）の子会社（Traub Pte., Ltd.）が単軸自動旋盤の生産を始めた。トラウプは60年代前半にインドとブラジルに生産拠点を築いており、発展途上国での事業展開が早い企業であったが、80年代初頭の世界的不況と自動盤市場のNC旋盤による蚕食のせいで生産の縮小を余儀なくされ、市場と実績の豊富なインド、ブラジル工場を残して創業後間もないシンガポールから撤退した[14]。

 翌79年にはイギリスのアドコック・シップレー（Adcock-Shipley Textron of Leicester）の子会社としてブリッジポートマシン・シンガポール（Bridgeport Machines Singapore Pte., Ltd.）が設立され、従業員33人でタレット形フライ

ス盤[e]）の生産を開始した。当社の型式のフライス盤は第 2 章で触れたように、台湾で盛んに模倣製造されており、その対抗策としてアジアでの生産が試みられたのである。88年に従業員数は120人に増え、累積生産台数は5000台に達したが[15]、中国製類似品との価格競争に勝てず、91年にブリッジポートは生産を打ち切った。

90年代後半になってシンガポールで工作機械生産に乗り出したのは日本のヤマザキマザックである。前身の山崎鉄工所は1919年に創業し、製畳機械の製造を経て、31年に工作機械の生産を本格的に始めた。戦後高度経済成長期に同社は普通旋盤を大量生産し、それに続く NC 旋盤さらにマシニングセンタの生産と輸出によって、世界最大級の工作機械メーカーとなった。山崎鉄工所は74年にシンガポール進出を企てたが、このときは石油危機の発生により計画を断念した[16]。88年になってヤマザキマザックは北米、欧州に比べ営業展開が遅れていたアジアでの営業力強化のため、シンガポールにヤマザキマザック・シンガポール（Yamazaki Mazak Singapore Pte., Ltd.）を設立した。同社は当初営業、サービス活動に従事していたが、92年に工作機械用工具ホルダを生産する工場を開設した[17]。さらに96年シンガポールでも NC 旋盤の生産が始められた[18]。98年12月時点でヤマザキマザック・シンガポールの資本金は2200万 S ドル、従業員数は152人で、NC 旋盤を月30～35台生産していた[19]。2008年に月産は80台に達したが、2010年の従業員は220余名で、月産50台である[20]。

これらの外資系工作機械メーカーのほかに、地場資本のメーカーも現れた。まず86年にフォン・リー機械工業（Fong Lee Machinery & Engineering Co. Pte., Ltd.）がマシニングセンタの生産に着手し[21]、翌87年にエクセル工作機械（Excel Machine Tools Ltd.）が非 NC 工作機械の製造を始めた。エクセルの発展については後ほど詳しく述べる。

以上のシンガポールにおける工作機械生産の推移を工業統計で見たのが表4-1である。企業数から見て少なくとも81年以降の数字には本研究の対象外であるプレスその他の成形型工作機械が含まれているようである。またこの表では生産の内訳が不明である上、85年から数年間および2000年以降は工作機械

が独立した項目となっていないため数値が得られない。表からわかるようにシンガポール製工作機械の輸出比率は高く極端な比率の増減がないので、貿易統計の国産工作機械輸出の数値22)が生産を近似的に示していると見てよい。それを表わしたのが表4-2である。

放電加工機の輸出額は90年代に入ってからのレブロンド・マキノ・アジアの生産を、旋盤の数値は同社での生産が80年以降減少していったことと、97年からヤマザキマザックでNC旋盤の生産が始まったことを如実に

表4-1 シンガポールの工作機械生産の推移

年	企業数	従業者数(人)	生産額(1,000S$)	輸出比率(%)
1980	4	859	54,541	89.7
1981	6	958	58,725	91.8
1982	6	814	50,813	88.6
1983	5	553	34,244	83.8
1984	5	705	55,249	88.4
1989	7	1,204	166,065	80.2
1990	6	1,190	176,380	80.9
1991	5	1,018	135,860	81.6
1992	6	983	132,791	78.8
1993	7	836	88,969	80.4
1994	7	787	129,814	80.9
1995	7	824	169,103	76.7
1996	7	854	174,021	81.7
1997	8	861	160,228	78.0
1998	9	916	143,423	83.2

注：「旋盤、フライス盤および工具」に分類される従業者10人以上の事業所についての集計である。85〜88年は同分類が単独で表示されていない。
出所：Research and Statistics Unit, Economic Development Board, *Report on the Census of Industrial Production*, each issue より作成。

示している。フライス盤輸出は80年代のブリッジポートによる生産と80年代後半以降のレブロンド・マキノ・アジアによるNCフライス盤の生産を物語っている。研削盤の輸出はオカモトの生産を反映しており、92年までの増産傾向とタイへの生産移管に伴うその後の減産が読み取れる。「その他の工作機械」はマシニングセンタを含んでおり、レブロンド・マキノ・アジアと地場メーカーの動向に影響されていると見られる。貿易統計の項目が細分化された97年の国産工作機械の輸出統計は、表4-3のように日系工作機械メーカーの生産をいっそう明らかにしている。

2 外資系企業の進出理由

1973年以降、外国工作機械メーカーがシンガポールに生産拠点を設置してきた理由には、進出企業側の要因と受入国側の要因とがある。レブロンドと並ん

表4-2 シンガポール国産工作機械の輸出の推移

(単位：1,000$ (FOB))

年	放電加工機など	旋盤	フライス盤など	ボール盤など	ねじ切り盤	研削盤	歯切り盤	鋸盤	平削り盤	その他	合計
1980	62	24,919	3,756	56	2,186	17,986	13	85			49,063
1981	2	23,220	2,621	209	421	24,097	64	413			51,047
1982	88	15,134	2,686	407	546	20,698	118	106			39,783
1983	46	8,815	2,076	21	639	14,829	3	263			26,692
1984		10,834	3,022	1,139	1	25,641	18	103			40,758
1985	150	15,776	5,179	1,147		26,175	35	84			48,556
1986	850	14,738	7,209	219	5	17,943	318	78	10		41,407
1987	135	5,703	9,471	866	427	23,854	23	170	47		40,649
1988	632	5,886	10,918	775	119	33,060	49	88			51,529
1989	323	7,069	16,294	2,073	68	36,283	319	715	2	28,744	91,888
1990	1,706	9,603	10,474	397	166	40,408	580	1,181	912	42,002	107,429
1991	2,370	5,518	4,830	927	483	35,476	107	862	324	33,167	84,064
1992	2,239	9,319	11,208	1,020	575	42,030	388	921		25,562	93,262
1993	5,163	5,512	9,115	985	2,674	25,297	12	2,011	110	31,093	81,972
1994	10,432	7,329	10,536	3,776	537	26,457	769	1,712	89	41,155	102,792
1995	13,431	6,560	14,341	1,514	2,199	29,055	927	3,194	1	41,125	112,347
1996	20,408	5,945	14,915	2,337	1,771	37,749	374	998	7	35,726	120,230
1997	25,537	24,592	15,704	2,832	1,483	40,770	23	1,329	113	27,708	140,945
1998	26,833	23,640	11,567	3,337	1,610	37,372	877	2,683	220	28,004	135,377
1999	33,034	17,379	10,131	2,190	1,321	28,598	111	2,435	600	21,370	117,400
2000	50,635	29,633	11,324	1,326	1,532	40,258	342	1,160	60	33,783	170,092
2001	43,072	24,703	7,044	4,209	2,005	32,947	381	2,602		28,012	145,252
2002	36,046	22,821	5,585	2,609	1,034	24,505	658	3,535		21,303	127,508
2003	75,113	33,661	12,315	1,318	1,691	34,430	70	2,891	983	45,905	208,635
2004	71,076	50,886	15,884	3,847	851	38,565	328	7,689	169	44,399	233,497
2005	64,034	50,886	12,451	3,475	4,095	20,277	131	16,820	142	78,208	250,430
2006	168,310	56,286	11,450	3,068	1,357	22,044	42	12,731	184	74,363	350,145
2007	89,244	73,418	9,175	4,891	4,630	16,409	352	2,577		75,063	275,866
2008	135,448	17,081	17,404	7,378	5,427	12,043	459	7,622		86,876	291,266
2009	47,058	23,365	8,143	7,492	1,472	3,126	1,987	5,056		47,107	143,216
2010	122,232	37,912	2,212	1,988	2,460	6,505	397	5,828		98,261	278,591
							1,193				

注：「その他」にはマシニングセンタを含み、塑性加工機械を含まない。1997年以降の「放電加工機など」にドライエッチャーなど非金属加工機を含む。

出所：Singapore Trade Development Board, *Singapore Trade Statistics Imports and Exports*, each issue より作成。

で最初に進出を果たした岡本工作機械は、企業側の要因として①日本の高度成長に伴う国内での賃金上昇、②需要増加による本社横浜工場の能力不足、③輸出向け生産拠点としての必要性、を挙げている[23]。その頃の日本では「すでに遠いヨーロッパの国々の汎用機が、国産機より安く出回るよう

表4-3 主要な国産工作機械の輸出 (1997年)

機種名	数量(台)	金額(1,000S$)	比率(％)
その他の研削盤*	1,145	36,302	25.8
マシニングセンタ	291	23,804	16.9
放電加工機	460	23,666	16.8
NC横旋盤	301	20,187	14.3
NCひざ形フライス盤	177	10,117	7.2
その他の旋盤	63	3,975	2.8
合計	—	140,945	100.0

注：＊シンガポールの輸出統計では「その他の研削盤」となっているが、最大の輸出先である日本の輸入統計とオカモトの調査から判断すると、実際は「平面研削盤」と考えて良い。
出所：表4-2に同じ。

になっていた。従来の成長期には生産量の拡大で上昇するコストを吸収できたが、今や、コスト面で国際競争力のある立地条件を得ることが、汎用工作機械の持続的発展のために欠かせなかった」[24]。同社は68年にNC研削盤を開発していたが、研削盤のNC化が進むのは80年代に入ってからである。したがって依然として需要の中心である非NC汎用工作機械で、岡本工作機械は国際競争に打ち勝つ必要があった。当時の日本をはじめとする外国企業にとってシンガポールの最大の魅力は賃金の安さであったと言える。またシンガポールは71年から一般特恵関税が適用されるようになり、80年代まで先進国への輸出拠点として有利であった。

　一方、90年代半ばに工作機械の現地生産を始めたヤマザキマザックは①成長著しい東南アジアに拠点を欲し、同時に②自社製品から構成された先端的製造工場の操業によって宣伝効果を狙った[25]。シンガポール政府は79年以降の賃上げ誘導を通じて、労働集約的産業の国外移転と国内での技術集約的産業の育成をめざしてきており、こうした状況の中でヤマザキマザックは低賃金利用という従来の発想を捨て、工具ホルダと工作機械の製造にCIM (computer integrated manufacturing：コンピュータ統合生産) とFMS (flexible manufacturing system) を採用した。このように進出企業側の動機はシンガポールおよび周

辺地域の経済発展とともに、賃金格差の利用から周辺市場の開拓へと変わってきており、それに伴って生産設備も高度化、特に自動化が進んでいる。

一方、他国ではなくシンガポールへ立地を誘導した受入国側の誘因としては、工作機械製造に限ったことではないが、①外資に対する規制の少なさ、②優れたインフラストラクチュア、③教育、訓練を受けた人材の豊富さ、④政府による企業優遇措置、⑤能率的で公正な行政機関[26]、⑥安定した政治・経済体制、⑦英語の普及などが挙げられる。これらは他の国に比べ際立っていた。

シンガポールは67年の経済拡大奨励法制定以降、外資に対して開放政策をとってきた。外資の現地法人に対する出資比率に規制はなく、現に日系工作機械3社も100％外資である。78年には為替管理が全面廃止され、資本、利益の外国への送金は自由である。資本の現地化や製品の輸出あるいは現地調達比率に関する規定もない。こうした外資に対する規制緩和は近年東南アジア諸国でも進んでいるが、シンガポールは輸入代替から輸出指向への政策転換が早かったため近隣諸国に先んじた。

インフラの整備については、60年代から大規模な工業団地の造成が始まっている。空港・港湾・通信設備は充実しており通関手続きも簡単である。その背景には長年の中継貿易港としての設備投資とノウハウの蓄積がある。

シンガポールの教育、訓練機関は70年代以降に急速に拡充された。技術教育機関は国立大学[27]、高等専門学校（Polytechnic）[28]、職業訓練学校[29]など多様なレベルがあり、理工系技術者および技能者の養成が重視されている。

政府による企業優遇措置に関しては、67年に制定された経済拡大奨励法において、新産業分野への進出企業に対して法人所得税を免除するパイオニア・ステータス（Pioneer Status）制度、生産設備拡張による利益への課税を減免する拡張優遇措置（Expansion Incentives）や輸出による利益への課税を軽減する輸出優遇措置（Export Incentives）等が規定されていた[30]。79年にはパイオニア・ステータスと並ぶ主要な投資促進手段として、新規設備投資に対する優遇税制である投資控除制度（Investment Allowance）が制定された。

また社員養成のための助成措置として、70年代初めから基幹工の海外研修費

用を助成する海外研修制度（Overseas Training Scheme）、社内研修制度を助成する工業研修助成制度（Industrial Training Grant Scheme）、幹部技術者の海外研修を助成する工業開発奨学金制度（Industrial Development Scholarship Scheme）が相次いで制定された。さらに79年には低賃金労働者の雇用に対する企業への賦課金に基づいて技能開発基金（Skills Development Fund）が設立された。この基金を原資に研修助成制度（Training Grant Scheme）や生産性改善のための設備投資に対する利子補給を目的とした機械化促進利子補給制度（Interest Grant for Mechanization Scheme）がつくられた。

進出企業によって指摘されるこれらの長所に加えて、シンガポールの労使関係が協調的であることも企業にとって安心できる利点である。政府は68年に雇用法と修正労使関係法を制定して雇用主側の権限を拡大する一方、労働条件を切り下げ労働争議を規制して外資受入の環境を整備している。さらに72年には政府、労働組合、経営者の三者で構成される全国賃金評議会（NWC）が発足し、以後賃金の決定は同評議会によって誘導されている。

シンガポールには、次章で述べるインドネシアのような工作機械工業育成政策こそなかったが、進出企業は他の多くの技術集約的産業とともに手厚い優遇措置と充実したインフラをいち早く享受することができた。

3　市場と製品

シンガポールの工作機械輸入額は独立時（65年）に440万Sドルにすぎなかったが、73年には7600万Sドルに増えている[31]。80年には1億2500万Sドルの輸入があったが[32]、独立以来初めてマイナス成長を記録した85年の経済危機の前後に大幅に減少した。その後は増加傾向をたどり、東南アジア経済危機の影響が現れる直前の97年の輸入額は5億6000万Sドルに達した。シンガポールは中継貿易港でもあるため輸入品のうち再輸出に回される部分もかなりあるが[33]、輸入はほぼ内需の動きに近似している。

外資系工作機械メーカーが初めて進出した頃、シンガポールでは460の金属加工会社が4万8000人の従業員を擁して、船舶修繕・建造、石油掘削リグ、カ

表4-4　シンガポールの工作機械需要産業の生産推移

(単位：100万S＄、％)

年	1980		1985		1990		1995		2000		2005	
金属製品	1,235	10.6	1,753	10.9	3,805	9.0	6,313	7.9	7,449	6.7	7,501	6.4
一般機械	1,663	14.3	1,805	11.2	3,381	8.0	5,849	7.3	7,713	7.0	11,769	10.1
電気機械	974	8.4	1,296	8.0	2,434	5.8	3,345	4.2	2,808	2.5	3,171	2.7
電子製品	5,344	45.9	9,179	56.8	27,878	66.3	57,873	72.3	83,951	75.7	79,156	67.6
輸送機械	2,043	17.6	1,790	11.1	3,791	9.0	5,192	6.5	6,191	5.6	11,610	9.9
精密機械	383	3.3	326	2.0	783	1.9	1,473	1.8	2,823	2.5	3,850	3.3
合　計	11,642	100.0	16,149	100.0	42,071	100.0	80,045	100.0	110,934	100.0	117,056	100.0

出所：1995年まで表4-1に同じ。2000年以降、*Economic Development Board, Report on the Census of Manufacturing Activities, each issue* より作成。

メラ・測量器械、ローラーチェーン・精密工具・軸受、電動タイプライター、冷凍機用圧縮機、刃物、産業機械などを製造していた[34]。当時これらの工場が工作機械の内需を生みだしていたと考えられる。

　80年以降の内需をもたらしてきたと見られる主要産業の生産額推移を表4-4に示す。80年には半導体、船舶、音響・映像機器、テレビ、油・ガス田機器の生産額が高かった。その後電子製品製造業が飛躍的に発展し、15年間で生産額を10倍以上に伸ばした。95年に生産額が多かった製品はディスク・ドライブ装置、集積回路、コンピュータ、プリンター、映像・音響機器、プリント基板、船舶であった。

　工作機械の輸入先は表4-5に示すように、4割前後を日本が占めている。81年のアメリカ商務省の市場調査は日本製工作機械について、在庫が豊富でアフターサービスが良く、アメリカ製品に比べ安価で納期が短いことを指摘し、さらに日本のユーザーによる直接投資が現地での需要を生んでいると報告している[35]。

　このようにシンガポールは旺盛な工作機械内需を持っているが、進出企業は世界市場を念頭に置いているため、国産工作機械は前述のように大部分が輸出されている。現地の低賃金利用を主要な動機として設立されたオカモトとレブロンド・アジアは、それぞれ中小型研削盤と中型普通旋盤の生産を始めた。オ

第4章　シンガポール日系工作機械メーカーの展開と現地への波及効果　135

表 4-5　シンガポールの工作機械の輸入先構成

1980年			1995年			2010年		
輸入先	輸入額 (1,000S $)	比率 (%)	輸入先	輸入額 (1,000S $)	比率 (%)	輸入先	輸入額 (1,000S $)	比率 (%)
日　　本	51,638	41.3	日　　本	190,686	48.8	日　　本	129,164	34.0
アメリカ	25,448	20.4	ドイツ	38,915	10.0	スイス	45,959	12.1
イギリス	11,791	9.4	台　　湾	34,941	9.0	アメリカ	41,059	10.8
西ドイツ	10,862	8.7	アメリカ	31,769	8.1	ドイツ	33,119	8.7
中　　国	6,681	5.3	韓　　国	19,972	5.1	台　　湾	31,482	8.3
合　　計	124,939	100.0	合　　計	390,364	100.0	合　　計	380,352	100.0

出所：表4-2に同じ。

カモトは設立当初から日本と欧米への輸出をめざし、70年代末の出荷先は日本、アメリカ各40％、地元、欧州各10％であった[36]。70年代半ばの輸出比率が20％前後にすぎなかった岡本工作機械に対して、オカモトは対米輸出の拠点であった。

　表4-6に80年以降のシンガポール製研削盤の輸出先構成を示すが、円高あるいは日本国内の好況時には6割以上が日本に向けられている。98年当時、オカモトの製品販売先は日本40％、アメリカ40％、ヨーロッパ15％、東南アジア5％であった。日本の主要ユーザーは金型、自動車部品メーカーである。岡本工作機械は日本、シンガポール、タイに生産拠点を持っているが[37]、超高精度製品を製造する日本、手動機を手掛けているタイに対して、シンガポールはその中間に相当する全自動機、NC機を生産していた。その後、シンガポールからタイに生産を移管された製品がアメリカに輸出されるようになり、2010年現在、シンガポール製品の販売先は日本5割、東南アジア・中国3割弱、アメリカとヨーロッパがそれぞれ1割となっている[38]。

　レブロンド・アジアがシンガポールで生産した普通旋盤は75年に初めてアメリカに輸出され、79年に輸出台数は1473台となりピークに達した。80年のシンガポール製旋盤の輸出先は表4-6のとおり大部分がアメリカで、レブロンドがアジア市場開拓ではなく海外生産によるコスト削減を意図していたことがわ

表 4-6 シンガポールの主要国産工作機械の輸出先構成（輸出額、比率）

(単位：1,000S＄ (FOB)、%)

旋　盤			NC 横旋盤					
1980年			1998年			2010年		
アメリカ	18,814	75.5	アメリカ	8,963	43.3	インド	7,943	23.8
香港	2,098	8.4	ベルギー	5,634	27.2	タイ	6,360	19.1
日本	1,563	6.3	日本	2,223	10.7	ブラジル	5,436	16.3
半島マレーシア	791	3.2	スウェーデン	1,057	5.1	日本	3,886	11.7
オーストラリア	484	1.9	中国	811	3.9	マレーシア	2,632	7.9
合　計	24,914	100.0	合　計	20,686	100.0	合　計	33,343	100.0

マシニングセンタ						放電加工機		
1998年			2010年			1998年		
アメリカ	11,237	44.6	中国	41,843	44.6	日本	17,136	82.8
インド	3,468	13.8	インド	16,593	17.7	香港	1,675	8.1
中国	2,690	10.7	アメリカ	10,420	11.1	インド	786	3.8
フランス	1,280	5.1	マレーシア	6,612	7.0	中国	421	2.0
イタリア	1,083	4.3	タイ	5,555	5.9	トルコ	295	1.4
合　計	25,216	100.0	合　計	93,881	100.0	合　計	20,706	100.0

放電加工機			研　削　盤					
2010年			1980年			1985年		
中国	18,131	34.7	日本	8,437	46.9	日本	17,924	68.5
アメリカ	7,875	15.1	アメリカ	5,843	32.5	アメリカ	4,937	18.9
韓国	6,982	13.3	西ドイツ	1,682	9.4	西ドイツ	1,395	5.3
日本	4,803	9.2	オーストラリア	767	4.3	半島マレーシア	776	3.0
台湾	2,799	5.4	半島マレーシア	286	1.6	中国	306	1.2
合　計	52,315	100.0	合　計	17,986	100.0	合　計	26,175	100.0

研　削　盤								
1990年			1995年			1998年		
日本	25,610	63.4	アメリカ	11,215	38.6	日本	14,692	45.6
アメリカ	6,369	15.8	日本	9,745	33.5	アメリカ	9,718	30.2
西ドイツ	4,245	10.5	ドイツ	2,495	8.6	ドイツ	4,854	15.1
マレーシア	899	2.2	マレーシア	2,458	8.5	マレーシア	862	2.7
タイ	808	2.0	香港	699	2.4	タイ	612	1.9
合　計	40,408	100.0	合　計	29,055	100.0	合　計	32,211	100.0

出所：表4-2に同じ。

かる。

　牧野フライスの傘下に入ったレブロンド・マキノ・アジアは牧野製品の生産に取り組んだ。同社は粗悪な印象を持たれがちなシンガポール製品を日本に持ち込まずに、アメリカ、オーストラリア、東南アジアで販売し始めた[39]。98年当時、マキノ・アジアの主要製品であるマシニングセンタと放電加工機の仕向け先はシンガポール25％、インド25％、日本20％、その他30％で[40]、現地およびインドを含む周辺市場の比重が比較的高いという特徴を持っていた。現地国内の需要先は金型加工業界が中心で、次に航空機関連企業、電機・コンピュータ関連の中小企業が続いていた。もともと金型加工用工作機械に強いマキノ・アジアは、電気・電子機械工業の発展とともに金型需要が増えてきた現地市場に浸透することができた。

　当時、牧野グループでも生産機種の国際的分担が見られ、日本で小型から大型までの多様な機種を製造し、アメリカとドイツでは小型ないし中型の横形マシニングセンタを生産していた[41]。これに対しシンガポールは加工・組立のしやすい限られた機種（マシニングセンタでは中・小型の立形）をつくっていた。その後、牧野はアメリカとドイツでの生産から撤退する一方、マキノ・アジアの子会社マキノ・インディア（Makino India Pvt. Ltd.）で自動車部品加工用マシニングセンタを、牧野机床（中国）有限公司でシンガポールから生産移管された中・小型型彫放電加工機を生産するようになる。日本製品を含めたマキノ・アジアの受注先は2010年第一4半期で見ると中国66％、インド21％となり、金型製造業が中国などへ流出したシンガポールはもはや2％に達しない[42]。

　ヤマザキマザック・シンガポールは、当初、小型NC旋盤2機種の生産に特化した。この機種は東南アジアの地元企業が最初に導入するNC工作機械となることを想定して開発されたが、グループ他社では生産していない機種であったため、意図に反してアメリカ、ヨーロッパへの輸出が7割を占めた[43]。2010年調査によると、生産は小型NC旋盤9機種に増え、販売先はインド（20％）を含む東南アジア35％、ブラジルほか、ヨーロッパ、アメリカ各20％、日本5％となっている。マザック・グループの一員として2000年に操業開始した中国の

寧夏小巨人机床有限公司は小型旋盤に加え、マシニングセンタを生産するなど設備を増強しているが、他方シンガポールでは中国の旺盛な需要を取り込めない点が、オカモト、マキノ両社とは異なる。

　以上のようにシンガポールの外資系工作機械メーカーの販売先は、親会社の世界戦略の中でのシンガポール工場の位置付けとそれに基づく担当製品によって選択されている。概して70年代に進出した企業は賃金格差を利用して製造コストを削減し、製品を本国に輸出していたが、この目的でのシンガポール現地生産はもはや魅力がなくなっている。80年代以降に進出した企業は成長する近隣アジア市場への販売を意図したが、現地の大企業は先進国製の上級機種を導入し、中小企業は低価格品指向が強いため、中級のシンガポール製品に適合した市場を周辺地域でつかみかねているのが90年代末の調査時点の状況であった。しかしその後、中国経済が成長を遂げる一方、東南アジアも経済危機を抜け出したため、アジア市場の比重が高まっている。

第3節　現地機械工業への波及効果

1　生産設備と加工外注

　外資系工作機械メーカーが最初に進出した当時、シンガポールには造船所などいくつかの機械工場は存在したが、工作機械部品の製造を支援できる産業集積は見られなかった。したがって進出企業はいずれも、素形材の生産から組立に至るあらゆる工程を自社内に取り込むか、もしくは輸送費用と時間をかけて本国から一部の加工部品を調達しなければならなかった。

　鋳造は工作機械の本体や大物部品の素形材を製造する重要な工程である。シンガポールには戦前から造船所向けの鋳物工場があり、当初オカモトはこれらの既存工場に鋳物を発注する予定であった。しかし「実際にこの現地鋳物を使ってみると、品質に問題があり、結局は日本から持って行かざるを得ない状況となった」[44]。その後オカモトは日立金属が資本参加した現地企業から鋳造品

第4章　シンガポール日系工作機械メーカーの展開と現地への波及効果　139

を調達することができるようになった。一方レブロンド・アジアは最初から子会社パシフィック精密鋳造（Pacific Precision Castings Pte., Ltd.）を設立して、鋳造品を自給している。パシフィック製鋳物は良質でかつてオカモトや日本の工作機械メーカーにも供給された。しかしその後、3K職場の典型である鋳造業は日本と同様に労働環境と環境対策の面からシンガポール国内では成り立ちにくくなっていく。岡本工作機械は87、8年頃から国内外のグループ全体の新たな鋳物調達拠点を必要とし始めた。その結果鋳物調達を第一の目的としてオカモト（タイ）を設立した。かつて鋳物の80％を日立金属系シンガポール企業から調達していたオカモト（シンガポール）は、全量をオカモト（タイ）から輸入するようになった。その後の日立金属系鋳造工場の閉鎖により、鋳物を現地調達できなくなったヤマザキマザック・シンガポールは98年当時、複雑形状鋳物など6割を日本から、ベッドなどを中国から、その他一部はタイから調達していたが、現在では大部分を中国から、一部をタイ、ベトナム、日本から輸入している。一方マキノ・アジアも99年にパシフィックを廃業して、鋳物調達を中国とオカモト（タイ）からの輸入に切り替え、現在では元パシフィック技術者による指導の下にある中国の子会社から調達している。こうして一度は現地に定着した工作機械鋳物の鋳造技術はシンガポールから姿を消した。

　機械加工設備についてはいずれの日系企業も必要な設備をほとんど社内に備えている。しかし加工頻度が少なく、現地に品質、納期ともに信頼できる加工業者が存在しない工程の場合、社内に加工設備が設置されるか、もしくは日本の親会社で加工して部品として調達される。98年および2000年の聞き取り調査によると、オカモトはホーニング盤を稼働率の低さにもかかわらず、不可欠であるため社内に保有しているが、精密歯車は社内に加工設備を持たずに親会社から調達していた。マキノ・アジアは高精度の円筒研削盤や深穴加工機による加工を要する主軸[m)]を親会社で製作してもらっていた[45)]。稼働率の低い設備は賃加工にも応じているが、オカモトは機械の稼働率を上げるため、組立作業の1直勤務に対して、機械加工部門を2直勤務としていた。特に高額な設備である五面加工機は、2直作業に加え、終業時に自動送りをかけて20時間稼動さ

せていた。マシニングセンタ加工と旋盤加工にFMSを採用したヤマザキマザックは24時間年中無休の機械加工を前提として、夜間は無人運転を実施していた。かつて協力工場の育成をめざしたオカモトは、工具を独立させて加工外注していたが[46]、この試みは続かなかった。オカモト（タイ）から鋳物を調達しているオカモト（シンガポール）は、同社に鋳物部品の機械加工と塗装、物によってはすり合わせまで行わせるようになっているが、シンガポール国内での加工外注は少ない。このように機械加工に関しては70年代初めから現在に至るまで地元企業への発注は限定的である。

　熱処理は機械製作に不可欠であるが、作業環境が異なるためできれば外注したい工程である。しかしオカモトが進出した当時は現地に外注可能な熱処理業者がなく、社内に高周波焼き入れなどの熱処理設備を具備しなければならなかった。その後79年に日本の工具メーカー不二越が現地に子会社を設立したため、浸炭、窒化、調質などの熱処理の外注が可能になった。

　工作機械のカバー類の板金加工についてはマキノ・アジアとオカモトは外注しているが、ヤマザキマザックはレーザー加工機などの板金加工機械を親会社が製造しているので、自社製品を用いて、大部分の板金部品を内作している。

　シンガポールの加工外注先は80年代末から調達可能な水準に達し、98年当時では相手を選べば問題はないとのことであった[47]。しかし日本に比べて加工内容においても企業数においても限定的である上、外注費用が安くなく、ロットによるばらつきがあり品質の維持が難しいという指摘もある[48]。日系工作機械メーカーは内製、親企業からの部品調達、あるいは技術的に信頼できる現地日系企業への発注によって、枢要工程の品質を確保してきた。このため工作機械製造業においては加工外注を通じてのシンガポール機械工業への営利的・技術的波及効果は少ないと言わざるをえない。むしろ鋳物など一部の外注は国境を越えてタイ、中国などの周辺国に波及効果を生んでいる。

2　従業員養成

　発展途上国に工場を新設しようとする工作機械メーカーにとって、技能者と

技術者を中心とする現地従業員の養成は、支援産業の欠如への対処とともに克服しなければならない大きな課題である。オカモトは創業当初、現地従業員十数人に日本で半年以上の研修を受けさせるとともに、親会社からの派遣員17人による技術指導を1年間受けた。その後も約10年間は日本人が5～6人駐在していた。従業員は主にOJTで養成されており、組長（superviser）、班長（foreman）は順次日本で研修を受けている。98年末の聞き取り調査によると、従業員302人のうち日本人は3人で、それぞれ統括管理、技術、経理を担当していた[49]。親会社から新たな製品の生産が移管される場合は、最初の1、2台の製作時に日本から機械と電気の担当者が各1人来て1週間技術指導をしている[50]。

　ヤマザキマザックはシンガポールより先にアメリカとイギリスで工場を操業しており、アメリカ工場に12年間勤務後シンガポールに赴任した工場長は、従業員教育の段階から担当した。現地従業員は日本で半年から1年間研修を受けた。また生産立上げ時に即戦力を必要としたことから中国人経験工も採用されている。同社の製品は新規開発商品であったため[51]、日本で加工プログラムの作成から部品加工、完成品組立まで5、60台が量産試作された。加工プログラムはそのままシンガポールの設備に移し替えられた。操業開始後1、2カ月間のみ日本から加工部品を予備的に調達するという安全策をとり、また親会社から経験者の派遣を受けたが、生産開始の翌月から製品が出荷され始めた。工作機械の生産開始から3年目の時点で、従業員152人中、日本人が11人おり、内訳は社長、研究開発担当技術者、設計開発担当技術者各1人、生産、販売・サービス担当各4人であった[52]。

　これら新設工場に対して、マキノ・アジアはレブロンド・アジアから生産設備と従業員を引き継いだ。レブロンド・アジアは創業当初、未経験者の雇用を前提として、作業の単純化、細分化と検査の徹底を図った。治工具[w]が完備され、切削条件まで指示した作業手順書が準備された上で、標準時間の管理が行われた。その結果牧野フライスが買収したときには「工作機械作りに必要な摺合せ作業や、直角度、真直度、平行度、同軸度等々のミクロンオーダーでの

話には何ら問題はなかった」[53]。

しかし普通旋盤からマシニングセンタへの製品転換は、新たな教育訓練を必要とした。現地の技術者、技能者10人が3カ月から1年半にわたって日本で研修を受けた。彼らには普通旋盤とNC工作機械の製造方法の相違、検査機器の使用法、日本工業規格（JIS）および社内規格（設計製図規格、生産技術規格）等が教えられた。また従来の普通旋盤の量産は「治具や作業指導書が揃っていれば、比較的未経験者でも対応でき」たが、マシニングセンタの部品はロットサイズが小さく点数も多いため、非NCのフライス盤や中ぐり盤[f)]をマシニングセンタに置き換えることによって、加工精度のばらつきが押さえられた。こうした製品と加工工程のNC化はプログラマや電子技術者の育成を新たに必要とした。現地技術者の親会社での養成の一方で、日本から現地に4、5人の技術者が送り込まれた。マキノ・アジアでは従業員の研修は社内でのOJTのほか、社外、日本でも実施されている。98年当時、マキノ・アジアの従業員285人のうち日本人は5人（生産管理担当副社長1人、放電加工機応用技術者2人、技術アドバイザー1人、サービスエンジニア1人）であった[54]。

こうして現地従業員は時間と費用をかけて養成された。設計、開発などの現地への技術移転はマキノ・アジアを除いてあまり進んでいないし[55]、製造技術も完全に日本人の手を離れるには至っていない。しかしいずれの企業でも社長は日本人に限られたポストではなくなっている。このように限界を持ちながらも、日本の技術、技能は現地で雇用された人々の間に蓄積されてきている。そしてその蓄積はそれだけでも外国直接投資の波及効果として評価して良いものであろう。しかしこの時点ではまだその潜在的可能性は開花していない。蓄積された技術は進出企業共通の悩みとしてしばしば指摘されてきた従業員のジョブホッピングによって、シンガポールの機械工業界の内外に散逸している[56]。こうして蒔かれた種の中から芽を出して成長したのがエクセルである。

3　ローカルメーカーの誕生と展開

エクセルの創業者であるロビン・ロー（Lau Chung Keong, Robin）はオカ

モトの創業当初から13年間にわたって同社に勤務し、在職中は組立、検査業務を経て営業部長をしていた。彼は86年にオカモトを退職して、独自に工作機械事業を始めた。エクセルの創業には彼のオカモトでの同僚3人が加わった。彼らは勤続10年以上の営業、機械、組立部門の管理職であった[57]。さらにその後もオカモトの組長クラスが10人余りエクセルに転じている。

　エクセルは従業員16人、資本金15万Sドルで工作機械の改造、整備、保守、販売[58]を始めた。こうした事業によって少ない資本で安定した現金収入がもたらされるとともに、他社製工作機械や市場についての知識が蓄積された[59]。エクセルは87年に手動の研削盤とタレット形立フライス盤の製造に着手し、翌年には早くも立形マシニングセンタの生産を始める。98年当時の主力製品は中小型の立形マシニングセンタで、他機種を含め年間300台を製造していた。

　エクセルは95年にハンガリー最大の工作機械製造企業チェペル（Csepel F & K Szerszámgépgyárto RT）を約450万Sドルで買収し、子会社エクセル・チェペル工作機械（Excel Csepel Machine Tools Ltd.）として傘下においた[60]。エクセルは97年にシンガポール証券取引所に上場を果たし、この時点で資本金3500万Sドル、売上高2800万Sドル、税引き後利益373万Sドルであった[61]。98年には中国の上海に製造子会社を単独出資で設立し、翌年にはアメリカの工作機械製造企業ツリー（Tree Machine Tool Co., Inc.）を傘下に収めた[62]。エクセルの従業員数は98年末時点で120人（事務・管理職15人、技術者15人、技能者30人、工員60人）であった[63]。

　当初エクセルはアフターサービスのいらない非NC工作機械を国内で製造・販売しようとしたが[64]、韓国、日本製品との価格競争にさらされたため[65]、マシニングセンタに進出するとともに、88年に海外市場、特に欧米、日本市場の開拓を始めた。海外で現地会社を代理店に指定する一方、タイ、マレーシア、さらにアメリカ、ハンガリー、インドに販売子会社を設立していった。買収したチェペルは、同社とエクセルの製品が相互補完的であったこともあり[66]、ヨーロッパ市場でのシェア拡大の足場となった。

　また外国市場の開拓にあたってエクセルは、貿易開発庁の援助を受けて見本

市に出展したり、同庁後援の貿易使節団に参加するなど[67]、政府の輸出振興策の恩恵に浴している。90年の輸出比率はすでに90％に達しており、97年には工作機械の95％を40カ国以上に輸出している。輸出先は北米、ヨーロッパが55％、東南アジアが20％、他のアジア諸国が25％であった。つまり台湾、韓国企業などと同様、周辺市場よりも先進国の低価格品市場への輸出が多かった[68]。

エクセルの技術基盤は幹部管理職のオカモトでの実務経験であった。製品設計を親会社に依存するオカモトで設計技術を修得することはできなかったが、工作機械の基本的構造や動作についての知識は研削盤製造の経験とマシニングセンタなどの設備工作機械使用の経験から蓄積された。さらに普遍的な工作機械の製造技術や品質管理、工程管理、原価管理等の管理技術もオカモト在職中に修得されたと思われる。80年代半ばにオカモトは小型の立形マシニングセンタも数台製造している[69]。こうした幹部の経験を基礎としながらも、エクセルはマシニングセンタへの早急な進出にあたって、OEM調達を目的とした日本の中小工作機械メーカーX社から技術供与を受けている。エクセルの製造担当者は3カ月から半年の間、続いて設計技術者も数年にわたって、X社で技術指導を受けた[70]。95年には岡本工作機械で36年間、仕上げ、組立、サービス業務に従事してきたA氏を工場長として迎え、機械加工、組立など現場技術面の指導を受けた[71]。

エクセルは人材養成に力を注ぎ、日本に従業員を派遣して研修を受けさせていた[72]。こうした研修費用の一部は技能開発基金をはじめとする諸制度から補助されている。エクセルは研究開発にも投資しているが、マシニングセンタの設計費用は中小工業技術支援制度（SITAS）から援助された[73]。レーザー加工機の開発の際には国家科学技術局（NSTB）の研究開発支援制度（RDAS）による助成を受けている[74]。96年には小型マシニングセンタの開発のためにイノベーション開発制度（IDS）から補助金を得た[75]。

中小企業から出発したエクセルは、政府の高付加価値産業支援と地場中小企業育成の対象となり[76]、海外市場開拓や人材育成、技術開発以外の面でも、さまざまな優遇措置を享受してきた。エクセルは88年から10年間、パイオニア・

ステータスを与えられ、法人所得税の免税措置を受けた。その後もポスト・パイオニア・ステータスの適用を受け、税率は軽減されている。設備投資の際には中小工業融資制度（SIFS）あるいは地場企業融資制度（LEFS）に基づく融資が行われた[77]。このほかにもエクセルは政府諸機関から優遇措置を受けることができた。また経済開発庁の投資会社（EDB Investments Pte., Ltd.）から出資を受け入れるなど政府との金融上の結びつきも強かった[78]。

　これらの政府からの優遇措置も確かに手厚かったが、エクセルが経営幹部の出身企業であるオカモトの生産機種、すなわち研削盤ではなく、マシニングセンタを主力製品として選択したことは母体企業との凄惨な競争を回避する上できわめて大きな意義を持っていた。マシニングセンタは日本をはじめとする先進諸国の主要製品で、高度な先端技術の結晶であるように思えるが、反面従来の非NC工作機械に比べ購入品比率が高く、設計、製造が容易になっている面がある。NC装置[t]、サーボモーター[u]等の電気機器はもちろん、高精度要素部品であるボールねじ[r]、直動ガイド[s]、さらに主軸まで専門メーカーがあり、希望すれば自動工具交換装置も外部調達できる。かつてマキノ・アジアが高精度を要するために親会社から調達していた主軸をエクセルは日本精工から購入していた[79]。このように取り立てて独自性や高精度を追求しなければ、市販部品にかなりの程度まで依存してマシニングセンタを製造することができるようになっている。エクセルがマシニングセンタへの進出に成功した要因として、この点も見逃すことができない。

　こうしてオカモトでの技術修得と日本の工作機械メーカーによる技術指導、それにエクセル自体の自主的努力の結果として生まれた工作機械は、世界市場で通用する競争力を持つに至った。エクセルの代表的製品の仕様をマキノ・アジア、台湾麗偉電脳機械、牧野フライス製作所の製品と比較してみると表4-7のようになる。マキノ・アジアのMAX 65（旧FX 650）はシンガポールの現地スタッフによって92年に設計された製品である[80]。台湾麗偉は第2章で言及したように台湾の代表的なNC工作機械メーカーである。牧野フライスのV55は96年に発売された製品で、高速加工で定評がある。工作機械の技術水準を

表4-7　立形マシニングセンタの仕様比較（2000年現在）

メーカー名		エクセル	マキノ・アジア	台湾麗偉	牧野フライス
生産国		シンガポール	シンガポール	台湾	日本
形式		PMC-8 T-24	MAX 65	V-30	V 55
テーブルサイズ（mm）		900×480	850×450	890×400	1,000×500
早送り速度	x-y軸	24	30	20	50
（m/min）	z軸	15	18	15	—
主軸回転数（rpm）		100～8,000	80～8,000	～8,000	15～14000
主軸動力（kW）		7.5/9	7.5/9	5.5/7.5	18.5/22
位置決め精度（mm）		±0.005	±0.003	—	—
繰り返し精度（mm）		±0.003	±0.002	—	—
工具数		24	20	20	15, 25, 40, 80
機械重量（kg）		—	4,500	4,500	9,300

出所：エクセル、マキノ・アジア、牧野フライスはカタログ、台湾麗偉はホームページ。

仕様書のデータだけで比較することはできないが、大まかな違いは把握できる。

　エクセルのPMCとマキノ・アジアのMAXを比較すると、加工時間を左右する早送り速度で20％の違いがあり、加工精度を左右する位置決め・繰り返し精度にも1、2ミクロンの差があるとはいえ、主軸の最高回転数をはじめ、かなり似た仕様を持っている。日本の代表的製品と比べるとシンガポール製品は主軸回転数や早送り速度で大きな隔たりが見られるが、台湾製品とは仕様の上で大差がない。台湾製工作機械はシンガポール製より品質が良いと日系工作機械メーカーの日本人幹部の一人は認識しているが、92年にエクセルを訪問した東京工業大学の伊東誼教授は実用技術において台湾＞韓国＞シンガポールという序列を付けながらも、それぞれの格差は微差であると評価している[81]。

　こうした過程を経て工作機械製造業では外国直接投資が自立したローカル工作機械メーカーを派生させえたのであり、このことが外資系工作機械メーカーのシンガポール機械工業への最大の波及効果であった。

　ところが拡大路線に舵を取ったエクセルは東南アジア経済危機の影響を受け、99年に656万Sドルの営業損失を計上し、さらにITバブルの崩壊による世界的な工作機械不況の下で、台湾製品との熾烈な値下げ競争に巻き込まれ[82]、グループ全体で2001年2300万Sドル、翌年4250万Sドルの損失が生じた。成功

した経営者と見なされたロビン・ローが公務に追われ、本業に専念できなかったことも災いした。エクセルは2002年に上海工場を売却し、銀行に対する6700万Sドルの債務不履行により2003年に更生財管手続に入った[83]。しかし結局エクセルは2005年に経営立て直しの望みを絶たれ潰えることになる[84]。

第4節　おわりに

　1970年代前半以来のシンガポールにおける工作機械生産の展開過程を振り返ってみて印象的なことは、その担い手であった外資系工作機械メーカーのうち日系企業だけが現地に定着したということである。欧米系メーカーは80年代初頭の世界的景気後退、日本製品の輸出攻勢による親会社の経営不振、NC工作機械との競合、台湾、それに続く中国製品との競争、シンガポールの賃金上昇、およびそうした状況に対する親会社の短期的経営判断などによって、せいぜい10年程度しか現地生産を続けることができなかった。これに対し日系企業は数度にわたる急激な円高によって現地生産の意義を再々認識するとともに、現地の賃金上昇に対しては設備機械のNC化やFMC（Flexible Manufacturing Cell）の導入によって省力化を図ったり、高付加価値製品への移行や素形材および低付加価値製品の後発国への生産移管によって、シンガポールでの生産を継続してきた。NC工作機械の成功による日本製工作機械の世界的躍進と特に円高の影響が日本企業と欧米企業のシンガポールでの動きを大枠で規定したとはいえ、日系企業の現地への定着と発展は、高く評価されてよい。

　外資系工作機械メーカーは途上国に普遍的に見られる支援産業の欠如を前提として、社内設備と親会社からの加工部品調達によって全工程を完結しようとする閉鎖的生産体制を生み出した。ひとたび社内に設備投資すると量的あるいは質的な生産の拡張がない限り外注化は進まず、また親会社から調達しなければならないような高精度部品は現地の中小企業では製作不可能であったため、外資系企業が外注関係を通じて地場中小機械工業の発展を促す効果は少なかったと見られる。一方外資系企業はそれまでシンガポールに不足していた機械技

術者、技能者を養成した。現地の労働慣行であるジョブホッピングを通じた従業員の流出は外資系企業にとって厄介な問題であったが、現地の機械工業全体の水準を引き上げ、層を厚くしたと考えられる。そしてその中で最も顕著な事例が、オカモトの従業員達のスピンオフによるローカル工作機械製造会社エクセルの創業であった。

エクセルの最大の原資は創業者達自身に蓄積されたオカモトでの技術的・経営的経験であった。エクセルはそれらを生かしてまさしく中小企業として発足した。大量生産を不可欠の前提としない工作機械の生産は巨大設備投資を必要とせず、中小規模での創業が可能であった。またこの時期には他業種から派生した鋳造工場や熱処理工場などを利用することができ、それらの工程は外部依存することができた[85]。エクセルの創業期は85年の経済危機対策として、地場中小企業の重要性が認識され、その育成が始まった時期であり、同社は政府による高付加価値産業に対する支援に加え、地場中小企業育成のための優遇措置を網羅的に享受することができた。外資系企業では親会社から現地への設計技術の移転が進まなかったため、現地従業員は設計技術を修得できなかった。しかしOEMを目的とした別の日本企業からの技術供与がエクセルにマシニングセンタの設計技術をもたらした。他社製品の改造・修理業務、日本製工作機械の販売に伴う研修、伝統あるチェペルの買収、日本人技術顧問の雇用などもエクセルの技術向上に寄与したと考えられる。工作機械はNC化に伴って購入品への依存度が高まり、それに反比例して製造、設計が容易になっている面がある。この点もエクセルのマシニングセンタへの進出を促し、機種を変えることでオカモトとの競争を回避することができた。

エクセルは残念ながら創業後20年足らずで潰えたが、外資系工作機械製造工場からスピンオフして、いかにしてローカル企業が派生しうるかを示して見せた意義は大きい。

注
a)～y)は巻末技術用語解説を参照。

1) たとえば坪井正雄『シンガポールの工業化政策』日本経済評論社、2010年参照。
2) 本章は拙稿「シンガポール日系工作機械メーカーの展開と現地への波及効果」(『経営史学』第36巻第3号、2001年12月)を2010年8月の現地聞き取り調査に基づいて追記、修正したものである。
3) 従業員数は筆者の質問状に対するマキノ・アジアからの99年3月3日付回答による。月産台数は猿丸歓人「牧野フライス製作所のシンガポールにおける生産と品質保証」『品質管理』273号、1988年3月による。
4) 『日刊工業新聞』1980年12月4日。
5) 『有価証券報告書』1981年3月期。
6) これは当時問題化しつつあったアメリカとの工作機械貿易摩擦を回避するために重要な意味を持った。
7) 前掲質問状に対する回答による。
8) マキノ・アジア高田士郎副社長からの同社第3次聞き取り調査(2010年8月18日)による。
9) 小林茂「現地報告／シンガポール株式会社」『月刊生産財マーケティング』1980年6月。
10) 上野明「世界の中の日本企業(19) 岡本工作機械製作所」『財界観測』第50巻第12号、1985年12月。
11) オカモト(シンガポール)荒井忠雄取締役ゼネラルマネージャー、岡本工作機械製作所シンガポール支店武貞明宏セールスマネージャーからの第1次聞き取り調査による(1998年12月)。
12) バックグラインダはCMP(化学機械研磨)の前工程においてシリコンウェハをカップ状砥石で研削する。
13) オカモト(シンガポール)石川清和社長、高山聖二工場長からの同社第3次聞き取り調査(2010年8月19日)による。
14) Dürand, D., Rohmund, S., "Höhle des Löwen", *Wirtschaftswoche*, Nr. 13/23. 3. 1995. 親会社のトラウプも97年に経営が破綻し、旋盤事業部門はインデックス(Index-Werke)の傘下に入った。
15) *Singapore Investment News*, Nov./Dec. 1988, EDB. ブリッジポート(Bridgeport Machines Inc.)については、Benes, James J., "Machining for freedom", *American Machinist*, Aug. 1998, 森野勝好『現代技術革新と工作機械産業』ミネルヴァ書房、1995年、335頁参照。
16) *American Machinist*, Feb. 1979, p. 47. 牧野フライスも当時シンガポール進出を考えていた。

17) 『日刊工業新聞』1992年4月27日、『日経産業新聞』1992年1月4日、*Singapore Investment News,* May 1992.
18) 『日刊工業新聞』1995年10月4日、1996年8月9日、*Singapore Investment News,* Aug. 1996.
19) ヤマザキマザック・シンガポール山崎高嗣社長、有松啓志取締役工場長からの第1次聞き取り調査による（1998年12月）。
20) ヤマザキマザック・シンガポール太田通有副社長からの同社第2次聞き取り調査（2010年8月17日）による。
21) フォン・リーは77年にエンジニアリングの下請け企業として創業した。同社は80年に日本と台湾の工作機械の輸入、販売を始め、この時技術者6人を日本と台湾に派遣して精密機械技術を修得させた（『Singapore投資ニュース』第10巻第1号、1987年1月）。86年末からマシニングセンタの生産を始め、自社ブランドのマシニングセンタの製造販売（主に欧米への輸出）と台湾製工作機械の輸入販売を行っていたが、2000年代に製造工場を売却した。
22) シンガポールの貿易統計は輸入、輸出以外に国産品の輸出のみを算出したdomestic exportの数値を記載している。
23) オカモト第1次聞き取り調査。
24) 岡本工作機械製作所編『創立50周年記念誌』1985年、22頁。
25) 前掲ヤマザキマザック・シンガポール第1次聞き取り調査。
26) 現地進出の場合の窓口となる経済開発庁（Economic Development Board：EDB）の機能とシンガポールへの進出手続きの合理性についてはESCAP, *Foreign Direct Investment in Selected Asian Countries: Policies, Related Institution-Building and Regional Cooperation,* 1998, pp. 157-160, 164-165 参照。
27) 旧シンガポール大学（独立時に工学部設置）と南洋大学の合併によって1980年に設立されたシンガポール国立大学と81年に設立された南洋工科大学がある。
28) 1954年設立のシンガポール・ポリテクニクをはじめ、98年には4校あった。これら以外に70年代末から外国政府（日本、西ドイツ、フランス）とシンガポール政府との間で開設されてきた高等職業訓練機関がある。
29) 70年代末に職業・産業訓練局（Vocational and Industrial Training Board）の運営する職業訓練学校（Vocational Institute）は14校あり、総定員は約1万人であった（EDB, *Annual Report 1978-79*）。また70年代から外国企業（インドのタタ、ドイツのローライ、オランダのフィリップス、スイスのブラウン・ボベリ等）とシンガポール政府との間で開設されてきた職業訓練センターがある。
30) オカモトは発足時にパイオニア・ステータスと輸出優遇税制を享受している（高

橋和島・日比倫夫「"開花期"迎えた岡本工作機械の海外戦略」『月刊生産財マーケティング』1978年6月）．
31) Yeo Chew Tong, *Country Study Report on the Machine Tool Industry in Singapore*, UNIDO, 1974. 工作機械の範囲については不明．
32) 80年以降の貿易額は *Singapore Trade Statistics Imports and Exports*, Singapore Trade Development Board 各年版による．
33) これらの輸入額に対し、80年の再輸出額（輸出－国産品輸出）は1441万Sドル、97年のそれは1億5000万Sドルであった．
34) Yeo, *op. cit.*
35) U. S. Department of Commerce, International Trade Administration, *Country Market Survey Machine Tools Singapore*, 1981.
36) 小林、前掲記事．
37) 岡本工作機械はアメリカにも子会社を持つが、98年当時、そこでは手動機2機種をノックダウン生産しているのみで、販売が中心であった．
38) 前掲オカモト第3次調査．
39) 猿丸、前掲論文．
40) 前掲質問状への回答．
41) 牧野フライスは78年にギルデマイスター（Gildemeister Aktiengesellschaft）の子会社に資本参加することでドイツに生産拠点を持った．
42) 前掲マキノ・アジア第3次調査．
43) 前掲ヤマザキマザック・シンガポール第1次聞き取り調査．この傾向は表4-6の98年のNC横旋盤の輸出にも現れている．
44) 高橋・日比、前掲記事．
45) 両社とも2010年にはこれらの精密部品を内製するようになっている．
46) 『東南アジアにおけるわが国進出企業の社会的・経済的貢献について――シンガポールのケース――』大阪中小企業センター、1982年、28～29頁、高田亮爾「アジア中進国の投資環境変化とわが国進出企業の対応――シンガポールを中心として――」『商工経済研究』第13号、1982年．
47) マキノ・アジア海東恒雄副社長からの第1次聞き取り調査（1998年12月）．
48) 前掲オカモト第1次聞き取り調査．
49) その後の生産量減少に伴い、99年に技術担当者が帰国した．なお営業は岡本工作機械シンガポール支店が担当している．2010年現在、従業員数235人中、日本人4名がそれぞれ社長、工場長、生産、サービスを担当している（第3次調査）．
50) 前掲オカモト第1次聞き取り調査．

51) シンガポールの開発部門の技術者も新製品開発に参加した。
52) 前掲ヤマザキマザック・シンガポール第1次聞き取り調査。2010年現在、従業員数220余人中、日本人13人が副社長、工場長のほか、営業・サービス（4人）、設計（4人）、生産（2人）、輸出ライセンスを担当している（第2次調査）。
53) 猿丸、前掲論文。
54) 前掲マキノ・アジア第1次聞き取り調査。2010年に従業員は406人に増え、日本人も29人に増員された。日本人は開発、製造、経理、営業を担当しているが、製造とR&Dの強化のために1年間で倍増している（第3次調査）。
55) オカモトの製品の基本設計は日本で行われており、シンガポールではコストダウンなどのための設計変更のみが実施されている。ヤマザキマザックでも新製品開発はシンガポールで行われず、特注仕様や製品改良に伴う設計のみが実施されている。マキノ・アジアはこれまでも一部機械と特殊仕様の設計を行っていたが、2010年に80～90名規模のR&Dセンターを開設し、成長著しい中国、インド、ASEAN市場のユーザーニーズに即した放電加工機を研究開発する拠点となった（第3次調査）。
56) たとえば80年当時のオカモトの月間離職率は2％であった（小林、前掲記事）。レブロンド・マキノ・アジアでは、工作機械のNC化が進んだ80年代半ば、養成したNC工作機械のオペレーターが頻繁に退職したと言う（猿丸、前掲論文）。外資系工作機械メーカーで修得された技能が機械工業部門の中に拡散する一方で、非製造業部門への転職のように有効な波及効果をもたらさない場合もあった。日系工作機械メーカーの間には引き抜きや自発的な転職を抑制するための不文律があり、従業員の直接的移動はない。例外として、オカモトで後述のロー、Q両氏とともに将来を嘱望されていたT氏は、独立しようとして失敗し、オカモトに戻ろうとしたが再雇用されず、マキノ・アジアの工場長になった（前掲オカモト第3次調査）。
57) オカモトの荒井忠雄氏、武貞明宏氏からの第2次聞き取り調査（2000年2月）。*Excel Machine Tools Ltd Prospectus Dated 18 March 1997.* には主要従業員の略歴が掲載されている。
58) 新潟鉄工所や三菱重工業のマシニングセンタ、高松機械工業のNC旋盤など日本製工作機械の輸入販売を手掛けていた。
59) *Prospectus, op. cit.* ヤマザキマザック、牧野フライスも戦後の一時期、中古機械の再生修理を通じて経営を維持するとともに、欧米先進国の工作機械について知識を深めた。
60) チェペルは1892年に創業し1927年に工作機械の製造を始めた。同社は90年に民

営化されたが、東欧の不況と経営の誤りから経営危機に瀕した（*Business Times*, 9 Mar. 1995）。チェペル買収は、リー・クァンユー上級相に随行する貿易使節団の一員としてロビン・ローがハンガリーを訪問した際に、貿易開発庁ブタペスト事務所によって仲介された（*Tradespur*, Jan./Mar. 1995, Singapore Trade Development Board.）。98年当時、エクセル・チェペルは払込資本金1000万 US ドル、従業員数170人で、96年度の売上高は3000万 US ドルであった。主製品は NC 旋盤、横形マシニングセンタ、歯車研削盤で、生産能力は年産200台である。技術担当重役は岡本工作機械出身の日本人であった（*Suppliers Directory 1998 Hungary*, JETRO）。長年にわたり蓄積した技術を持つチェペルの買収はボールねじや主軸ユニットなどの枢要部品の製造技術をエクセルにもたらすと期待された（*Singapore Investment News*, May 1995）。

61) Excel Machine Tools Ltd., *Annual Report 1997*.
62) エクセルはハンガリー企業の買収や中国での製造子会社の設立など野心的と言えるほど海外に事業を展開したが、こうした方針は有望地場企業を多国籍企業へ育成しようとする政府の政策に沿っていた。
63) ウィー・ユーチュー（Wee Yue Chew）上級副社長からのエクセル第1次聞き取り調査（1998年12月10日）。
64) *Straits Times*, 14 June 1995.
65) *Asian Finance*, 15 Feb. 1991.
66) エクセルとエクセル・チェペルは同じマシニングセンタを製造していたが、前者は中小型の立形を、後者は大型の横形を主製品としていた。
67) 輸出促進を目的とした二重課税控除制度によって、海外での見本市出展、輸出ミッション参加の経費の2倍が課税対象所得から控除される（日本貿易振興会海外経済情報センター『シンガポールの裾野産業（SI）の現状と問題点』1997年3月、12頁）。
68) *Straits Times*, 13 Jan. 1998, p. 43. エクセルは欧米市場での競争相手としてハース（Haas Automation）、フェダル（Fadal Engineering Co., Inc.）、シンシナティ・ミラクロン（Cincinnati Milacron Inc.〔現 Cincinnati Machine〕）、ブリッジポート、アジア市場では牧野フライス、森精機、台湾麗偉（リードウェル）を挙げている（*Prospectus, op. cit.*）。このうちハースとフェダルは92年頃から低価格の立形マシニングセンタの発売によって成長したメーカーで、これに対抗して老舗のシンシナティ・ミラクロンも低価格機を売り出した。エクセルはアメリカのこうした低価格機市場で現地メーカーと競合したと考えられる。一方アジア市場での競合先として名前を挙げられたマキノ・アジアはエクセルを競争相手とは認識してい

なかった。

69) 前掲オカモト第 2 次聞き取り調査。
70) 技術顧問 A 氏からのエクセル第 2 次聞き取り調査（2000年 2 月）。なお X 社によると、X 社の技術者もエクセルまで指導に行き、できあがった製品は一時期 X 社に OEM 供給されていたという。プラザ合意後の円高の中で、X 社はエクセルに技術供与して OEM 供給を受けることで製造コストの削減を図ったと見られる。
71) A 氏はオカモトの立上げ時に 1 年間、現地で技術指導をしており、その後も時折指導に訪れていた。
72) Maddox, Marvin, "Excel-ling in the world market", *Singapore Business*, Vol. 15, No. 4, Apr. 1991.
73) *Ibid.* 中小工業技術支援制度は技術や経営の改善のために外部専門家の助言を求める中小地場企業を援助する制度で82年に導入された。外部専門家の30日以下の雇用費用の90％までが技能開発基金によって払い戻される（EDB, *Annual Report 1984/85.*）。
74) *Singapore Investment News Electronics R & D Supplement,* July 1995. 81年創設の研究開発支援制度は研究開発費用の50％までを助成し、利益を生むようになればその中から助成金を返済する（三上喜貴編『ASEAN の技術開発戦略』日本貿易振興会、1998年、55頁）。
75) *Prospectus, op. cit.* 同制度は地場企業の技術革新を奨励するため、経済開発庁が開発費用の50％までを補助する。
76) マイナス成長を記録した85年不況への対策を検討した経済委員会はシンガポールの競争力確保のため地場中小企業を育成する必要を認識した。これを受けて89年に中小企業政策の原形である中小企業マスタープラン（SME Master Plan）が発表された。
77) Maddox, *op. cit.; Straits Times,* 18 Jan. 1997, p. 62. 76年に発足した中小工業融資制度は、製造業や関連サービス業の中小地場企業が工場を建設する場合や生産設備購入の際に低利で資金を融資する（EDB, *Annual Report 1984/85.*）。
78) エクセルは EDBI に優先株を引き受けてもらうことでチェペルの買収資金を調達した（*Prospectus, op. cit.*）。
79) 伊東誼「アジアの生産技術　工作機械と機械加工にみる実力」『日経メカニカル』1994年 4 月 4 日および前掲エクセル第 2 次聞き取り調査。
80) *Singapore Investment News,* July 1992. ただし設計のベースは日本製品である（マキノ・アジア海東恒雄氏からの第 2 次聞き取り調査（2000年 2 月））。
81) 伊東、前掲論文。

82) Excel Machine Tools Ltd., *Annual Report 2001*.
83) *Straits Times*, 6 May 2003.
84) *Straits Times*, 15 Mar. 2005. なお、前出石川清和氏によると、オカモト出身でエクセルの幹部であったQ氏は前出の日本人A氏とともにタイで大物部品加工工場を経営し、オカモト（タイ）の仕事をしているという（オカモト第3次調査）。
85) シンガポールに工作機械鋳物工場がなくなってから、エクセルはオカモト（シンガポール）のかつての調達先であったタイの工場に鋳物を発注した。

第5章　インドネシアにおける工作機械の輸入構造と国産化

第1節　はじめに

　建国後の早い時期に、工業基盤としての工作機械工業の確立を優先した、旧ソビエト連邦や中国のような旧東側諸国を除き、一般に発展途上国と言われる多くの国々は、たとえば繊維製品といった消費財の輸入代替から工業化を始めた。消費財の輸入代替は、生産設備などの資本財の先進国からの輸入増加を招き、それが途上国の経常収支の不均衡からの脱却を阻む要因となった。そこから抜け出すために、さらに資本財の国産化が推進されるという過程をたどっている。工作機械工業は、繊維機械、自動車などあらゆる機械の構成部品を加工して製造する、究極的な資本財産業である。機械や金属製品の部品加工に使用する工作機械の価格、生産性、加工精度は、それによって生産される製品の価格、品質を左右する。その製品が、資本財や中間財である場合には、さらにそれらによって生産される消費財の価格、品質にまで影響する。このため、発展途上国が工業化しようとする場合、工作機械工業は、その国の工業の自立性や機械工業の国際的競争力の必要度にもよるが、最終段階で多かれ少なかれ必要となってくる。

　ところが工作機械工業は、精密な機械を生産する典型的な資本財産業であることに起因するいくつかの特性を持っている。すなわち、多機種少量生産、景気変動への敏感さ、製造・設計での経験の蓄積の必要性、関連産業への依存である。これらの特性を持つ工作機械工業は、通常、工作機械を需要する市場が小さく、機械製造の経験を持つ技能者・技術者が乏しく、素材や部品などの関

連産業が未発達な、発展途上国では、きわめて発展しにくいと考えられてきた。それにもかかわらず、後発でありながら工作機械工業が発展してきた日本とアジア NIEs の事例をこれまでの章で紹介してきた。

本章ではこれまでに取り上げた国々よりもさらに後発であるインドネシアの工作機械輸入と生産を取り上げる[1]。NIEs に続く後発工業諸国の中でも、特にインドネシアを選択した理由は、2億人以上の人口（世界第4位）を有し、潜在的ではあるが大きな市場を持つこと、60年代後半以来の工業化政策の結果、自動車産業などの機械工業が形成されつつあること、今後の国内市場の拡大を考えると、国内に工作機械工業を持つのは妥当と思えたこと、後述するように80年代後半以降、97年に生じた東南アジア通貨危機の前までに、急激に工作機械輸入が増加し、途上国の中では中国に次ぐ規模となったこと、80年代半ばの工作機械国産化の試みにもかかわらず、国産化が進展していないこと等である。

現代のインドネシアは、戦前の日本のように軍需産業から大量の工作機械需要があるわけでない。しかし、かつての台湾や韓国よりはるかに大きな国内市場を持っている。インドネシアの工作機械市場が重層的構造を持っていれば、台湾のように外国に市場を求めずとも、国内の下層市場に安価で低品質な製品を供給することで、脆弱な国内工作機械メーカーが技術と資本の蓄積をすることが可能に思える。日本や台湾の有力工作機械メーカーの中には、小企業として創業し、重層的市場の下層への参入で事業機会をつかみ、技術と資本を蓄えながら、企業規模を拡大し製品を高級化して、一流大企業となった例がしばしば見られる。日本や台湾の経験に基づいて考えると、後発工業国においても、工作機械工業のこのような発展経路が普遍的に存在する可能性があるように思える。果たしてインドネシアの工作機械市場も重層的構造を持つのか、持つのであれば日本や台湾のような工作機械工業の発展ルートが存在するのであろうか。この章では、経済危機に見舞われる97年以前のインドネシアについて、工作機械の輸入構造を分析し、次に工作機械の国産化の動向を政策面と個別企業の動きから明らかにする。最後に日本、台湾、韓国、シンガポールとの比較を交えて、インドネシアの工作機械工業の難しさと打開の糸口について考察す

表 5-1 主要国の工作機械生産、貿易、輸入依存度（1993年）

(単位：100万ドル、%)

国　名	生産額	輸入額	輸出額	輸入超過額	内需額	輸入依存度（%）
日本	6,958.9	370.8	3,739.2	-3,368.4	3,590.5	10.3
ドイツ	5,403.1	1,213.9	3,636.4	-2,422.5	2,980.6	40.7
アメリカ	3,223.0	2,188.0	1,060.0	1,128.0	4,351.0	50.3
中国	2,969.4	1,940.0	216.0	1,724.0	4,693.4	41.3
台湾	1,073.7	441.4	687.9	-246.5	827.2	53.4
韓国	587.1	709.0	110.0	599.0	1,186.1	59.8
インド	155.9	185.4	17.2	168.2	324.1	57.2
シンガポール	144.9	650.8	329.8	321.0	465.9	139.7
インドネシア	13.4	518.2	1.0	517.2	530.6	97.7

注：輸入依存度＝輸入額／内需額。
出所：『工作機械統計要覧』1995年版、日本工作機械工業会より作成。

る[2]）。

第2節　工作機械の輸入構造

1　インドネシアの工作機械輸入

インドネシアの93年における工作機械輸入は、切削型と成形型を合わせて、5.2億ドルであった（表5-1参照）。これは当時、世界第9位の数値であり、世界最大の工作機械輸入国アメリカの輸入額の約4分の1に相当する規模であった。NIEs、発展途上国の中では、中国、韓国、シンガポールに次ぐ水準である。インドネシアの輸入依存度は97.7％に達していた。この数字は、輸出額が生産額を上回る中継貿易国シンガポールを別として、中国、インド、台湾、韓国と比べると、はるかに高い。インドネシアは世界的に見て有数の工作機械輸入国であり、インドネシアの機械工業はほぼ完全に外国製輸入工作機械に依存していることを示している。この輸入依存度の高さは現在でも変わらない。

インドネシアの切削型工作機械の輸入額と輸入先の推移を表5-2で見てみる。工作機械輸入から見ても、82年までは、石油収入に依存した輸入代替工業

表5-2 インドネシアの工作機械の輸入額と輸入先構成の推移

年		1981		1982		1983		1984		1985	
輸入額 (1,000ドル)		31,030		45,144		28,195		19,862		25,137	
輸入先	第1位	西ドイツ	35.0%	日本	48.4%	日本	24.6%	日本	23.0%	日本	26.9%
	2	日本	24.7	西ドイツ	13.2	ベルギーほか	19.6	西ドイツ	12.5	西ドイツ	23.1
	3	台湾	10.5	台湾	9.3	西ドイツ	16.2	スイス	12.1	アメリカ	16.2
	4	中国	5.7	アメリカ	8.1	台湾	8.5	台湾	12.0	台湾	9.1
	5	アメリカ	5.4	中国	5.8	スイス	6.7	アメリカ	9.0	スペイン	4.9

年		1986		1987		1988		1989		1990	
輸入額 (1,000ドル)		28,113		63,597		73,769		120,853		125,512	
輸入先	第1位	日本	46.8%	日本	47.1%	日本	38.8%	日本	44.7%	日本	50.3%
	2	台湾	12.7	西ドイツ	12.5	中国	13.2	中国	11.4	中国	18.5
	3	西ドイツ	10.2	アメリカ	8.6	西ドイツ	12.8	台湾	9.6	台湾	9.6
	4	アメリカ	5.9	台湾	6.5	台湾	10.1	西ドイツ	8.5	アメリカ	4.1
	5	イタリア	5.2	中国	4.3	イタリア	5.3	シンガポール	7.5	西ドイツ	3.1

年		1991		1992		1993		1994		1995	
輸入額 (1,000ドル)		157,836		113,104		128,615		160,531		221,180	
輸入先	第1位	日本	47.7%	日本	50.0%	オーストリア	34.0%	日本	40.2%	日本	38.7%
	2	ドイツ	12.7	アメリカ	12.0	日本	22.4	中国	12.5	台湾	14.5
	3	中国	10.1	ドイツ	8.5	台湾	9.7	イギリス	11.4	イギリス	10.8
	4	台湾	8.8	台湾	8.2	中国	8.9	台湾	10.9	中国	9.5
	5	オーストリア	6.7	中国	7.3	ドイツ	6.9	ドイツ	6.2	ドイツ	9.5

第5章 インドネシアにおける工作機械の輸入構造と国産化

年		1996		1997		1998		1999		2000	
輸入額 (1,000ドル)		248,521		199,738		129,589		26,400		58,524	
輸入先	第1位	日本	35.6%	日本	43.3%	日本	47.5%	日本	40.9%	日本	36.6%
	2	ドイツ	30.3	ドイツ	16.6	ドイツ	25.1	台湾	16.5	台湾	19.3
	3	台湾	6.7	台湾	8.6	イギリス	6.7	ドイツ	13.1	中国	10.0
	4	中国	5.9	イギリス	8.3	台湾	5.3	イギリス	5.7	ドイツ	7.9
	5	スペイン	3.8	中国	5.6	アメリカ	3.3	台湾	5.4	イタリア	5.7

年		2001		2002		2003		2004		2005	
輸入額 (1,000ドル)		177,360		141,403		132,143		154,255		249,781	
輸入先	第1位	シンガポール	37.4%	日本	54.6%	日本	76.9%	日本	70.4%	日本	71.1%
	2	イギリス	27.5	イギリス	22.2	台湾	6.7	台湾	10.0	台湾	12.7
	3	日本	18.3	台湾	7.0	中国	4.1	中国	4.9	中国	4.6
	4	アメリカ	3.8	シンガポール	4.0	ドイツ	4.0	ドイツ	4.5	ドイツ	3.4
	5	台湾	3.5	中国	3.5	シンガポール	2.3	シンガポール	3.6	シンガポール	2.4

年		2006		2007		2008		2009	
輸入額 (1,000ドル)		152,925		178,899		319,572		190,525	
輸入先	第1位	日本	59.5%	日本	57.2%	日本	53.0%	日本	50.6%
	2	台湾	16.2	台湾	15.3	台湾	12.8	中国	13.3
	3	中国	6.0	中国	11.0	中国	12.5	台湾	12.1
	4	アメリカ	4.4	シンガポール	3.2	シンガポール	8.0	シンガポール	9.0
	5	韓国	3.9	ドイツ	2.6	アメリカ	2.8	ドイツ	3.3

注:ベルギーはルクセンブルクを含んでいる。
出所:Biro Pusat Statistik, *Statistik Perdagangan Luar Negeri Indonesia Impor* 各年版から作成。

化政策に基づく設備投資が継続していたことが窺える。その後、石油価格の急落による経済構造調整のもとで工作機械輸入も急速に減少したが、87年以降工業製品輸出主導型成長路線をたどり始めるとともに、工作機械輸入は激増した。輸出ブームによる投資拡大が90、91年度の経常収支の赤字幅を拡げたため景気の引き締めが行われ、92、93年は工作機械輸入も減少した。しかしその後、工作機械に対する輸入関税が引き下げられたため、94年以降、再び輸入急増傾向を示している。こうした全般的な工作機械の輸入増加傾向の結果、輸入金額は81年の3000万ドルから95年に2億2000万ドルへと、15年間で7倍にふくらんだ。ところが97年7月にタイで始まった東南アジアの通貨危機はインドネシアにも波及し、通貨ルピアの為替相場は漸落から暴落へと急激に変化した。経済的混乱の中で長期にわたったスハルト政権が崩壊したが、その後、政権交代が続き、インドネシアの経済回復は東南アジア諸国の中でも最も遅れ、設備投資の停滞と急進するルピア安の下でインドネシアの工作機械輸入も激減した。

　表5-2によると、工作機械の主要輸入先は日本、ドイツ、台湾、中国が常に上位を占めている。日本は82年以来、93年[3]と2001年を除き、一貫して最大の工作機械供給国である。特に、外国民間投資促進政策が打ち出された86年以降、日本はインドネシアの工作機械輸入市場の3分の1から4分の3を占有している。

　次に95年にインドネシアが輸入した工作機械の機種構成を見てみよう（表5-3参照）。大分類の比率で見ると、旋盤[a]が約4分の1を占める最大の輸入機種で、フライス盤[d]、研削盤[g]および仕上げ機械、マシニングセンタ[j]がそれに続いている。1989年から95年にわたって主要輸入機種のNC化率を計算すると、旋盤と研削盤で35〜50％、フライス盤で15〜65％である[4]。インドネシアの工作機械輸入がほぼ国内の工作機械設備投資をあらわしていると考えると、金額比率で見る限り、NC化率は意外と高く、国営機械工場や外資系民間大工場の設備機械の編成を色濃く反映している。

表 5-3　インドネシアの工作機械輸入機種構成（1995年）

機種名	輸入全体 金額(1,000ドル)	輸入全体 構成比率(%)	日本からの輸入 金額(100万円)	日本からの輸入 構成比率(%)
特殊加工機	8,376	3.8	72	0.5
放電加工機	3,551		36	
その他	4,825		35	
マシニングセンタ	26,216	11.9	1,755	12.4
専用機	9,145	4.1	882	6.2
旋盤	54,932	24.8	3,280	23.1
CKD	6,440			
横旋盤	28,912		2,404	
NC	15,675		2,166	
非NC	13,237		238	
その他	19,580		875	
ユニット	16,459	7.4	578	4.1
ボール盤	14,568	6.6	1,278	9.0
NC	1,717		688	
非NC	12,851		590	
中ぐりフライス盤	1,145	0.5	124	0.9
中ぐり盤	3,720	1.7	608	4.3
フライス盤	32,132	14.5	710	5.0
CKD	7,564			
ひざ形フライス盤	7,411		36	
その他	17,156		673	
ねじ切り盤およびねじ立て盤	4,279	1.9	625	4.4
研削盤および仕上げ機械	31,249	14.1	3,600	25.4
CKD	357			
平面研削盤	5,551		408	
その他の精密研削盤	13,349		1,809	
工具研削盤	5,334		249	
ホーニング盤およびラップ盤	2,683		869	
仕上げ用加工機械	3,976		265	
その他の金属工作機械	18,960	8.6	665	4.7
平削り盤	125		―	
形削り盤および立削り盤	2,350		4	
ブローチ盤	737		83	
歯切り盤および歯車機械	3,751		62	
金切り盤および切断機	8,484		264	
その他	3,513		251	
合計	221,180	100.0	14,176	100.0

注：CKDは完全ノックダウン生産用部品である。
出所：全体の数値は表5-2に同じ。日本の数値は表5-1に同じ。

2　工作機械輸入の重層的構造

　1995年のインドネシアの輸入統計を用いて、一つの国から1機種で100万ドル以上の輸入があった工作機械を抜き出し、それぞれの重量単価の順に、機種名、輸入先を並べると表5-4のようになる。重量単価は230.8ドル/kgから1.6ドル/kgまで非常に広範囲にわたっている。輸入先に注目すると、重量単価の高い高級機種が、圧倒的に日本製で占められていることがわかる。日本に次ぐ中級上位機種の供給国はドイツを中心とする西欧諸国である。そして台湾が中級下位機種を供給し、低級機種は中国製品である。このようにインドネシアの工作機械輸入は日本／西欧諸国／台湾／中国という明確な重層的構造を持っている。

　表5-4ではさまざまなかなり細かく分類された機種が入り混じっており、機種ごとに供給国間で棲み分けがされているのか、機種別にも階層的構造があるのかが、わかりにくい。そこでまず代表的な機種を選んで、各国のシェアと国別の重量単価を計算したのが表5-5である。最も一般的な工作機械である横形の旋盤を見ると、NC旋盤[i]では日本が圧倒的な8割近くのシェアを占めており、重量単価も非常に高い。日本に続くシェアを持つのは台湾であるが、日本の重量単価の約半分の安価な製品を供給している[5]。ドイツとスイスはシェアはわずかであるが、日本製品をも上回る高級機を提供している。中国製NC旋盤の輸入はまだ少ないが、重量単価は台湾よりさらに安い[6]。中国は非NC旋盤の分野で強力な競争力を持っており、過半のシェアを有している。重量比率で見ると、中国のシェアはさらに高く7割に及ぶ。競争力の源泉は、重量単価を見るとわかるように、価格の安さであって、日本の4割、台湾の6割にすぎない。非NC旋盤でも、シェアの低い西欧諸国が、高付加価値製品を供給している。

　マシニングセンタは、同じ機電一体型工作機械であるNC旋盤と同じように、日本が6割に達する高いシェアを持ち、台湾製との間の重量単価の格差もNC旋盤の場合とほぼ同様である[7]。マシニングセンタと同じく平面切削加工を行

表 5-4　インドネシアの工作機械輸入の重層性（1995年）

機種名	輸入先	重量単価 （ドル／kg）	輸入額(CIF) （1,000ドル）
その他の平削り盤・形削り盤	日本	230.8	2,012
金切り盤・切断機－弓のこ盤以外	オーストリア	38.0	1,916
ねじ切り盤・ねじ立て盤	日本	38.0	1,725
NC旋盤－横形、心高<200mm	日本	34.2	1,529
NC平面研削盤－テーブル>230×510mm	日本	31.8	1,204
ホーニング盤・ラップ盤	日本	28.3	1,600
ボール盤－非NC、非卓上・非直立	日本	25.6	7,499
旋盤－非NC、非横形、心高>200mm	日本	25.2	6,904
NC研削盤－非平面、テーブル>230×510mm	日本	25.2	3,850
マシニングセンタ	日本	22.8	16,632
NC旋盤－横形、心高>200mm	日本	20.9	10,674
フライス盤－非NC、非ひざ形	スイス	20.9	6,429
金切り盤・切断機－弓のこ盤以外	フランス	19.7	1,147
中ぐり盤	日本	19.5	1,839
研削盤－非NC、非平面、テーブル>230×510mm	日本	18.3	1,909
研削盤－非NC、非平面、テーブル>230×510mm	イタリア	16.4	1,896
フライス盤－非NC、非ひざ形	日本	15.5	4,249
工具研削盤－非NC	日本	14.4	1,305
ねじ切り盤・ねじ立て盤	アメリカ	13.5	1,035
工具研削盤－非NC	ドイツ	13.3	1,008
仕上げ機械－バフ盤など	イタリア	12.1	1,242
特殊加工機－電解加工機など	イギリス	11.8	2,923
NC旋盤－横形、心高>200mm	台湾	10.7	1,873
マシニングセンタ	スイス	8.7	1,179
NCボール盤－非卓上・非直立	日本	8.3	1,277
マルチステーション・トランスファマシン	イギリス	7.5	7,657
ひざ形フライス盤－非NC、テーブル>300×1,250mm	日本	7.4	3,537
金切り盤・切断機－弓のこ盤以外	日本	6.9	1,712
フライス盤－非NC、非ひざ形	ドイツ	6.7	1,361
研削盤－非NC、非平面、テーブル>230×510mm	イギリス	6.4	2,300
歯切り盤	ドイツ	6.3	1,100
旋盤－非NC、非横形、心高>200mm	ドイツ	6.1	2,653
金切り盤・切断機－弓のこ盤以外	台湾	6.0	1,627
放電加工機	台湾	5.6	1,365
マシニングセンタ	ドイツ	5.4	5,876
フライス盤－非NC、非ひざ形	台湾	5.2	2,327
工具研削盤－非NC	台湾	5.2	1,375
ねじ切り盤・ねじ立て盤	台湾	5.0	1,009
中ぐり盤	イギリス	4.3	1,068
旋盤－非NC、横形、心高>200mm	日本	4.2	1,035
旋盤－非NC、横形、心高>200mm	台湾	3.6	1,986
旋盤－非NC、非横形、心高>200mm	中国	2.1	4,810
旋盤－非NC、横形、心高>200mm	中国	2.0	7,172
形削り盤・立削り盤	中国	1.7	1,520
ボール盤－非NC、非卓上・非直立	中国	1.6	1,194

注：1機種、1カ国で100万ドル以上の輸入があるもの。
　　CKD部品、ユニットを除く。
出所：表5-2に同じ。

表5-5 主要機種の輸入先・重量単価 (1995年)

NC旋盤－横形

輸入先	重量（トン）	輸入額（1,000ドル）	金額シェア（％）	重量単価（ドル/kg）
日本	556.4	12,202	77.8	21.9
台湾	224.0	2,226	14.2	9.9
ドイツ	14.4	341	2.2	23.8
スイス	13.0	311	2.0	23.9
シンガポール	17.5	168	1.1	9.6
（中国	32.5	79	0.5	2.4）

旋盤－非NC、横形

輸入先	重量（トン）	輸入額（1,000ドル）	金額シェア（％）	重量単価（ドル/kg）
中国	3,550.2	7,253	54.8	2.0
台湾	557.2	1,993	15.1	3.6
日本	253.3	1,292	9.8	5.1
スイス	95.2	788	6.0	8.3
スペイン	40.5	365	2.8	9.0

マシニングセンタ

輸入先	重量（トン）	輸入額（1,000ドル）	金額シェア（％）	重量単価（ドル/kg）
日本	729.9	16,632	63.4	22.8
ドイツ	1,087.1	5,876	22.4	5.4
スイス	134.9	1,179	4.5	8.7
イギリス	139.8	883	3.4	6.3
台湾	56.6	685	2.6	12.1

フライス盤－非NC

輸入先	重量（トン）	輸入額（1,000ドル）	金額シェア（％）	重量単価（ドル/kg）
日本	753.2	7,834	37.2	10.4
スイス	408.9	6,429	30.6	15.7
台湾	448.8	2,354	11.2	5.2
ドイツ	256.7	1,584	7.5	6.2
中国	610.7	1,496	7.1	2.4

研削盤－非NC

輸入先	重量（トン）	輸入額（1,000ドル）	金額シェア（％）	重量単価（ドル/kg）
日本	175.0	2,722	23.2	15.6
イギリス	374.2	2,322	19.8	6.2
イタリア	119.3	1,977	16.8	16.6
ドイツ	177.9	1,337	11.4	7.5
台湾	202.8	995	8.5	4.9
中国	446.2	933	7.9	2.1

歯切り盤・歯車研削盤・歯車仕上盤

輸入先	重量（トン）	輸入額（1,000ドル）	金額シェア（％）	重量単価（ドル/kg）
ドイツ	212.9	1,286	34.4	6.0
日本	41.3	1,226	32.8	29.8
中国	155.0	656	17.6	4.2

注：輸入額の順に上位を表示するが、（ ）内は順位外。CKD部品輸入を含まない。
出所：表5-2に同じ。

うが、伝統的な工作機械の範疇に属する非NCフライス盤では、日本のシェアが4割弱で最大である。日本、台湾、中国の重量単価を比較すると、1：0.5：0.2となる。この年はスイスが第2位のシェアを占めているが、例年スイスのシェアが高いわけではない。ただ重量単価が高いことは注意してよい。なおこの年、台湾は非NCフライス盤を完成品として供給するだけではなく、CKD（完全現地組立）用として756万ドルの部品を輸出している。

　伝統的な工作機械の中で高級機種に属する非NC研削盤でも日本の比率が最も高い。その後にイギリス、イタリア、ドイツという西欧3カ国が続いているが、イギリス、イタリアの順位は例年に比べ高い。日本、台湾、中国の重量単価の比率は、1：0.3：0.1となっている。最後に挙げた歯車工作機械とともに、中国が伝統的工作機械の中で最も高級な機種でも一定のシェアを持っていることは注目される。

　次に1995年の主要輸入先別に、構成比率の高い輸入機種を表5-6に掲げた。日本はインドネシアへの輸出においても、通常言われているように、マシニングセンタ、NC旋盤という、汎用NC工作機械に強いことがわかる。台湾からの輸入は非NC工作機械にNC旋盤を加え、機種が分散している。イギリスの場合、トランスファマシン[k]の比率が高いが、これはこの年だけの例外である。NC工作機械の輸入は上位に入っていない。中国からの輸入は、非NC工作機械が中心で、しかも旋盤への集中が顕著である。ドイツはマシニングセンタの比率が高い。

　インドネシアの工作機械輸入の重層的構造は上で述べたように個別機種においてもみられる。特に重量単価の格差に見られるように、日本／台湾／中国という階層的構造はきわめて鮮明である。そして非NC機種では、旋盤→フライス盤→研削盤と本来高い技術が要求される機種になるほど、日本、台湾、中国の間の格差が大きくなっている。言い替えれば日本製旋盤、フライス盤、研削盤の重量単価の比率は、1：2：3であるが、中国製品はすべて同じ水準である。台湾製品はフライス盤と研削盤が同一水準である。西欧諸国については一概に言えないが、個別機種で見ると最高級機種を供給している例がしばしばあ

表5-6 輸入先別主要輸入機種

順位	日本 機種	比率	台湾 機種
1	マシニングセンタ	19.4%	フライス盤－非NC、非ひざ形
2	NC旋盤－横形、心高>200mm	12.5	旋盤－非NC、横形、心高>200mm
3	ボール盤－非NC、非卓上・非直立	8.8	NC旋盤－横形、心高>200mm
4	穴あけまたは中ぐりユニット－非卓上・非直立	8.6	金切り盤・切断機－弓のこ盤以外
5	旋盤－非NC、非横形、心高>200mm	8.1	工具研削盤－非NC

順位	中国 機種	比率	ドイツ 機種
1	旋盤－非NC、横形、心高>200mm	34.1%	マシニングセンタ
2	旋盤－非NC、非横形、心高>200mm	22.9	旋盤－非NC、非横形、心高>200mm
3	形削り盤・立削り盤	7.2	リーマまたはフライスユニット
4	ボール盤－非NC、非卓上・非直立	5.7	フライス盤－非NC、非ひざ形
5	フライス盤－非NC、非ひざ形	4.2	歯切り盤

出所：表5-2に同じ。

る。

また個別機種の中で、高級品—日本、中級品—台湾、低級品—中国、というような垂直的分業が見られるとともに、機種間の垂直的分業も見られる。日本はマシニングセンタ、NC旋盤といった先端的高付加価値機種への傾斜が強く、中国は伝統的な非NC旋盤を得意とし、それに特化している。台湾は日本と中国の中間的性格を持ち、NC工作機械も伝統的工作機械も手掛けており、特定機種への集中が最も少ない。同一機種でも高級機から低級機まで、多様性に富んだ製品を供給しているという[8]。

3 日本の競争力・中国の競争力

日本にとってのインドネシア市場の地位は、1995年の工作機械輸出額で見て、全世界に対する輸出の3％、インドを含む東南アジアへの輸出の19％を占めている。表5-3の日本からインドネシアへの輸出構成を見ると、研削盤および仕上げ機械と旋盤がそれぞれ全体の4分の1前後を占め、それにマシニングセ

(1995年)

比率	イギリス 機　種	比率
7.3%	マルチステーション・トランスファマシン	32.1%
6.2	特殊加工機 – 電解加工機など	12.3
5.8	研削盤 – 非NC、非平面、テーブル＞230×510mm	9.6
5.1	リーマまたはフライスユニット	7.5
4.3	穴あけまたは中ぐりユニット – 非卓上・非直立	4.7

比率
28.0%
12.6
11.1
6.5
5.2

ンタが続いている。研削盤および仕上げ機械の中では非平面研削盤が約半分を、旋盤の中ではNC旋盤が7割近くを占めている。日本からインドネシアへの工作機械輸出のうち、NC工作機械の金額比率は65.4％である。

　70年代末以来、中・小型のマシニングセンタとNC旋盤を中心に、需要の多い汎用NC工作機械に力を入れて、世界の中での工作機械生産国としての地位を上げてきた日本は、前掲表5-5に見られたように、インドネシアのNC工作機械市場においても圧倒的な競争力を発揮している。その競争力の源泉は、日本国内とアメリカはじめ諸外国を市場とする、規模の経済によるコストダウン効果を反映した価格、生産性・耐久性・加工精度・制御の信頼性といった機械の性能と品質、アフターサービスの充実などである。ことにインドネシアのように機械工業が未成熟な国での工作機械販売は、機械の価格、性能以外にアフターサービス力が、採用の決め手となる。層の厚い機械工業を持つ国では、メーカーに頼らずとも、社内ないしは地元工場への外注によって、機械の修理が比較的容易にできうる。しかし途上国においては、伝統的工作機械の機械的

修理能力すら乏しい。

　しかも、電子的制御により作動させるNC工作機械の保守には、電子工学の能力も不可欠となる。またNC工作機械は伝統的工作機械による加工に従事してきた機械工が直ちに使いこなせるわけではなく、導入時に加工プログラムの作成を中心とする研修をメーカー側技術者から受ける必要がある。こうしたことからも、ユーザーとより密接な関係を持つ必要があって、NC工作機械を主製品とする多くの日本の工作機械メーカーは、現地ジャカルタに営業所を持っている。

　97年に筆者が現地で実施した聞き取り調査によると、インドネシアでのNC工作機械販売で最大のシェアを持つM精機製作所は、シンガポールに東南アジア市場を統括する販売子会社を持ち、ジャカルタにその営業所を持っている。スペアパーツは現地販売店とシンガポールの販売子会社にほとんどの種類を在庫している。M精機が採用しているNC装置[t)]のメーカーであるファナックは88年、バンドンにFA（ファクトリー・オートメーション）エンジニアリングとともにNC装置の販売、保守を業務とする合弁会社（PT. FANUC GE Automation Indonesia）を設立しており、NC装置のスペア基板の供給が容易である。M精機シンガポールのジャカルタ事務所長は、サービス力の差によって、インドネシアでは欧米工作機械メーカーとほとんど競合しないと言った[9)]。

　インドネシア工作機械工業会役員のフェンリー・フォンソ（Fenry Fonso）氏も日本製工作機械がインドネシアで強い要因として、アフターサービス力を挙げた[10)]。台湾のメーカーも、アフターサービスを強化してきているが、台湾製工作機械は自社内に保守のできる技術者がいなければ、導入するのを躊躇するとのことであった。

　前出のインドネシアで最大シェアを持つM精機の主要顧客は、歯車製造工場、鋳物部品製造工場、四輪車エンジン工場など日系自動車部品メーカーで、自動車関連需要が半分を占める。そしてそれに次ぐ顧客は油井管メーカーであった。また後出の大手繊維機械製造企業テクスマコPEは、97年当時、繊維機械や工作機械などの部品加工に、日本製マシニングセンタおよびNC旋盤を20台以上

使用していた。

一方中小企業で日本製工作機械を目にすることはまずない。86年にジャカルタやバンドンなどで中小機械工場5社を無作為に訪問した経験では、最も多く設備されていた工作機械は中国製で、次いで台湾製であった。わずかに見付けた日本製工作機械は戦時期に製造された池貝鉄工所製および東洋鋼鈑（のち三菱重工業広島精機製作所）製旋盤であった。2010年に訪問した中小工作機械メーカーも台湾製中古工作機械を使っていた。ブラートバート（Okke Braadbaart）が指摘しているように[11]、工作機械の需要側にも大企業と中小企業の二重構造が確認できるのである。

表5-7 中国の工作機械生産の機種構成（1993年）
（単位：台）

機種名	生産台数
NC工作機械	13,031
マシニングセンタ	591
旋盤	142,479
ボール盤	27,879
中ぐり盤	5,478
研削盤	19,455
フライス盤	23,810
平削り盤	7,284
その他	22,005

出所：表5-1に同じ。

インドネシア市場の上層を占有する日本製工作機械に対して、下層市場を担っているのが中国製工作機械である。発展途上国の幼稚な工作機械製造工場にとって、本来最も参入しやすい市場は、要求される価格水準、品質水準がともに低い国内下層市場である。そうした低価格で低品質な製品の製造は、労働コストは安いが、技術レベルは低いという、発展途上国の要素賦存条件に適合的だからである。インドネシアで国産化された工作機械は、まず最初にこの国内低級機市場で中国製品と競合することになる。

中国の1995年の工作機械生産は、12.5億ドルで、世界第6位であった。当時すでに中国は発展途上国およびNIEsの間で最大の工作機械生産国となっていた。中国の93年の工作機械生産は、表5-7のようにNC工作機械が少なく、非NC工作機械の中では旋盤の比重がきわめて高い、後進国的生産機種構成となっている。中国の工作機械輸出は生産の割に少なく、切削型と成形型を合わせた95年の輸出比率（金額）は15％にすぎない。しかし中国にとってのインドネシア市場は、アメリカに次ぐ主要輸出先であり、95年には中国の工作機械輸出の1割弱を占めている。中国から香港とシンガポールへの輸出が14％あるの

で、これらの中継貿易港からインドネシアへの再輸出を考慮すると、インドネシアは中国の輸出市場としてさらに高い重要性を持っていると見られる。

　インドネシアに輸入された中国製の非NC工作機械について、前出のフォンソ氏は「理不尽なほど安く」、国産工作機械は「競争できない」と語っている。インドネシアの工作機械メーカーも、競争相手として考えているのは台湾製品であって、中国製品との低価格競争をあきらめてしまっている観がある。中国製非NC工作機械がこれほど高い競争力を持つ理由は、まず第一に中国がインドネシアの6倍の人口を抱える発展途上国であり、労働コストが低いことが挙げられる。第二に中国の工作機械メーカーは巨大な国内市場を持ち、規模の経済が実現されていることである。

　93年の中国の非NC旋盤生産台数14万台は、同年の日本のNC機を含めたすべての旋盤の生産台数1万2000台とはかけ離れて多い。中国の主要工作機械メーカー数は、日本の2～3倍であることを考慮しても、1社あたりの生産規模には相当の開きがあると見られる。これらの要因が中国製工作機械の価格競争力の源泉となっている。

　工作機械の技術についても、中国は西側発展途上国とは違って、長年の歴史的蓄積を持っている。中国は1949年の建国後、社会主義経済体制の下で、工作機械工業の形成を優先し、旧ソビエト連邦を中心とする東欧諸国からの技術援助を受けて、1950年代に工作機械工業の基礎を形づくった。現在の主要工作機械工場も、多くはこの時期に設立されている。NC工作機械への独自の展開は進まなかったが、伝統的工作機械に関しては、広汎な機種が手掛けられており、工場によってはジグ(w)中ぐり盤など高品質な製品の生産も見られる[12]。

　また1956年には製造工場とは別に、北京に金属切削機床研究所（現北京機床研究所）が設立されるなど、各地に工作機械専門研究所が設けられた。このように歴史的厚みと広がりを持つ中国工作機械工業は、さらに80年頃から西側先進国の技術を導入し始めており、伝統的非NC工作機械において、低価格であるとともに、品質的にも実用的な製品を輸出することが可能になっている。

第3節　工作機械の国産化

1　工作機械生産の動向

　インドネシア中央統計局の発行する『工業統計　大・中規模企業』[13]の分類では、金属加工機械製造の項目が切削型工作機械工業に最も近い。従業員20人以上の企業を対象とした、この工業統計に基づいて、1994年時点の金属加工機械製造業の概要を紹介する。

　インドネシアで金属加工機械を製造する企業の数は8社である。所有関係は2社が中央政府、6社が国内民間資本で、外資の参入はない。8社中5社が1983年から92年の間に生産を開始しており、金属加工機械製造の歴史は非常に浅い。従業者総数は886人で、1社平均111人である。金属加工機械製造業の総生産高は273億ルピアである。これは金属加工機械製造業を含む一般機械器具製造業の総生産高の1.2％、機械工業全体（一般、電気、輸送、精密各機械器具製造業）の0.1％にすぎない。一般機械器具製造業の総生産高は、機械工業全体の9.2％で、55.4％を占有する輸送用機械器具製造業や、34.2％を占める電気機械器具製造業に比べ、比重が小さい。

　1994年の日本の機械工業の製造品出荷額の構成は、一般機械19.2％、電気機械41.4％、輸送機械36.2％、精密機械5.1％で、金属加工機械の構成比率は一般機械の9.2％、機械工業全体の1.8％であった。日本の機械工業の構成と比べると、インドネシアでは輸送機械の比重が高く、一般機械器具製造業、とりわけ機械工業の基盤である金属加工機械製造業が貧弱で未発達である。

　1995年に刊行された工業省のリストによると、工業省によって認可され、「生産している」工作機械製造企業として13社の名前があがっている[14]。13社の製造品目は、NC機を含む旋盤（8社）およびフライス盤（11社）、直立および卓上ボール盤[c]（それぞれ3社、6社）、複合テーブル付きボール盤（2社）、研削盤（4社）、のこ盤（2社）、形削り盤（2社）、マシニングセンタ（1社）

表5-8 インドネシアの工作機械生産の推移

5カ年計画	第3次	第4次						
年度	1983/84	1984/85	1985/86	1986/87	1987/88	1988/89	1989/90	1990/91
旋盤	183	300	212	136	241	19	30	33
ボール盤	130	225	372	280	286	177	110	180
フライス盤	25	50	71	133	232	24	27	41
平面研削盤	—	25	20	16	6	36	60	67
卓上研削盤	—	50	90	100	12	30	24	20
のこ盤	30	150	170	300	260	170	50	78

注：＊1995年度は暫定値。
出所：*Lampiran Pidato Kenegaraan Presiden Republik Indonesia* 各年版。

である。このうち9社はインドネシア工作機械工業会（Asosiasi Industri Mesin Perkakas Indonesia：ASIMPI）に所属している。同工業会には当時、切削型および成形型工作機械を「生産するメーカー」11社が加盟していた。

　ところが工業会の役員で加盟会社の社長でもある前出のフォンソ氏は、97年に面談した際、このうち実際に切削型工作機械を製造しているのは、国営のピンダッドのみ、成形型工作機械をつくっているのがわずか2社であると述べた。その他の企業は、かつて製造していたが今は修理、メンテナンスのみしていたり、あるいは最初から輸入業者であったりする。工業省のリストでは、旋盤から研削盤まで6機種生産しているはずの、PIMSFプロガドゥング（PT. PIMSF Pulogadung）は、かつて成形型工作機械であるプレスブレーキやベンディングロールを製造していたが、生産量が少なく、台湾製、中国製に勝てなかったため、主たる仕事は修理、メンテナンスであると、元同社副社長でもあるフォンソ氏は語った[15]。またマシニングセンタはじめ6機種の工作機械を製造していることになっていたツールスインドネシア（PT. Tools Indonesia）は、工作機械輸入商社であって、製造実績はない。

　輸入商社が工業会に加入したり、製造認可を取得した背景については、あとで工業政策との関連で言及する。フォンソ氏の理解が正しいとすると、97年現在、インドネシアで切削型工作機械を製造していた主要な企業は、ピンダッド

(単位：台)

	第5次			第6次	
1991/92	1992/93	1993/94	1994/95	1995/96*
45	153	132	160	164
244	236	125	240	244
46	40	40	60	64
88	52	70	120	124
22	25	34	37	40
116	131	110	140	150

と、工業会未加盟で工作機械の製造を始めたテクスマコ PE のみと言うことになる。

80年代前半から90年代半ばにかけての主要な工作機械の生産推移を表5-8に示す。この表によるとインドネシアでの工作機械生産は、1984年度から87年度にかけて盛り上がった後、急激に減少し、92年度あたりから少し回復しているが、概して発展的ではない。これらの工作機械生産の推移は、すでに述べた国内市場の輸入工作機械による支配という条件の下での、政府の工作機械工業政策の動向と密接な関係を持っている。

2　インドネシアの工作機械工業政策

インドネシアで工作機械の国産化を図ろうとする工業政策は、石油収入に依存して、消費財から中間財、さらには資本財の国産化をめざした輸入代替工業化政策の流れの掉尾に登場した。石油価格が低落する一方で構造調整への動きが始まっていた1984年12月、工業省は金属加工用切削型および成形型工作機械を対象とする『工作機械工業発展統合政策』（以下『工作機械政策』と略称する）を発表した。

『工作機械政策』の序文は「金属および木材加工用工作機械は、製品を生産する際、中小工業にとっても、大工業にとっても、主要な設備をなしている。工作機械工業は最も川上の機械工業であり、他の諸工業と密接な前方および後方連関を持っている。このように工作機械工業は機械工業の発展において非常に重要な役割を持っている」という認識の記述から始まっている。69年度から83年度までの３次にわたる開発５カ年計画の遂行は、鉄鋼・非鉄金属、資本財、部品に対する需要を年々拡大していた。この状況に対して、機械、基礎金属、

電子工業の発展は他の工業部門を支援し、外国製資本財への依存を減らすと考えられた。その結果、1984年から始まる第4次5カ年計画では、機械工業が優先されることとなり、その中に工作機械工業も含まれた。

『工作機械政策』は、まずこれまでのインドネシアの工作機械消費実績に基づいて、第4次5カ年計画中の84年から89年までの需要予測を行っている。一方で国内に既存の、工作機械の製造経験を持つ企業とその生産機種の把握が行われた。当時切削型工作機械を製作したことがある企業は表5-9のように9社あった。このうち市販向けに工作機械を生産しているのは5社で、製品は旋盤、複合テーブル付きボール盤、卓上ボール盤であった。他は社内設備用として、あるいはプロトタイプとして数台の工作機械を製作した経験のある企業である。9社のうちIMPI[16]のみ国営企業で、他は民間企業である。

製品の設計は模倣が多いが、旋盤生産の多いIMPIはベルギーのモンディアーレと技術提携していた。同じく旋盤メーカーであったチャンディ・ナガ（PT. Candi Naga）もブルガリアの設計に基づいていた。IMPIはモンディアーレから部品供給を受けて、KD（ノックダウン）生産に従事しており、両社の国産化率は低かった。他の国産化率の高い企業は、軸受や電気部品など市中で入手できる輸入品のみを用いて、部材は内作ないし地場で外注して組み立てたものと思われる。

国産品と輸入品との価格比較によると、国産化率の低い市販向け「国産」工作機械は、輸入機械の価格に比べ3～4割方高く、競争が難しいことを示している。一方で模倣によって社内ないし地場で製造された自社設備用機械は、精度や機能、耐久性はともかく、価格的には輸入機に比べ、相当割安にできていることがわかる。

政府はこの国内工作機械製造企業の調査から、インドネシアの工作機械の潜在的生産能力を表5-10のように見積もり、国内生産のために保護を要する機種、仕様を定めた（表5-11参照）。そして第4次5カ年計画中の需要予測に対して、同計画の末時点でインドネシアの工作機械工業は表5-12に示された生産規模に到達することが目標とされた。潜在的生産能力の評価も過大であったが、生

第5章 インドネシアにおける工作機械の輸入構造と国産化　177

表5-9　工作機械の製造経験を持つ企業（1984年現在）

番号	機種／企業名	仕　様	等級	設計	生産台数（台）	用　途	国産化率（％）	価格（1,000ルピア）国産品	価格（1,000ルピア）輸入品
A	金属加工用工作機械								
	旋盤								
1	PT. IMPI								
	万能旋盤	a. 心間距離　750mm 　　心高　　　180mm	A	Mondiale	128	市販	13.5	7,000	5,000
		b. 心間距離　1,000mm 　　心高　　　180mm	A	Mondiale	21	市販	13.5	8,000	5,800
		c. 心間距離　1,500mm 　　心高　　　180mm	A	Mondiale	1	市販	13.5	8,500	6,500
2	PT. PIMSF								
	旋盤	心間距離　1,100mm 心高　　　180mm	C	模倣	2	自社設備	70	4,500	3,500
3	PT. SUMBER BAHAGIA								
	旋盤	a. 心間距離　750mm 　　心高　　　180mm	C	模倣	3	自社設備	90	1,400	3,250
		b. 心間距離　700mm 　　心高　　　180mm	C	模倣	9	自社設備	90	1,250	3,000
4	PT. CHOW GROUP								
	旋盤	a. 心間距離　1,000mm 　　心高　　　250mm	C	模倣	1	自社設備	90	—	3,000
		b. 心間距離　1,500mm 　　心高　　　250mm	C	模倣	1	自社設備	90	—	3,500
		c. 心間距離　2,000mm 　　心高　　　280mm	C	模倣	1	自社設備	90	—	4,000
5	PT. CANDI NAGA								

#	会社・品目	仕様	寸法	区分	製造元	台数	販売形態	%	(数量1)	(数量2)
6	万能旋盤 PT. BINTANG MAS INDUSTRI	心間距離 / 心高	750mm / 180mm	C	ブルガリア	250	市販	10	7,000	5,000
	旋盤									
7	PT. TEXMACO 旋盤	心間距離 / 心高	780mm / 265mm	C	自社	1	プロトタイプ	90	2,250	5,000
B	フライス盤									
1	PT. PIMSF ENGINEERING 複合テーブル付きボール盤	テーブルサイズ / 穴径	240×600mm / 32mm	C	模倣	1	—	—	—	—
2	PT. SUMBER BAHAGIA フライス盤	テーブルサイズ	1,000×2,000mm	C	模倣	100	市販	70	1,250	10,000
3	PT. MEDAN GERAK JAYA 倣いフライス盤	テーブルサイズ	1,000×2,000mm	C	自社	2	自社設備	90	2,000	10,000
C	形削り盤 生産なし			C	模倣	1	自社設備	90	20,000	30,000
D	ボール盤									
1	PT. SUMBER BAHAGIA 卓上ボール盤	穴径	13mm	C	模倣	25	市販	95	150	400
2	CV. CIPTA KARYA 卓上ボール盤	穴径	12mm	C	模倣	250	市販	50	75	75
3	PT. TEXMACO 卓上ボール盤	穴径	16mm	C	模倣	1	プロトタイプ	93	85	110
E	研削盤									
1	PT. PIMSF									

第5章　インドネシアにおける工作機械の輸入構造と国産化　179

機械名	仕様	等級	模倣/自社	台数	設備			
切断研削盤	砥石中心径 127.5mm	C	模倣	1	市販	80	940/375	—
平面研削盤		C	模倣	1	自社設備	95	14,500	38,000
平面研削盤		C	模倣	1	自社設備	90	6,613	20,000
手動研削盤		C	模倣	1	自社設備	95	12,000	—
2 PT. CHOW GROUP								
平面研削盤		C	模倣	1	自社設備	90	—	20,000
F のこ盤								
1 PT. PIMSF								
帯のこ盤	切断径 200mm	C	模倣	1	自社設備	95	518	—
G 特殊機械								
1 CV. CIPTA KARYA								
2軸旋盤	心高 450mm	C	模倣	4	自社設備	70	3,000	20,000
3軸旋盤		C	模倣	3	自社設備	70	4,500	30,000
ねじ切り盤	最大ねじ径 1.5インチ	C	自社	2	自社設備	80	1,000	—
ねじ立て盤	最大ねじ径 1.5インチ	C	模倣	3	自社設備	80	8,000	—
2 PT. PIMSF								
ライン・ボール盤		C	模倣	2	自社設備	70	46,000	36,000

注：等級 A：高精度6.3μm以下。
　　B：中精度12.5～25μm。
　　C：並精度36～100μm。
出所：Departemen Perindustrian, *Kebijaksanaan Terpadu Pengembangan Industri Mesin Perkakas Tahap I. Untuk Pengerjaan Logam*, 1984, pp. 27–31 より切削型工作機械のみ抜粋。

表5-10　インドネシアの工作機械の潜在的生産能力

機　種	仕　様	年間生産能力
旋盤	心間距離＜1,600mm、心高＜200mm	700台
複合テーブル付きボール盤	テーブルサイズ＜250×650mm、最大ドリル径34mm	150
ひざ形フライス盤	テーブルサイズ＜300×1,250mm	100
卓上ボール盤	最大ドリル径15mm	550
のこ盤（ハクソー）	最大加工径190mm	100
平面研削盤	テーブルサイズ＜230×510mm	175
直立ボール盤	最大加工径34mm	100

出所：表5-9に同じ。18頁より切削型工作機械のみ抜粋。

表5-11　国産化されるべき工作機械

機　種	仕　様	
	寸　法	クラス
旋　盤	心間距離　1,600mm 心高　180mm	A
複合テーブル付きボール盤	テーブルサイズ　240×600mm ドリル径　32mm	A
フライス盤（ひざ形）	テーブルサイズ　250×1,200mm	A
ボール盤　(a) 卓上 　　　　　(b) 直立	ドリル径　13mm ドリル径　30mm	A
のこ盤（ハクソー）	加工径　180mm	―
卓上平面研削盤	テーブルサイズ　220×500mm	―

注：切削型工作機械のみ抜粋。
　　クラスA＝精度6.3μm以下。
　　クラスB＝精度12.5-25μm。
　　クラスC＝精度35-100μm。
出所：表5-9に同じ。

産目標はさらに野心的であった。

『工作機械政策』では、工作機械の国産化は民間部門を主体とし、できるかぎり国内需要を充足することが目標とされた。国産化を推進する手法として『工作機械政策』は、関税政策、輸入規制、工作機械生産企業の指定、国産部品使用義務規定（「部品控除計画」）を挙げている。工作機械の輸入関税は、完成品輸入、CKD輸入、部品輸入を問わず、また国産化対象機種であるかなしかにかかわらず、一律15％とされた[17]。ただし、国内での工作機械生産のための部品輸入に課せられた関税は還付するとした。

　輸入規制に関しては、国産化対象機種の輸入は登録された輸入業者によるものとし、2年間、輸入割当を実施するとした[18]。またCKD部品輸入は登録された製造輸入業者によるものとした。これらの保護政策の下で、政府は工作機

械生産企業を指定し、それらに国産部品使用義務を課することを決定した。

以上の『工作機械政策』に基づいて、85年1月4日、『工作機械生産企業の指定に関する工業相令』（番号：1/M/SK/1/1985）が施行され、第1項で表5-13のように工作機械生産企業11社が指定された。11社のうち5社が設立されたばかり

表5-12 インドネシアの工作機械需要予測と生産目標

(単位：台)

機種・仕様	需要予測 1984	需要予測 1989	生産目標 1988年度
旋盤	3,360	5,950	3,700
心間距離<1600mm、心高<200mm	1,000	1,800	
フライス盤	600	1,000	1,000
穴あけ複合形*	300	500	
ひざ形	100	150	
ボール盤	5,750	6,250	
卓上、ドリル径13mm	1,000	1,000	6,000
直立	200	300	
のこ盤	8,800	9,600	4,000
最大加工径180mm	200	300	
平面研削盤	600	850	150
テーブルサイズ<220×500mm	350	500	
卓上研削盤			1,900
切断研削盤			2,000

注：＊この機種はここではフライス盤に含まれているが、実際にはボール盤に近いので、複合テーブル付きボール盤と称したほうが良い。
出所：表5-9に同じ。15、16、19頁より切削型工作機械のみ抜粋。

の、工作機械製造経験のない企業であった。工作機械の市販実績がいくらかある他の企業でも、生産機種は製造経験のないものにまで広げられている。

工業相令は第2項で「遅くとも85年7月1日までに生産が開始されねばならない」と規定している。そして第3項で工作機械生産企業の経営者は、以下の条項を遵守するように述べられている。

①工業省の実施する「部品控除計画」に従うこと。
②製品の品質に留意すること。
③顧客と同意した納期を守ること。
④提携、技術移転は工業省の承認を得ること。

第2項、第3項に従わない企業は指定が取り消される（第4項）。また経営者は6カ月ごとに事業報告をすることが義務付けられている（第6項）。

工作機械生産企業の指定に続いて、指定企業が従わねばならない「部品控除

表5-13 指定された工作機械生産企業

企業名	設立年	資本金 (1,000ドル)	従業員数 (人)	指定機種
PT. IMPI (Persero)	1983	5,000	62	旋盤
PT. PIMSF	1973	1,250	352	複合テーブル付きボール盤 卓上ボール盤 直立ボール盤
PT. SARANA IDEA UTAMA	1985	352	25	旋盤
PT. SUMBER BAHAGIA	1981	2,030	73	旋盤 卓上ボール盤
PT. CIPTA KARYA	1984	400	200	卓上ボール盤
PT. MEDAN GERAK JAYA	1985	3,227	355	卓上ボール盤 ひざ形フライス盤
PT. BINTANG MAS INDUSTRI	1985	2,000	150	旋盤
PT. OYAMA	1985	952	40	のこ盤 平面研削盤 直立ボール盤
PT. TOOLS INDONESIA	1985	5,105	85	旋盤 卓上ボール盤 ひざ形フライス盤 平面研削盤
PT. KARYA PRIMA	1985	1,200	60	鋸盤 卓上ボール盤
PT. PINDAD (Persero)	1984	307	5,400	旋盤 ひざ形フライス盤 直立ボール盤

注:成形型工作機械は省略した。
出所:表5-9に同じ。37〜38頁。設立年、資本金、従業員数、備考はインドネシア工作機械工業会会員リスト

仕　　　様	生産量 (台／年)	備　　考
心間距離　1,500mm 心高　　200mm	400	国営
テーブル　240×600mm ドリル径　32mm ドリル径　13mm ドリル径　30mm	500 2,100 200	チョクロ・グループに 所属、歯車製造、機械 再生修理を兼営
心間距離　1,500mm 心高　　180mm	300	
心間距離　1,500mm 心高　　180mm ドリル径　13mm	300 600	
ドリル径　13mm	400	
ドリル径　13mm テーブル　250×1,200mm	500 100	設立年、資本金は工作 機械部門のもの 自動車部品を兼営
心間距離　1,500mm 心高　　180mm	300	
加工径　　180mm テーブル　220×500mm ドリル径　30mm	750 50 75	設立年は工作機械部門 水中ポンプ製造を兼営
心間距離　1,500mm 心高　　180mm ドリル径　13mm テーブル　250×1,200mm テーブル　220×500mm	300 1,200 200 200	
加工径　　180mm ドリル径　13mm	100 200	
心間距離　1,500mm 心高　　180mm テーブル　2,500×120mm ドリル径　30mm	320 250 100	国営 設立年は工作機械部門 資本金、従業員数は企 業全体のもの

(1987年) による。

計画」、正式には『工作機械製造における国産部品使用義務規定に関する工業相令』（番号：28/M/SK/1/1985）が1月11日に施行された。工作機械の「部品控除計画」を実施するにあたって、国内の機械部品工業がすでに充分な能力を持っているとの理解の下に、国内部品工業に発展の機会を与えることが考慮された。この工業相令は第1条で、インドネシアの工作機械組立企業に国産部品の使用を義務付けている。

第2条では国産化対象の工作機械をふたつのグループに分け、旋盤、ひざ形フライス盤、平面研削盤、直立ボール盤を第1グループ、のこ盤、卓上ボール盤、複合テーブル付きボール盤、および各種成形型工作機械を第2グループとした。第1グループに属する工作機械はタイム・スケジュールに沿って、国産部品を使用するよう規定された[19]。第2グループについては、このようなスケジュールは提示されず、特定部品の輸入が認められた。工作機械組立企業は6カ月ごとに、実施状況を報告しなければならず（第6条）、この工業相令の規定の不履行は工業相の許可を要するとされた（第7条第1項）。

以上のような工作機械工業政策の実施にもかかわらず、工作機械の生産実績は前掲表5-8のように、一時的に増加したものの、1988年度の生産目標とは著しく乖離した。工作機械に対する輸入関税率は1989年末に変更され、CKD部品輸入は免税、マシニングセンタ、トランスファマシン、歯切り盤[h]などの高級機種に対しては5％と低率にし、国産化対象仕様の旋盤、ひざ形フライス盤に対しては30％の関税率を適用した。その他の仕様、機種については15％のまま据え置いた。

しかしこの差別的関税政策も国産化や輸入抑制に明確な効果をもたらさなかった。その後貿易自由化の流れに沿って、完成品工作機械の関税率は94年以降、一律5％に引き下げられ、96年にはついにすべての機種に対して無税となった[20]。こうした気運の中で、インドネシアの工作機械工業発展政策は、所期の目標達成はもちろんのこと、国内の工作機械工業の発展に何ら実効をもたらさないまま、途絶えている。

3 工作機械製造企業の事例

ブラートバートはインドネシア工作機械工業会会員企業11社（すなわち政府指定の工作機械生産企業）のうち、国営企業2社と民間企業5社の工作機械製造の実態を調査している[21]。彼の調査によると、これらの指定工作機械生産企業が実際に工作機械（成形型を含む）を生産した期間は1、2年から長くて8年と、きわめて短く、とりわけ2社は生産と呼べる実態がなかった。

生産の実態がなかった2社はもともと工作機械輸入業者であった。『工作機械政策』の実施にあたって、工作機械生産企業に指定されると、国内生産のための部品輸入という体裁をとることによって、完成品にかけられる関税を免れることができた。こうした免税を目的として、これら2社は最終組立の最も簡単な作業のみを行った。端的に言えば、完成品を一部分解して「部品」として輸入し、国内で再組立した。しかし輸入台数が少ないと、関税を支払って完成品輸入したほうが安くつき、こうした便法は長く続かなかった[22]。

(1) IMPI

工作機械製造専門の国営企業として設立されたIMPIも短命であった。IMPIは1983年、ジャワ島西北端のチレゴン（Cilegon）にある国営銑鋼一貫製鉄所クラカタウ・スチール（PT. Krakatau Steel）に隣接して工場が建設された。この計画はインドネシア政府とベルギー政府との間に結ばれた、ベルギー製工作機械をインドネシアでの職業訓練用に供給するという援助協定に端を発していた。ベルギー政府はIMPIの組立工場の建設費用を一部負担し、同国の工作機械製造企業モンディアーレ（Mondiale NV）が旋盤の設計図の提供、部品の支給、技術援助を行った[23]。

生産は83年に始められた。当初はCKDキットの組立が中心であったが、一部部品の機械加工も行われ、いくつかの部品は外注製作された[24]。生産実績は84年171台、85年221台、86年228台であった[25]。しかし生産は87年でほぼ途絶えてしまう。

主要な需要先であった教育文化省（現国家教育省）から職業訓練用旋盤の継続的発注を得られなかったのである。IMPIは民需など他の需要を開拓することができず、しかもモンディアーレの倒産もあって、経営が行き詰まった。

IMPIの技術者はクラカタウ・スチールに転籍し、生産設備もクラカタウ・スチールが譲り受けたというが、工作機械生産が同社に引き継がれることはなかった。98年以降、残っていた部品を後述するピンダッドが引き取り、ベルギーで研修を受けた経験がある元IMPI組立マネージャーの指導を受けて、50台近く組み立てたが、それ以上の展開はなかった[26]。こうして一時、インドネシアの工作機械生産の中心となり、工作機械工業発展の中核となることが期待された国営企業IMPIは、ほとんど技術的遺産を残すこともなく、潰えてしまった。

IMPIの経営が脆弱であった一つの要因として、工作機械製造専業であったことが挙げられる。工作機械の販売動向は直ちに業績に跳ね返った。しかも製品の種類はわずかで、販路が乏しかった。限られた生産台数では生産設備の稼働率が低くなることを見越した上でのことなのか、IMPIは生産設備をフルセットで擁していなかった。そうすると国産化率を引き上げるためには外注への依存が必要となってくる。

しかしバンドンに見られるような機械工業の歴史的集積[27]は周辺になく、部品は遠く中部ジャワの在来の鋳物産地テガル（Tegal）や東部ジャワのスラカルタ（Surakarta）の中小企業にまで発注された[28]。遠隔地に外注すると、運賃がコスト上昇につながる上、品質と納期の管理が難しい。外注への依存を前提とするのであれば、立地に問題があったと言えよう。また生産された製品の仕様とコストについても以下のような問題点があった。

インドネシアの輸入統計を調べると、ベルギー・ルクセンブルク[29]からの旋盤輸入（ないし旋盤のCKD輸入）は表5-14のように83年から87年に集中している。ベルギーは91年時点において3400万ドル程度の切削型工作機械を生産しているにすぎず[30]、主要な工作機械生産国とは言えないことも考えあわせると、この83年から87年のベルギー・ルクセンブルクからの工作機械輸入は、

表5-14 ベルギー・ルクセンブルクからの旋盤（完成品・CKD）輸入の推移

年	数量 （組）	重量 （kg）	金額 （ドル）	平均単重 （Kg／組）	平均単価 （ドル／組）	重量単価 （ドル／kg）
1981	1	1,790	7,322	1,790	7,322	4.1
1982	0					
1983	300	169,010	1,983,488	563	6,612	11.7
1984	64	35,485	352,985	554	5,515	9.9
1985	148	88,830	788,336	600	5,327	8.9
1986	176	69,000	718,429	392	4,082	10.4
1987	600	125,080	2,206,966	208	3,678	17.6
1988	2	105	741	53	371	7.1
1989〜95	0					

注：1985年までは完成品、CKD部品を含めた旋盤輸入。
　　1986〜88年はCKD用旋盤部品輸入。
　　1989年以降は非NC横形旋盤用CKD部品輸入。
出所：表5-2に同じ。

ほぼモンディアーレのものと推察できる。

　IMPI製旋盤の仕様は表5-15のように3種類であり、加工材料の最大長さを示す心間距離のみが異なる。日本工作機械工業会の現地訪問調査によると、これらの価格はNBC 14型が9000ドル、NCC 14型が1万ドル、NDC 14型が1万1000ドルであった[31]。仕様書の重量で重量単価を算出すると、11〜12ドル/kgである。

　表5-14の1組あたり重量、1組あたり輸入額、重量単価の推移を見ると、86、87年に1組あたりの重量および輸入額が減り、逆に重量単価が増加していることから、この間に国産化が進み、輸入が付加価値の高い枢要部品に絞られたと思われる。86年から90年までの、IMPI製旋盤に近い仕様の旋盤輸入を主要輸入先別に見ると表5-16のようになる。この分野でも輸入の中心は中国製である。86、87年に輸入された中国製旋盤は単重（1台あたり重量）が軽く、小型旋盤の割合が多いと思われる。88年輸入の中国製旋盤はIMPI製旋盤に似た平均単価を示しているが、単重は重く、重切削に耐えられる剛性の高い製品と見られる。重量単価で比較すると、IMPI製旋盤は中国製の2〜6倍である。

表 5-15 旋盤仕様の比較

メーカー名	IMPI			楊鐵工廠			済南第一機床廠
生産国	インドネシア			台湾			中国
型式	NBC14	NCC14	NDC14	YAM-550	YAM-700	YAM-1000	J_1-360A
ベッド上の振り (mm)	750	365	1500	550	356		360
心間距離 (mm)		1,000			700	1,000	1,000
主軸回転数 (rpm)	38～1600または24～1000			1,000	83～1,800	1,000	29～1,500または38～2,000または48～2,500
主電動機 (PS)	4または3				5		4または5
正味重量 (kg)	815	860	920	1,000	1,050	1,100	1,350	1,700	2,200

メーカー名	W機械	山崎鉄工所	三菱重工業
生産国	日本	日本	日本
型式	LRS-55A	メイト	HL-300U
ベッド上の振り (mm)	360	360	320
心間距離 (mm)	550	500	500	750
主軸回転数 (rpm)	70～1,500	76～2,000	70～3,200
主電動機 (PS)	3	3	5
正味重量 (kg)	900	1,200	1,500	1,620

注：IMPI 製旋盤の心高は185mmである。なお「ベッド上の振り」は旋盤に取付け可能な加工材料の最大径、「心高」は旋盤のベッド上面から主軸中心までの高さである。W機械のLRS-55Aは「学校用」仕様である。

山崎鉄工所（現ヤマザナック）のメイトは1971年に完成した不況対策機種で、国内の学校関係や海外市場向けであった（久芳靖典『匠育ちのハイテク集団』ヤマザナック、1989年、16頁）。

済南第一機床廠は1979年、山崎鉄工所からベッドの振りが460、530mmの中型旋盤「マザック」の技術供与を受けており、J_1-360Aもその成果を反映していると見られる。同廠は中国有数の工作機械輸出企業である。

出所：IMPI、楊鐵工廠、済南第一機床廠、山崎鉄工所は各社製品カタログ（楊、済南は84年版、山崎は86年版）、W機械、三菱重工業は日本工作機械工業会事務局編『工作機械総合カタログ』1967年版による。

第5章　インドネシアにおける工作機械の輸入構造と国産化

表5-16　心高＜200mm、心間距離＜1,500mmの仕様の旋盤輸入

1986年

輸入先	数量(台)	重量(kg)	金額(ドル)	平均単重(kg/台)	平均単価(ドル/台)	重量単価(ドル/kg)
中国	170	100,480	277,947	591	1,635	2.8
日本	24	24,490	258,867	1,020	10,786	10.6
西ドイツ	4	21,500	51,665	5,375	12,916	2.4

1987年

輸入先	数量(台)	重量(kg)	金額(ドル)	平均単重(kg/台)	平均単価(ドル/台)	重量単価(ドル/kg)
中国	419	244,905	469,239	584	1,120	1.9
韓国	17	19,935	278,581	1,173	16,387	14.0
スイス	3	6,748	236,563	2,249	78,854	35.1
台湾	12	108,116	164,013	9,010	13,668	1.5
スペイン	1	20,400	161,685	20,400	161,685	7.9
日本	8	10,000	113,010	1,250	14,126	11.3
香港	45	38,478	73,932	855	1,643	1.9

1988年

輸入先	数量(台)	重量(kg)	金額(ドル)	平均単重(kg/台)	平均単価(ドル/台)	重量単価(ドル/kg)
中国	312	430,835	2,823,897	1,381	9,051	6.6
日本	39	47,641	2,201,723	1,222	56,454	46.2
台湾	13	31,640	113,418	2,434	8,724	3.6
北朝鮮	7	28,000	19,077	4,000	2,725	0.7

1989年

輸入先	重量(kg)	金額(ドル)	重量単価(ドル/kg)
イギリス	32,540	601,059	18.5
西ドイツ	9,505	262,122	27.6
中国	62,031	126,404	2.0

1990年

輸入先	重量(kg)	金額(ドル)	重量単価(ドル/kg)
中国	57,235	141,360	2.5

注：1カ国5,000kg以上の輸入を記載。
　　1988年以前はNC・非NC、横形・非横形を合む。
　　1989年以降は非NC、横形に限る。
出所：表5-2に同じ。

重量単価がIMPI製旋盤に最も近いのは、86、87年に輸入された日本製旋盤であるが、単重は日本製のほうが重い。

IMPI製旋盤は先進国ベルギーからのKD輸入であったために、日本製クラスの重量単価となり、中国、台湾製品との価格競争力を持ちえなかった。一方でIMPI製旋盤の仕様は表5-15のように、台湾、中国の一流メーカー製旋盤や非NC機全盛時代の日本の一流メーカーの仕様に及ばず、日本の二流メーカーの学校用仕様機とほぼ同様の仕様であった。IMPI製旋盤は重量が軽くて、剛性が低く、主電動機の出力も小さかった。それに対応して主軸[m]最高回転速度は遅く、重切削にも適していなかった。したがって生産現場用の旋盤として、先進国製品との競争力も持たなかった。こうしてIMPI製旋盤はインドネシアの国内において、適当な市場を見出すことができなかったのである。

(2) ピンダッド

政府に指定された工作機械生産企業の中で、最後まで切削型工作機械の生産を続けたのは国営ピンダッド（PT. PINDAD）である。ピンダッドの起源は、1808年にオランダ政府が設立した武器修理所にまで遡ることができる。1920年頃にバンドン（Bandung）へ移転した後も兵器工場として存続し、64年に陸軍工廠（Perindustrian Angkatan Darat）として知られるようになった[32]。83年、ピンダッドは機械工業の中核として育成するため国営企業に改組され、さらに89年、戦略産業管理庁（Badan Pengelola Industri Strategis：BPIS）の発足とともに戦略産業10社の一つとして、同庁の傘下に入った[33]。

97年の聞き取り調査によると、小火器、銃弾などの軍需部門の売上が70％、残り30％が民需であった[34]。民需部門は工作機械のほか、発電機、真空回路遮断器（サーキット・ブレーカ）などの電気機械器具、レール固定金具、列車用空気ブレーキ、電車用牽引モーター、舶用機械（ウィンチ、キャプスタン、操舵装置、コンプレッサ）、航空機・機関車部品などの輸送用機械器具を生産していた[35]。96年のピンダッドの総売上高は1894億ルピアで、このうち工作機械は30億ルピア、比率にして1.6％にすぎない。

97年当時の工作機械の生産品目は旋盤（非NC）、フライス盤（非NC、ひざ形）、マシニングセンタで、年間生産台数はそれぞれ120台、80台、25台であった。工作機械の生産は87年に始められ、売上は88年の8億ルピアから順調に伸び、96年には88年の3.8倍になった[36]。軍需品や他の民需品でもそうであったように[37]、工作機械の生産も外国との技術提携によって始まった。旋盤は台湾の楊鐵工廠、フライス盤は台湾の永進機械工業、2型式あるマシニングセンタはそれぞれ日本のファナック、ドイツのスタマ（STAMA Maschinenfabrik GmbH）から技術導入している。

　当初、台湾から完成品が輸入され、ピンダッドで塗装と銘板取付のみが行われていたが、セミノックダウン（SKD）さらに完全ノックダウン（CKD）生産が実施されるようになり、2000年以降、精密歯車を除いて、ほぼすべての部品で国産化が進んだ[38]。しかし生産は上記の年産台数を上回ることなく、発展的ではなかった。

　ファナックのドリリングセンタは総計50台のSKD生産、スタマのコラム移動式マシニングセンタの生産はわずか5台どまりであった。

　工作機械の販売先はIMPIの場合と同様、主に政府であって、マシニングセンタは中堅企業の需要があった。IMPIと比較するとピンダッドは工作機械生産を継続しやすいいくつかの根拠を持っていた。まずピンダッドの企業経営の中で工作機械事業の比重が小さく、軍需品で利益を確保できること、加工精度を要する兵器製造で長年の技術蓄積を持っていること、各種工作機械のほか、鋳造、鍛造、成形、熱処理、表面処理などの設備を持ち、工作機械の製造をCKDから部品内製へと転換しやすいこと、旋盤、フライス盤の技術導入先として先進国に比べて、技術格差が小さく、KD部品の製造コストの安い台湾を選んでいること、台湾の中では歴史と定評のある工作機械メーカーと提携したこと、旋盤だけでなくフライス盤、マシニングセンタも生産しており、さらに各機種ごとの仕様も複数あり[39]、より多様な工作機械需要に応えられること、IPTNとともに、NC装置メーカー・ファナックと前出の合弁企業を設立しており、マシニングセンタの制御関係の保守が容易なことが挙げられる。

表 5-17　フライス盤仕様の比較

メーカー名	ピンダッド	大宇重工業	日立精機
生産国	インドネシア	韓国	日本
型式	PM 2 HU	MASTER-2 H	2 ML
テーブル作業面の大きさ（mm）	1,300×280	1,100×280	1,350×310
主軸回転数（rpm）	68〜1,084	90〜1,400	33〜2,000
主電動機（kW）	3.7	3.7	5.5
正味重量（kg）	2,200	2,000	3,150

注：大宇重工業 MASTER-2 H、日立精機 2 ML は共に横フライス盤の仕様である。
出所：ピンダッドは同社製品カタログ、大宇重工業は Korea Machine Tool Manufacturers' Association, *Korean Machine Tools Guide*, 1984、日立精機は日本工作機械工業会事務局編『工作機械総合カタログ』1967年版による。

　97年当時、ピンダッド製フライス盤 PM 2 HU 型は国内市場で、中国製の同等品より 5 ％高く、台湾製の相当品より 1 割安いとのことであった[40]。輸入統計で91年と95年のひざ形フライス盤の CKD 輸入を比較すると、重量単価が11.6ドル/kg から51.2ドル/kg へ増加しており、国産化の進展を窺い知ることができる。

　ただ、ピンダッドの PM 型は横フライス盤を基本形として、必要に応じて横フライス用アーバ、オーバーアームを立フライスヘッドに取り替えることにより、立フライス盤とすることができる万能フライス盤である。しかし通常、フライス盤に対する需要は横形より立形が多いことを考えると、正面フライス削りやエンドミル加工に適した構造を持つ立フライス盤を製造品目に加えたほうが需要を喚起できると思われた。また PM 型フライス盤は表 5-17のように、60年代の日本製や80年代の韓国製と比べて主軸回転数が遅く、輸入機と競争するためには国際水準とする必要があった。ピンダッド製のマシニングセンタは旧式のドリリングセンタであって、性能重視の大企業からも、価格重視の小企業からも需要が得にくい製品であった。ピンダッドはこうしたいくつかの課題を抱えてはいたが、発展途上国で工作機械の製造経験を蓄積する一つの可能性を示していた。

　しかし97年以降の経済危機で国営企業も不採算部門からの撤退を余儀なくさ

れ、ピンダッドは2004年に工作機械生産を終える。

(3) テクスマコ PE

それまでの政府指定の工作機械生産企業＝ASIMPI会員の枠外で、97年当時、一つの大きな可能性を秘めた工作機械製造の動きが始まっていた。インドネシアには他のアジア諸国にも見られるように、多数の民間企業グループが存在する[41]。その中で繊維工業を中核として発展を遂げてきたテクスマコグループが工作機械の生産に乗り出していたのである。

テクスマコグループの総帥マリムツ・シニバサン（Marimutu Sinivasan）はインドからの移住者を祖父に持つインド系インドネシア人である。彼は1950年代末に中部ジャワで、小規模に更紗布の販売、製造を始めた。

インドネシアの繊維工業は60年代末から70年代前半にかけて、在来の綿織物に偏重した構造から抜け出て、織布部門の近代化と紡績部門の増産を達成し、化学繊維の生産も始めた。70年代を通じて、化学繊維、紡績糸、織物の輸入代替が進み、衣服は78年、織物は83年に輸出超過となった。そして86年以降の輸出促進的環境の中で衣服、織物は主要な輸出品となり、繊維産業は発展を遂げた[42]。

こうした流れに乗って、テクスマコグループも発展した。インドネシアの繊維企業はグループとして生産統合的に発展し、傘下に紡績、織布、染色、縫製などの各工程を担当する企業を抱えている。中でもテクスマコは垂直統合的事業展開を最も推し進めたグループであった。

テクスマコグループの中核企業ポリシンド・エカ・プルカサ（PT. Polysindo Eka Perkasa、以下ポリシンドEPと略す）の1994年の年次報告書（Annual Report）によると、同社とその子会社の製品はポリエステルチップ、ポリエステルステープルファイバー、ポリエステルフィラメントヤーン、織物、機械、スクリーンであり、売上構成は織物56％、フィラメントヤーン28％、機械・スペア部品9％、チップ4％、ステープルファイバー2％、その他1％であった[43]。その後97年4月、ポリシンドEPは、ポリエステルの主原料である高純

度テレフタル酸（PTA）の製造を始めた。このPTA工場の生産能力は国内最大規模の年34万トンであった[44]。テクスマコグループはポリエステルの原料から織物までの一貫生産体制を整えたのである。

一方でテクスマコの事業展開は生産設備のグループ内生産の方向へも進められた。ブラートバートの学位論文で調査研究されたように、繊維工業の発展はその生産設備である繊維機械の修理とそのためのスペア部品の製造という形で、地場の機械工業を誘発した[45]。テクスマコも繊維機械修理のための機械工場を抱えていたが、その工場が1982年、テクスマコ・プルカサ・エンジニアリング（PT. Texmaco Perkasa Engineering、以下テクスマコPEと略す）として独立した。

テクスマコPEは繊維機械、特に織機を生産してきた[46]。97年当時、同社はインドネシア最大の織機メーカーで、エアジェットルーム、ウォータージェットルーム[47]などの織機の年産台数は2000台であった。テクスマコPEは繊維機械のほかに、化学プラントのエンジニアリングおよび化学機械の製造、工作機械、自動車部品の生産を始めていた。テクスマコPEはアメリカ機械学会（ASME）の認証を受けており、ステンレス鋼やチタンを用いた圧力容器、反応塔、熱交換器を製造できる。前述のポリシンドEPのPTA工場も大部分テクスマコPEによって製造、建設されたという[48]。

テクスマコPEでの工作機械生産は前掲表5-9に見られるように、政府によってその端緒が捕えられている。同社設立後の早い時期に旋盤と卓上ボール盤の試製が行われ、工作機械生産への進出の伏線が敷かれていたことがわかる。工作機械の生産が本格化し始めるのは95年である。96年の工作機械の生産実績は旋盤（非NC）50台、NC旋盤25台、ボール盤25台であった。

97年8月に西カラワン（Karawang Timur）のキアラ・パユン（Kiara Payung）村にあるテクスマコPEの工場を見学したところでは、製品は小型工作機械であった。これから国内市場に売り込んでいこうという段階で、97年現在、多くの製品は社内で部品加工に使用したり、系列会社プルカサ・ヘビンド・エンジニアリング（PT. Perkasa Heavyndo Engineering）でギヤ・ブランク（歯

車素形材)の加工に使われているとのことであった。

　テクスマコ PE の工作機械技術の獲得方法はかなり特徴的である。まず技術者の一部はインドから招聘していた[49]。インドは発展途上国の中では工作機械の生産が多く、中国と同様に工作機械工業の歴史が長い[50]。70年代半ばには NC 工作機械の生産も始まり、93年のインドの工作機械生産額に占める NC 工作機械の比率は44.6％に達していた[51]。賃金が安く、機械工業の技術力が高いインドから技術者を招くことにより、テクスマコ PE は比較的安い人件費で高度な技術的能力を獲得した。

　97年当時生産中のボール盤と生産予定だったマシニングセンタの設計図面は経営に行き詰まったスイスのアシエラ（Aciera SA）[52]からその商標とともに購入し、同時に同社の生産設備も買い取って、それらはテクスマコ PE に移設された。しかし同社の技術者は雇い入れなかった。さらに図面と生産設備をブリッジポート（Bridgeport Machines）から購入して、タレット形フライス盤[e]も生産された[53]。生産設備はこれらの工作機械メーカーで使用されていた中古工作機械を活用するとともに、日本のヤマザキマザック製マシニングセンタ、NC 旋盤を23台新設した[54]。その他の設備ではインドネシア有数の鋳造設備を持ち、歯車研削盤を含む歯車製造設備を持っていた。

　NC 装置、モーター、軸受、電磁クラッチ等は輸入品に依存しているが、地場工業への依存はプラスチック部品など一部に限られていた。地場工場に機械加工を外注すると加工精度が悪く、手直しに時間がかかるとのことであった[55]。テクスマコ PE は、IMPI やピンダッドのように KD 生産の経験を持たず、鋳造などの素形材製造から、部品の機械加工、組立まで一貫して行っていた。

　テクスマコ PE は繊維機械を事業の柱としていた。繊維機械の製造と工作機械の製造は技術的類似性を強く持っており、歴史的にも繊維機械メーカーが工作機械生産に進出した事例は多く見られる[56]。繊維機械と工作機械は生産設備も共通しており、一定量の繊維機械の生産によって設備機械の稼働率が確保できれば、地場に信頼でき多様性に富む工業集積がないため、社内に設備一式を取り込まざるをえないという途上国的コストアップ要因を回避できる。このよ

うに工作機械生産を始めたばかりのテクスマコPEは、国内市場において厳しい競争にさらされてはいたが、発展の期待が持てる企業であった。

しかし97年に始まるルピア暴落によりテクスマコグループの債務は膨らみ[57]、さらに翌年のスハルト政権の崩壊に伴い、シニバサンは後ろ盾を失った。テクスマコPEも企業再生の対象となり、公的資金が注入されたが、2000年には織機や工作機械の生産を停止した。生産設備は維持されているが、熟練工を除いて、多くの従業員が解雇され、現在、賃加工にのみ応じている[58]。生産再開に向けた取り組みは水面下で行われており、再生の可能性が残されているとはいえ、インドネシアにおける工作機械生産の展望は依然として開けていない[59]。

第4節　おわりに

1　日本・台湾と比べたインドネシアの工作機械工業の難しさ

日本や台湾の主要工作機械メーカーの起源をたどってみると、零細な町工場から出発している事例が多く見られる。一つの国の工作機械市場というのは、インドネシアの工作機械の輸入構造にも見られたように、高価で高性能な高級機から安価な低級機まで含んだ重層的構造を持っている。日本や台湾の場合もそうであって、揺籃期の日本と台湾の中小工作機械製造業者は、外国製高級工作機械によって占められていた上層の市場で競争可能な製品をいきなり製造することはできず、まず国内の最下層市場に、輸入によっては得られない安価な製品を供給した。そしてその下層市場を対象とした生産の継続によって、技術と資本を蓄積して、次第に技術の高度化と経営規模の拡大を達成していった[60]。

ところがインドネシアの工作機械市場は重層的構造を持っているにもかかわらず、最下層市場が国内メーカーには残されていなかった。インドネシアで工作機械を国産化する動きが始まる以前に、重層的市場構造に対応する、重層的輸入構造が用意されていたのである。発展途上期の日本や台湾では、性能よりも価格の安さに重きを置く、途上国の需要に適合した工作機械は外国から調達

することはできず、国内でみずから製造しなければならなかった。そしてその必要が国内に工作機械メーカーが自生した根拠であった。

 しかし、インドネシアの工作機械工業が飛び立とうとするとき、日本、欧米先進国を先頭に、次いで台湾をはじめとするNIEs、さらに続いて中国、インドが雁行的に先行していた。これらの国々がすでに労働コストの高くなった先進国ばかりであれば、インドネシアの下層市場に適合した安価な製品を供給することはできなかった。ところが先行集団の最後尾に連なっている中国、インドは労働コストが低い発展途上国である。しかも戦後の計画的国家建設の下で工作機械工業に高い優先順位を与え、それ以来の長年の技術蓄積を持っている。その上、両国は巨大な国内市場を持っており、規模の経済を達成している。

 特に中国の工作機械工場は特定機種に専門化しており、量産効果を発揮している。この中国製工作機械がインドネシアでの工作機械国産化に先だって、インドネシア国内の下層市場を占有していた。このためインドネシアの脆弱な工作機械メーカーが参入するのに適した国内市場が残されていないのである。

 こうした状況は日本や台湾の工作機械工業の揺籃期には見られなかった現代的な特徴であるが、必ずしもインドネシアに固有のものではなく、これから工作機械工業が発展しようとしている後発工業国におそらくかなり共通する新たな困難である。日本や台湾のように中小零細企業が最下層の工作機械市場に参入して、そこでの実績の積み重ねによって上昇経路をたどるというコースはその入口で閉ざされている。

 政策的に国産工作機械の市場をつくり出すために、輸入制限や関税あるいは非関税障壁の設定をすることは、自由貿易化の世界的流れに逆らうという以前に、国内の機械・金属製品製造業、特に中小企業に大きな打撃を与える。安価な工作機械を需要する中小金属加工工場にとってみれば、とりあえず実用的な安い中国製工作機械を関税の負担なしに、容易に入手できるということは乏しい資本を有効に使えるということであり、このことはインドネシアの機械工業全体の厚みを増すことにつながっている。こうした安価な設備に依存した中小機械工場がつくり出す、技術的に高度ではないが、安くて便利な機械装置が、

農林水産物加工などの分野で需要を生み出す可能性は高い。インドネシア政府が工作機械の輸入関税を漸進的に引き下げて、最終的に免税としたことは、インドネシアの機械工業全体（工作機械メーカーを唯一の例外として）にとっては、望ましい状況であった。

しかしながら、97年7月に始まった東南アジアの通貨危機は、インドネシアにも波及し、通貨ルピアの対ドル為替相場は通貨危機以前に比べ一時、2割以下にまで下がった。主要な工作機械輸入先である日本、台湾、中国の通貨に比べても、大幅なルピア安になっているため、外国製工作機械は割高になっている。国内工作機械ユーザーは設備投資にこれまで以上の資本が必要となる一方、国内企業には工作機械の輸入を代替し、国産化するための契機が生じた。

2　工作機械経営の維持のために

工作機械のような資本財の性格を持つ機械が、技術的にもコスト的にも、より優れた製品に洗練されていくためには、機械メーカーの経営が長期的に維持され、実際の製造経験が蓄積されることが前提となる。機械は通常、工学的知識を持った技術者が設計し、その設計図面に基づいて、技能者が部品加工と組立を行うことによってつくられる。しかし機械設計の過程で、機械のあらゆる部分が工学的知識を駆使して完璧に計算され、しかもコスト的にも最適な選択がなされた上で、最も合理的な製品図面ができ上がるわけではない。完璧に計算することが技術的に不可能であることもあるし、そうすることが採算的に不適当なこともある。新規の機械はそういう限界を持った図面によって製作される。当然、部品加工をし、組み立て、さらに完成した機械を実用に供していく過程で、技術面、製造面ないしコスト面から、あるいはユーザーの要望によって、いろいろな改善を要する事項が生じてくる。そうしたさまざまな失敗もしくは改善を積み重ねて、技術者や技能者は経験、ノウハウを蓄積し、その結果製品が技術的にもコスト的にも向上していく。機械製造はそういう性格を持っている。歴史的蓄積を持たない発展途上国が機械工業を発展させることの難しさの一つはそこにあるのであって、機械メーカーが経営を維持して、生産を続

けることが何よりも必要なのである。

　工業化の途上にある国において、技術的に脆弱な工作機械メーカーが獲得できる市場は限られている。さらに工作機械は資本財であるため、一定の需要を常に確保することは難しい。また機械製造工程の分業が進んでいない途上国では、外注に依存することはできず、生産設備一式を社内に抱えこまねばならない。こうした条件から、インドネシアでは、破綻したIMPIのように、工作機械製造専業で経営を維持することは困難である。加えてインドネシアの工作機械輸入の重層的構造から、中小零細企業からの展開も期待できない。

　ピンダッドやテクスマコPEのように、工作機械以外の生産で経営維持可能な企業が、工作機械をも手掛ける方法が、インドネシアでは現実的なように思える。こうした兼業形態をとることによって、損益分岐点以上の仕事量を確保し、生産設備の稼働率を維持することができる。この工作機械の兼業を行う場合に必要なのは主製品と工作機械との間の技術的共通性である。

　第1章に書いた日本の経験からわかるように、加工・組立精度、製品サイズ、生産ロットおよび設計技術の近似性、鋳造設備の共用が望ましい。この技術的側面から見ると、ピンダッドの兵器（銃弾、小火器）は製品サイズ、生産ロットなどの点で、あまり適当とは言えない。テクスマコPEに見られる繊維機械との兼業は、技術的により適合的であり、日本や台湾の工作機械メーカーの経験にもよくみられるところである。

　テクスマコPEのように非機械製造工場の機械修理部門から、独立した機械メーカーが生まれる事例は、日本でも見られたが、テクスマコPEの強みは、韓国の工作機械メーカーに典型的に見られるように、企業グループの中の一部門として存在していたことであり、グループ内企業との製品連関を持っていたことである。繊維製造から、繊維を作る繊維機械へ進出し、さらに繊維機械を製造する工作機械へと、遡及的に技術連関をたどってグループ内で調達してしまうというやり方は、機械ユーザーの要望を直接、製品設計へ反映させ、機械を実際に使った上での改善要求を直ちにフィードバックしうるという点ですぐれている。ただ連関をたどるほど、グループ内での需要量が減少するため、市

販の比重を高めねばならない。テクスマコPEは自動車部品の製造を始め、さらにトラックの生産にも乗り出した[61]。日本のトヨタグループを想起させる事業展開であるが、本格的に自動車工業に乗り出せば、グループ内に工作機械部門を持つことの意義は高まったであろう。

　国内市場が狭隘な台湾の工作機械工業は、アメリカの工作機械市場の下層に市場を見出すことによって発展したが、インドネシアは相対的に大きな国内市場を持っており、市場競争は国内より海外においてより熾烈で、低級機種ですでに中国、台湾が先行していることを考えると、まず国内市場で競争力を持つことが必要である。

　国内市場において、輸入工作機械に対する国産機の大きな利点は、メーカーとユーザーが地理的に接近していることである。安価な中国製品の弱点はアフターサービスが期待できないことである。機械工業の発展が不充分なインドネシアでは、メーカーに対する製品の保守、修理の需要は大きいと考えられる。工作機械の販売にあたっては、保守、修理への対応をセールスポイントとすべきであり、それを裏付けるアフターサービス体制の整備が必要であろう。ピンダッドもテクスマコPEも汎用工作機械の生産にとどまったが、メーカーとユーザーの近接性を生かして、個別ユーザーの特殊な仕様に応じた専用工作機械を提供することも、受注確保の方法である。

3　工作機械技術の形成のために

　かつてインドネシア政府は工作機械を自動車などと同じように考えて、部品輸入に基づくKD生産から始めて、部品の国産化率を徐々に引き上げていき、最終的に完全な国産化を達成する構想を立てたが、ほとんど見るべき成果を上げなかった。もともと多機種少量生産の色彩が強く、精度を確保するため組立作業に熟練を要する工作機械は、このようなKD生産には向いていない。ルピア安の条件下では、コストの高い国で加工された部材を、さらに運送費をかけて輸入することは製品のコストアップにつながる。購入部品の輸入は極力減らさねばならず、鋳造、鍛造、機械加工等による部材の製作はできるだけ国内で

行わねばならない。

　第二次世界大戦期までの日本の工作機械工業の技術形成は、欧米製品の模倣製作が中心で、これは戦後の台湾の工作機械工業の場合とも共通している。この時期、日本は日露戦争、第一次世界大戦、満州事変、日中戦争、太平洋戦争と、戦争を繰り返していたが、その中で造兵用工作機械の製造のための、軍工廠からの技術指導や試作命令が工作機械メーカーの技術を高めた。機械工業の中でも日本の鉄道車輛製造部門は比較的早く国際的技術水準に到達したが[62]、鉄道省は工作機械の試作競技や研究会の開催を通じて工作機械メーカーの技術向上を促した。台湾ではこうした形での公企業からの技術支援はなかったが、1977年に金属工業研究所精密工作機械センターとして設立され、82年に改組された工業技術研究院機械工業研究所は、工作機械メーカーとのNC工作機械の共同開発や民間部門への技術移転を活発に行っている。

　インドネシアでも1991年、独立した非営利組織である、工作機械設計開発センター（MTDDC）が設立された。MTDDCは当初、旧チェコスロバキアから金融的および技術的支援を受け、続いてドイツの協力を得た[63]。しかしインドネシア工作機械工業会に技術協力する予定であったMTDDCに対し、工業会は資金協力できなかったため、MTDDCと工業会の間に有意義な関係は構築されなかった[64]。現在、技術応用評価庁（BPPT）の工作機械・生産技術・自動化研究所（MEPPO）がインドネシア唯一の工作機械研究機関であるが、金属切削工作機械の民間企業との共同開発はこれからという段階である[65]。またインドネシアの公企業が国内の工作機械メーカーを育成しようとした動きは、旧軍工廠であるピンダッドによる工作機械の直接生産以外には見られない。

　一方インドネシアでは、日本や台湾の工作機械メーカーには見られなかった技術形成も試みられている。テクスマコPEの技術が、現代的な技術・経済環境を背景とした方法によって、蓄積されようとしたことは印象的である。中国は、長年の技術蓄積と相対的に低水準に留まる労働コストに依拠した低価格製品の供給で、インドネシアの下層工作機械市場を支配したが、テクスマコPEは、工作機械工業の性格がこの中国と同じであるインドから技術者を呼び込む

ことで、先進国の技術に依存するよりも安いコストで技術基盤を作ろうとした。

またテクスマコPEは先進国で経営危機に陥った企業から図面や生産設備を買い取っており、必要とする技術と提供される技術がうまく合致すれば、こういう形の技術吸収も資本節約的で興味深い。80年代初め、韓国の有力工作機械メーカー統一が西ドイツのねじ切りフライス盤メーカーや旋盤メーカーを買収し、これらの先進メーカーに設計、組立部門などの社員を派遣して技術を修得させたことがあるが[66]、テクスマコPEや統一のような例は日本や台湾の発展途上期にはなかった。

最後に外国直接投資を通じた工作機械技術の受容の可能性について検討しておこう。シンガポールでは前章で見たように、日系企業を中心とする外資系工作機械メーカーが定着し、そこからローカルメーカーが派生するという事例が生じた。ではインドネシアは先進国の工作機械メーカーを誘致することができるであろうか。直接投資の受け入れにおいても、インドネシアは中国と競合することになる。ルピア安により賃金水準が低下しているとはいえ、工作機械関連産業の利用可能性、機械技術者および技能者の質量両面の水準、既存工作機械メーカーとの合弁の可能性、国内市場の大きさと潜在的成長力等の点で、インドネシアより中国のほうが魅力的に思える。結果として先進国からインドネシアへの直接投資は、投資条件が整備されているにもかかわらず、今のところ工作機械製造部門では見られない。こうしたことから見ても、東アジア後発工業国に見られる工作機械工業発展の3類型のうち、インドネシアは韓国型に倣うのが最も妥当であると筆者は考えた。97年からの経済危機はルピア安によって工作機械国産化の絶好の機会でもあったが、それ以上に工作機械生産主体への打撃のほうが大きく、ほころびかけた貴重な蕾は花開かなかった。

注
 a)～y)は巻末技術用語解説を参照。
 1) インドネシア政府は工作機械（mesin perkakas）の範疇に、切削型および成形型金属加工機械、木工機械、さらに切削工具、金型、ジグ・取付具をも含めている。しかしここでは他の諸国と対象を同じくするため、日本工業規格（JIS）の定義に

従い、原則として金属加工用切削型工作機械に対象を限定する。
2) 本章は拙稿「インドネシアにおける工作機械の輸入構造と国産化」(『大阪大学経済学』第48巻第2号、1998年12月) を2010年8月の現地聞き取り調査に基づいて追記、修正したものである。
3) この年、国営航空機製造会社ヌサンタラ航空機工業 (PT. Industri Pesawat Terbang Nusantara: IPTN 〔現 PT. Dirgantara Indonesia〕) が3200万ドルにのぼる旋盤をオーストリアから購入した (Goeltom, Miranda S, "Development and Challenges of the Machinery Industry in Indonesia", Pangestu, M. E., Sato, Yuri ed., *Waves of Change in Indonesia's Manufacturing Industry*, Institute of Developing Economies, Tokyo, 1997, p. 158.)。
4) ただし93年は、オーストリアからの大量輸入に影響されて、旋盤とフライス盤のNC化率は70%を越えた。
5) 日本の主要NC旋盤メーカーM社のジャカルタ事務所の話では、心高150～250mmクラスの小型NC旋盤では台湾製品との価格差は小さいが、心高300mmを超える中型NC旋盤では台湾製が3割安いという (1997年8月21日、聞き取り)。
6) 中国のNC旋盤の重量単価が、同国の非NC旋盤のものと大差がないことから判断すると、NC装置は予め付属しておらず、購入者側で取り付けるものと思われる。
7) 西欧製マシニングセンタの意外な安さも、前注の原因による可能性がある。
8) 工作機械輸入商社ツールスインドのウィディヤント (Widijanto) 販売マネージャー、テクスマコ・プルカサ・エンジニアリングのリッポンドゥウィ (Ripponduwi) ゼネラルマネージャーの教示による (1997年8月15日および8月20日聞き取り)。
9) 聞き取り調査 (1997年8月21日)。
10) 聞き取り調査 (1997年8月11日)。
11) Braadbaart, Okke, "Machine Tools and the Indonesian Engineering Subsector: Consumption Trends and Localization Efforts", *Bulletine of Indonesian Economic Studies*, vol. 32, no. 2, The Australian National University, 1996, pp. 85-89.
12) たとえば、昆明機床廠 (三水篁「昆明・知られざる工作機械大国」『日経メカニカル』474号、1996年2月19日)。
13) BPS, *Statistik Industri Besar dan Sedang*, 1994.
14) Direktorat Jenderal Industri Logam Mesin dan Elektronika, Departemen Perindustrian, *Daftar Perusahaan Industri Mesin Peralatandan Perekayasaan Industri Menurut Jenis Industri*, 1995.

15) 1983年に実施された調査によると、76年に設立された PIMSF プロガドゥングは複合テーブル付きボール盤を年50台生産していた。これは同社の売上げの10％未満で、主たる事業は農業機械など各種機械や機械部品の注文生産、ならびに原動機の修理であった。同社は370人の従業員と、NC 工作機械、歯切り盤、熱処理設備などを有しており、当時、旋盤、形削り盤、中ぐり盤、フライス盤、研削盤のプロトタイプが完成していた。これらの機械は主に台湾と中国からの輸入工作機械と比較して評価されている（*The Hand Tool and Cutting Tool Industry, Machine Tool Industry, and Tool and Die Industry in Indonesia, The Philippines and Thailand, Volume Three*, ASEAN Committee on Industry, Minerals and Energy, Japan International Cooperation Agency and Technonet Asia, 1985, pp. 39-42.)。同書はまた表5-9および5-13に掲載されているスンバー・バハギア（Sumber Bahagia）についても紹介している。54年に設立され、脱穀機などの農業機械、バイブロ切断機、セメントミキサーや機械部品を製造していた同社は当時旋盤を試作して、その生産を拡大しようとしていた。
16) 正式には PT. Industri Mesin Perkakas Indonesia（Persero）であって、和訳すると国営インドネシア工作機械工業である。
17) そのほかに10％の付加価値税が課せられる。
18) 未国産化機種は一般輸入業者による輸入が可能。
19) たとえば、旋盤では87年末にチャック、主軸、切削油ポンプ以外の部品国産化が達成されることをめざした。
20) 輸入の際の付加価値税は10％のままである。
21) Braadbaart, *op. cit.*, pp. 91-99.
22) *Ibid.*, p. 96.
23) *Ibid.*, pp. 90-91, 96-97.
24) IMG Consultants Pty Ltd. and PT Unecona Agung, *Engineering Subsector Study Report No. 1, Subsector Programming Vol. I*, Ministry of Industry, Directorate General of Machinery and Basic Metal Industry, 1985, p. 33.
25) ASIMPI, *The Company Profile of Member*.
26) ピンダッド産業機械・サービス部ダダン（Dadang Jatnika）、プナワン（Punawan）両氏からの聞き取り調査（2010年8月10日）による。
27) バンドンの機械工業の歴史的形成については次の文献を参照。Braadbaart, Okke, *Acquisition, Loss and Recovery of Technological Capabilities in Bandung's Engineering Industries, 1920-1990*, Paper presented at the First Euroseas Conference, Leiden, 1995.

28) Goeltom, op. cit., p. 140.
29) インドネシアの輸入統計では、ベルギー、ルクセンブルクが合算されている。
30) ベルギーは成形型工作機械の生産では世界第10位である（1994年）。他の主要国と異なり、ベルギーでは成形型に比べ、切削型工作機械の生産が少ない。
31) 機械振興協会経済研究所・日本工作機械工業会『アジア地域の工作機械需給動向』1991年、120頁。
32) ピンダッドの発展過程については、Zulkieflimansyah, *Memahami Dinamika Inovasi Teknologi di PT PINDAD Indonesia*（ピンダッドの技術革新のダイナミクスを理解する）, http://www.zulkieflimansyah.com/in/memahami-dinamika-inovasi-teknologi-di-pt-pindad-indonesia.html 参照。
33) 三平則夫・佐藤百合編『インドネシアの工業化　フルセット工業化の行方』アジア経済研究所、1992年、398～399頁。戦略産業に指定された他の国営企業は産業機械、鉄道車両、通信機器、船舶、航空機、鉄鋼、火薬などの製造やエンジニアリングを行っている。
34) ピンダッド機械事業部エンジニアリング部ルキアット（Ai Ruchiat）部長、スダルシノ（Slamet Sudarsino）広報部長からの聞き取り（1997年8月18日）。
35) BPIS, *Strategic Industries 1996-1997*, Jakarta, 1996, pp. 68-77.
36) アンケート調査に対するピンダッドの回答（1997年7月）。
37) たとえば、ライフル銃—ベルギー、擲弾—フィンランド、発電機、真空回路遮断器—ドイツ・ジーメンス、空気ブレーキ—ドイツ、レール固定金具—オランダといった提携である。
38) 前出プナワン氏による教示および技術応用評価庁工作機械・生産技術・自動化研究所（MEPPO, BPPT）ナスリル（Nasril）上級技師からの聞き取り調査（2010年8月13日）による。
39) 旋盤は3種類の心高に対して、それぞれ3ないし5種類の心間距離の仕様がある。フライス盤には2型式があり、うち1型式は2サイズの仕様がある。マシニングセンタも2型式あり、うち1型式は3サイズある（ピンダッド製品カタログ）。前掲表5-15の楊鐵工廠製旋盤YAM-550、700、1000がピンダッドに導入された型式の一つである。ただし、ピンダッド製は主電動機の出力が3馬力（PS）となっている。
40) 前出アンケート調査に対するピンダッドの回答。
41) 90年末現在で、インドネシアの民間企業グループは500を超えると言われる（三平則夫・佐藤百合編、前掲書、124頁）。
42) 安中章夫・三平則夫編『現代インドネシアの政治と経済——スハルト政権の30

年——』アジア経済研究所、1995年、346〜365頁。
43) 97年のテクスマコのパンフレットでは、化学製品・繊維70％、エンジニアリング20％、衣服8％、金融サービス2％となっている。
44) 『日経産業新聞』1997年7月8日。ポリシンドEPのPTA工場以外にインドネシアには石油公社プルタミナの20万トン工場（86年建設）、三菱化成とバクリグループ（主要事業は鋼管、貿易、農園）による25万トン工場（94年稼働）がある。
45) Braadbaart, Okke, *The Nuts and Bolts of Industry Growth: Textile Equipment Manufacturing in Indonesia*, Ph. D. dissertation, University of Nijmegen, 1994.
46) テクスマコによる繊維機械の技術修得については、Zulkieflimansyah, "Technological Learning at the Firm Level: Lessons from PT Texmaco Perkasa Engineering (TPE) Indonesia", *Usahawan*, 31 (8), 2002, pp. 23-34 および Adityawan Chandra and Zulkieflimansyah, "The dynamic of technological accumulation at the microeconomic level: lessons from Indonesia—a case study", *Asia Pacific Management Review*, 8 (3), 2003, pp. 365-407. が詳しく、工作機械の技術蓄積にも言及している。
47) 製織の際、横糸を通すのに杼ではなく、空気ないし水の噴流を用いる無杼織機。高価だが生産性が高い先端的織機である。
48) 1997年10月開催の第6回大阪国際繊維機械ショーに出展したテクスマコPEが配布したパンフレットによる。
49) 97年当時、テクスマコPEの従業員総数3500人の内、技術者は88人、この中に20人のインド人が含まれていた（聞き取り調査および "Creating the Building Blocks of Industry in Indonesia—Texmaco Perkasa Engineering", *JTN Monthly*, No. 515, Oct. 1997)。
50) インドの工作機械工業については、森野勝好『発展途上国の工業化』ミネルヴァ書房、1987年が詳しい。
51) 『工作機械統計要覧』1995年版、日本工作機械工業会。
52) 製品は小型工作機械で、卓上、直立ボール盤を中心に、マシニングセンタ等のNC工作機械も生産していた（*Swiss machine tools*, Verein Schweizerischer Maschinen-Industrieller, 1986.)。
53) 第4章で述べたように、ブリッジポートは91年にシンガポールでの生産を停止した。
54) このように特定メーカーの製品に統一すると、購入費の削減、保守管理の容易さ、操作・プログラム作成手順の共通性、メーカーとの連携の深化といった点で有利である。

55) 前出リッポンドゥウィ氏からの聞き取り（1997年8月20日）。
56) 日本の例では、石井正「力織機製造技術の展開」南亮進・清川雪彦編『日本の工業化と技術発展』東洋経済新報社、1987年参照。
57) 佐藤百合「経済再編と所有再編」同編『民主化時代のインドネシア』日本貿易振興会アジア経済研究所、2002年参照。
58) 1997年以降の状況についてはプルカサ・ヘビンド・エンジニアリング米谷隆三副社長からの聞き取り調査（2010年8月11日）による。
59) 2010年現在、切削型工作機械を生産しているのは、自動車製造用専用設備を製作している中小企業サリマス・アーマジ・プラタマ（PT. Sarimas Ahmadi Pratama）、理論とともに実践を重視する工業短期大学である産業機械技術アカデミー（Akademi Tehnik Mesin Industri：ATMI）の製造部門くらいのようである。前者はバンドン工科大学を卒業して、ピンダッドやアストラ・ダイハツモーターで経験を積んだダセップ・アーマジ（Dasep Ahmadi）が2004年に設立した企業で、2009年にマシニングセンタとNC旋盤を計9台製作している（2010年8月9日、同社スジョノ（Sudjono）会長、スハルト（Suharto）氏、アルディヤント（Ardiyanto Agung N.）氏からの聞き取り調査による）。
60) 工作機械市場の重層性の意義については、沢井実「工作機械工業の重層的展開：1920年代をめぐって」南・清川編、前掲書、中岡哲郎「発展途上国機械工業の技術形成」竹岡敬温・高橋秀行・中岡哲郎編著『新技術の導入』同文舘、1993年を参照。
61) 『日経産業新聞』1997年7月8日。
62) 沢井実『日本鉄道車輌工業史』日本経済評論社、1998年参照。
63) Goeltom, *op. cit.*, p. 140.
64) 前出フォンソ氏からの聞き取り。
65) MEPPOのマーフズ（Mahfudz Al Huda）工作機械・自動化部門長からの聞き取り調査（2010年8月13日）による。
66) 統一は82年にねじ切りフライス盤製造企業ヴァンダラー（Wanderer-Maschinen GmbH）を買収し、85年に旋盤製造企業ハイリゲンシュタット（Heyligenstaedt & Comp. Werkzeugmaschinenfabrik GmbH）に対し75％資本参加した（服部徳衛「国産化ドライブかかる韓国工作機械工業」『月刊生産財マーケティング』1986年7月号）。

第6章　中国工作機械工業の発展と技術

第1節　はじめに

　中国の工作機械工業は2000年代に入って、めざましい成長を遂げて、2009年の生産額において、日本、ドイツを抜き、世界一になったと報じられた（表6-1）。しかしその製品は主として非NC工作機械であり、2002年の生産台数23万台中、NC工作機械は1割にすぎなかった[1]。

　中国製工作機械は、その大部分が旺盛な内需に充当されるとともに、アメリカ、日本、ドイツ等の先進工業国や、少なくとも1997年の経済危機までインドネシア、マレーシアを中心とする東南アジア諸国にさかんに輸出されてきた（表6-2）。アメリカについて見ると、たとえば普通旋盤[a]等の輸入先は70年代の日本から80年代以降に台湾へと移行し、90年代に入ると中国からもさかんに輸入されるようになっている（後掲表終-2参照）。

　安価な中国製工作機械は、後発工業国では工作機械国産化を制約する側面を持ちながらも、下からの工業化を支えており、先進諸国では部品加工の原価削減に寄与している。このように中国製工作機械が世界各国で需要されるのは、中国が賃金水準の相対的に低い後発国でありながら、実用的品質の工作機械を生産できるからである。

　しかしそうした独自色をもたらすことになる中国工作機械工業の発展過程についてはこれまであまり知られていない[2]。本章では中国工作機械工業の発祥から改革・開放が始まった80年くらいまでを対象として、中国が現在、国際的競争力を持っている非NC工作機械の技術をいかにして修得してきたのかを明

表6-1 工作機械生産、輸出、輸入上位国(2009年)

(単位：100万ドル)

順位	生産国	生産額	輸出国	輸出額	輸入国	輸入額
1	中国	11,628.0	ドイツ	7,247.3	中国	5,900.0
2	ドイツ	7,884.1	日本	4,215.9	アメリカ	2,261.9
3	日本	5,815.8	イタリア	3,335.8	ドイツ	2,245.7
4	イタリア	2,673.5	スイス	1,832.0	韓国	1,133.0
5	韓国	1,903.0	台湾	1,739.9	ロシア	1,022.7
6	スイス	1,753.2	中国	1,410.0	メキシコ	916.4*
7	台湾	1,745.1	アメリカ	1,235.2	ブラジル	897.2*
8	アメリカ	1,686.4	韓国	1,212.0	イタリア	892.7
9	スペイン	663.0	スペイン	767.6	フランス	832.9
10	ブラジル	578.5*	ベルギー	678.6	ベルギー	634.1

注：生産額は切削型工作機械のみ、輸出額、輸入額には成形型工作機械を含む。
＊断片的なデータに基づいた大まかな推定数字。
出所：『工作機械統計要覧 2011』日本工作機械工業会、2011年。

表6-2 中国の工作機械の輸出先、輸入先上位国(1997年)

(単位：1,000ドル)

順位	輸出先	輸出額	輸入先	輸入額
1	アメリカ	54,631	日本	321,814
2	ドイツ	18,044	台湾	204,419
3	インドネシア	14,558	ドイツ	142,903
4	マレーシア	8,318	アメリカ	71,316
5	オーストラリア	7,968	イタリア	50,450

出所：『工作機械統計要覧 1998』日本工作機械工業会、1998年。

らかにする。

　中国の工作機械工業の発展過程、特に50年代を振り返ると、中国の経験は先進工業国（ここではソビエト連邦）から導入された技術を元に低開発国に最初から量産型工作機械工業を展開しようとした事例であることに気付く。この技術選択は大きな市場を前提として発展途上国が工業化しようとする場合に可能性として存在する。中国工作機械工業の経験は社会主義体制あるいは中国に特有の性格を帯びながらも、より普遍的な後発国の技術形成にまつわる問題を含んでいる。戦後中国の工作機械工業史の解明は日本、台湾、韓国、シンガポールとは異なる第4の後発工作機械工業の展開パターンを示すことになる。

第2節　旧中国における工作機械生産

　中国において近代的な工作機械の製造が始まったのは1860年代のことである。洋務派の李鴻章によって設立された近代的兵器工場である江南製造局は、発足当初にあたる1867年から78年の間に旋盤、ボール盤[c]、平削り盤などの設備機械186台を内製している[3]。日本での工作機械生産もほぼ同時期に始まり、東京砲兵工廠小銃製造所が設備機械を内製している。アヘン戦争がもたらした西欧近代文明の衝撃は中国と日本において、ほぼ同時に兵器製造用設備としての工作機械を国産化する契機となっていたのである。

　第一次世界大戦の影響は日本ほど決定的ではないにしても、中国の工作機械生産を促進した。1915年、上海の栄錩泰機器廠がイギリス製品を模倣して足踏み旋盤を生産し、24年までに200台以上の旋盤を市販した。これが中国における工作機械の商品生産の嚆矢とされる。上海では当時すでに機械工業の社会的分業が存在し、木型、鋳物、平削り、歯切りは近隣の工場に外注された。大戦による工作機械の世界的払底の中で日本製工作機械がイギリスをはじめ世界各地に輸出されたのと同様に、この時期、上海の協大機器廠製旋盤50台余りがジャワなどへ輸出されている[4]。

　1920年、上海のイギリス資本瑞鎔船廠に勤務していた王生岳は万能フライス盤を模倣製造し、その後、フライス盤による歯切り専門の王岳記機器廠を創設する。26年には上海の豊泰機器廠、福昌祥機器廠も万能フライス盤を製造している。32年から35年にかけては繊維機械メーカー大隆機器廠[5]が門形平削り盤、プラノミラー、研削盤[g]を製造し、30年代、上海中心に増えた工作機械製造工場はベルト掛け旋盤、形削り盤、門形平削り盤、立・横フライス盤[d]、直立ボール盤、ラジアルボール盤、自動ねじ製造機などに生産機種を広げていった。

　日本の中国侵略は工作機械分野において二つのまったく性格の異なる、そして自生的な中小民族資本とも異なる製造拠点を成立させた。「満州国」に設立された満洲工作機械株式会社と、国民政府の資源委員会中央機器廠である。

満洲工作機械は日本の代表的工作機械メーカー池貝鉄工所の出資を受けて39年、奉天（現瀋陽）に設立された[6]。同社はアメリカ企業と技術提携し、41年までアメリカから技術者の派遣を受けている。44年までに単軸自動旋盤を含む旋盤を中心に、ボール盤、フライス盤、平削り盤、研削盤など2455台を生産した。普通旋盤25台、自動旋盤5台、ボール盤10台、フライス盤10台という月産能力を持った、当時の中国では出色のこの工場は終戦を経て、その設備、技術資料が新中国に継承されることはなかった[7]。千人を超えていた工具が修得した技術と技能をその後、どのように生かしたかも詳らかではない。

戦後暫時、日本人技術者が現地に残留していたが、その中に工作機械技術者がいたかどうかは不明である。ただ戦時に東北地区で勤務していた日本人技術者が昆明機床廠[8]や斉斉哈爾第二機床廠[9]で働いていた記録がある。中国工作機械技術の発達上、彼らを取り立てて評価する必要はなさそうに思えるが、満洲工作機械をはじめ、奉天工廠、満洲三菱機器などいくつかの日系機械工場が立地していた瀋陽が新中国の工作機械工業の一大中心として発展した事実を考えると、日系企業に勤務した中国人自身の手にいくらかの技術、技能が受け継がれたことは否定できない[10]。

一方の中央機器廠[11]は国民政府資源委員会[12]が日本の侵攻に抵抗するための重工業建設の一環として設立した国営機械工場である。1936年に物理学者の王守競[13]が主任となって設立準備委員会が発足し、当初の計画では航空発動機の生産を最優先し、続いて原動機、工作機械、さらに自動車、紡績機械へと生産を広げる予定であった。この計画の下に王は渡米して航空発動機の提携先や製造設備の選定を進めたが、日中戦争の勃発によって航空発動機の国産化計画を断念した。また湖南省湘潭で建設が始まっていた工場は南京陥落を機に雲南省昆明郊外に移転された。39年、昆明にて中央機器廠は正式に発足した。主な製品は原動機、工作機械・工具、兵器である。原動機部門ではガス機関、ボイラ、水力タービン、発電機などが中心であった。工作機械・工具部門は終戦までに旋盤、フライス盤、形削り盤、ボール盤、門形平削り盤など500台以上の工作機械と、歯切りフライスやマイクロメータ[x]など1万8000個以上の精

密工具、測定器などを製造した。兵器は迫撃砲弾や擲榴弾などの信管であった。

　ここにはアメリカ製工作機械が数多く設置され、アメリカ人の来訪も多かった。また中央機器廠の技術者も技術修得のためにアメリカに派遣され、たとえば雷天覚は42年に渡米してプラット・ホイットニー（Pratt & Whitney）などで精密加工技術を学んでいる[14]。

　人材は計画段階で設置した予備廠で養成するとともに、南京、上海、杭州、漢口などで技能工、見習工、大学卒業生を募集した。当時北京大学、清華大学が昆明に疎開していたことも手伝って、地方都市としては異例ともいえる優秀な人材が集まり、中央機器廠は旧中国で最も先進的な総合機械工場であった[15]。しかし戦後、多くの従業員が接収工場の管理要員として転任したり、郷里へ帰った。中央機器廠は規模を縮小しながらも、新中国に移管され、中国随一の精密工作機械メーカー昆明機床廠へと発展していく。

　満洲工作機械や中央機器廠に限らず、戦時に中国の工作機械製造能力は向上し、精密旋盤、工具研削盤、横中ぐり盤[f]もつくられた[16]。上海では複数の機械工場によって中小型研削盤が製造され[17]、戦後、研削盤生産の中心となる基盤が形成された。

　戦後の一時期、中国人によって日本製工作機械が模倣生産されたが[18]、これは限られていたようで、まもなくソ連から工作機械図面が供与される。中国の工作機械工業は欧米製品の模倣製造や日系企業での経験を素地としながらも、新中国の成立以降、工作機械設計の面でも生産技術の面でも圧倒的にソ連の影響を受けることになる。

第3節　計画経済下での工作機械生産とソ連からの技術移転[19]

　1949年10月、中華人民共和国が成立し、社会主義計画経済下での工業建設が始まる。中国はソビエト連邦の経験に倣って、工作機械工業をはじめとする資本財産業の育成を消費財産業よりも先行させる方針をとった。解放の早かった東北地方では東北人民政府工業部機械工業管理局が優良機械工場を選定して、

機種別の分業を指導し、工作機械製造工場として瀋陽第一、第三、第五機器廠[20]が成立した。瀋陽第一機器廠は49年にベルト掛け旋盤を106台、翌年、技術的に一歩進んだ全歯車式旋盤を製造し、この年の生産台数は149台であった。50年に朝鮮戦争が勃発したため、戦地に近い瀋陽から第一、第五機器廠の一部の人員と設備が北方の斉斉哈爾に移転され、東北第11、第15機器廠が生まれた[21]。東北に続いて全国でも既存機械工場が工作機械工場へと転換した。この中には北京機器総廠、上海虬江機器廠、済南第四機器廠、昆明203廠といった後に全国有数の工作機械メーカーに発展する工場が含まれていた[22]。51年にはソ連から工作機械の図面供与が始まり、瀋陽第一機器廠に旋盤、瀋陽第五機器廠に直立ボール盤、北京機器総廠に万能フライス盤、南京機器廠に旋盤、昆明203廠に横中ぐり盤の図面が供与された。以後これらの機種が各工場を代表する製品として発展していく。52年に政府重工業部は全国工作機械会議を開催し、そこで全国の国営工作機械工場の機種別分業と第一次五カ年計画中にソ連の工作機械84種を模倣生産することを決定した。またこの年、第一機械工業部が成立し、その第二機器工業管理局（以下、一機部二局と略）が中国の工作機械工業を統一的に指導、管理することになる。

　1953年から第一次五カ年計画が始まる。当時中国には国営企業のほかに、公私合営や私営の企業が残存していたが[23]、一部の地方国営企業と、公私合営企業が一機部二局の直接管理の下に置かれる一方[24]、一部の小規模私営、公私合営企業は省市機械工業庁（または局）の管理下に入った[25]。こうして中央直属企業を基幹とし、地方企業を補助とする全国的な工作機械工業管理体制が成立した。中央直属企業は表6-3のように第一次五カ年計画中に18企業あり、52年の決定どおり、工場別に生産機種の調整が行われた。

　既存工場で改築、拡張とともに技術改造が展開されたが、この時期、中国の工作機械工業の技術進歩にとってきわめて大きな意義を持ったのは、瀋陽第一機床廠の全面的改造工事と武漢重型機床廠の新設工事に代表されるソ連からの技術援助であった[26]。瀋陽第一機床廠はモスクワにあるソ連を代表する旋盤専門量産工場クラスヌイ・プロレタリ（Красный пролетарий）工場[27]の製造

表6-3　一機部直属工作機械企業（1957年）

工場名	従業員数	生産機種	起源
瀋陽第一機床廠	5,562	普通旋盤、専用旋盤	東北機械一廠←日系機械工場
瀋陽第二機床廠（→中捷友誼廠）	2,797	ボール盤、中ぐり盤	東北機械五廠←日系機械工場
瀋陽第三機床廠	3,137	タレット旋盤、自動旋盤	東北機械三廠←日系機械工場
大連機床廠	2,209	普通旋盤、ユニット工作機械	広和機械廠
斉斉哈爾第一機床廠	4,375	立旋盤	東北機械一廠
斉斉哈爾第二機床廠	2,757	フライス盤	東北機械五廠
北京第一機床廠	2,236	フライス盤	本文注43参照
北京第二機床廠	1,480	形削り盤	修械所
天津第一機床廠	1,327	歯車形削り盤	天津市公私合営示範機器廠
上海機床廠	3,985	円筒研削盤、平面研削盤	中国農業機械公司虹江機器廠
無錫機床廠	2,108	内面研削盤、心なし研削盤	開源機器廠
南京機床廠	2,175	タレット旋盤、自動旋盤	中国農業機械公司南京分公司南洋機器廠
済南第一機床廠	1,969	普通旋盤	山東機器廠
済南第二機床廠	2,380	門形平削り盤、機械プレス	44兵工廠
長沙機床廠	1,638	形削り盤、ブローチ盤	中国農業機械公司長沙分公司湖南機械廠
武漢機床廠	1,389	工具研削盤	阮恒昌鉄工廠
重慶機床廠	2,303	ホブ盤	中国汽車製造公司華西分廠
昆明機床廠	3,009	中ぐり盤、フライス盤	資源委員会所属中央機器廠

出所：鄧力群・馬洪・武衡主編『当代中国的機械工業　上』中国社会科学出版社、1990年、128頁より抜粋。
　　　旺徳涛「中国近現代機床発展史話」郭可謙・小沢康美・佐藤建吉編『機械技術史(2)――第二届中日機械技術史国際学術会議論文集』機械工業出版社、2000年、565頁。

方式を参照して、旋盤年産2800台の工場となることをめざし、53年に着工された改造工事は55年に完成している。大型工作機械年産380台の設計に基づいて55年に着工された武漢重型機床廠は58年に完成した。

　このうち中小型普通旋盤を生産する瀋陽第一機床廠での経験は全国の工作機械工業に対して強い影響力を持った。瀋陽第一機床廠はソ連の工作機械技術を修得する最大の拠点だったのである。ここで修得された工場の設計方法、製品の製造技術、管理手法は毛沢東が53年に発した「全力をあげてソ連に学べ」という指示に従って、他の多くの工場によって学習された。また一方で瀋陽第一機床廠を技術指導していたロシア人技術者は市内他工場や遠隔地の工作機械工場にも出かけて直接技術指導をしている[28]。

　この瀋陽第一機床廠に移転された工作機械製造技術には世界の工作機械工場と比べて際立った特徴があった。モデルとなったクラスヌイ・プロレタリ工場

は専用機、トランスファマシン[k]）、自動歯車生産ライン、組立用コンベアラインを用いた旋盤量産工場で、60年頃１Ｋ62型普通旋盤を月千台生産していた。61年に池貝鉄工が同工場製１Ｋ62型高速精密工具旋盤を購入して検査したところ、きさげ[v]）、やすり、ペーパー仕上げの箇所がなく、ソ連の量産技術の優秀性を示していたという[29]）。工作機械メーカーが濫立していた日本を含め、西側先進諸国から見ると工作機械の量産によるコストダウンは理想的であったが、個別企業はそれだけの販路を持っていなかった[30]）。

これに対しソ連、中国など計画経済の大国では単一機種の集中生産が可能であった。瀋陽第一機床廠にはそういう工作機械量産技術が導入されたのである。もっとも生産規模は当初、旋盤と研削盤を合わせて年産4000台として計画され、最終的には旋盤年産2800台と設定される。

瀋陽第一機床廠における技術導入の状況を直接知ることができる資料を持っていないので、同廠の影響を強く受けたと見られる瀋陽第二機床廠の例で、当時の中国工作機械工場がどういう問題を抱えていて、その解決に向けてソ連の技術者たちがどのように寄与したのか見てみよう[31]）。54年当時、瀋陽第二機床廠は２、３年前に着手した直立、ラジアル、卓上各ボール盤の生産を継続しながら、これらの新製品および中ぐり盤の試作、生産を始めていた。ところが同年７月、一機部二局がこの工場の製品を検査したところ、試作品および従来型の在庫品すべてが不合格であった。品質検査で明らかになった問題点は①部品精度が許容誤差から外れている、②運転時の騒音が高い[32]）、③製品内部に鋳物砂が残っている、④外観の不良、⑤電気部品の故障、⑥油漏れ等であった。これらの原因を含む工場の生産、管理上の問題として①新製品の開発方法の誤り、すなわちモデル試作→小ロット試作→大ロット生産という手順を踏んでいない、②設計、生産技術の準備不足、③確認を終わっていない設計による生産、④図面の安易な変更、技術文書の不備、⑤検査器具の精度不良、⑥幹部の品質意識の低さと責任者の不在が指摘されている[33]）。事態を重く見た二局は生産停止を命じ、54年11月から翌年６月まで瀋陽第二機床廠は技術改造に専念する。これを支援するため二局は２回にわたりソ連の専門家チームを派遣した。まず54年

11月、瀋陽第一機床廠と哈爾浜量具刃具廠(ハルピン)を指導していたソ連人専門家10数人が第二機床廠に赴き、新製品２Ａ125直立ボール盤の試作からロット生産に至る技術指導に着手する。

　彼らはまず製作図を検討した。設計の基礎となったソ連の図面と照合して、技術的根拠を理解せずに行われていた許容誤差の変更箇所を修正し、さらに設計課、生産技術課を中心に、検査課、車間[34]技術係も交えて、生産技術面からも図面が検討された。同時に適正な図面で製作し、設計変更を確実に現場に伝達するために、設計課には図面の管理と修正の制度が導入された。従来から不足し内容も不十分であった生産技術文書は補充、修正され、小ロットの試作を行った際にその適否を検証した。治工具[w]は生産技術規程と治工具設計任務書によって目録を作成し、これに基づいて整理し、検査した。これらの治工具の精度を維持するための検査制度も制定されている。また、製品検査に使用していた多くの検査器具が精度不良であったので、計量室は基準となる精密測定装置によって検査器具の定期的な検査・検定を実施し、その記録を保管するようになった。検査課には検査器具保管室が設置され、生産用検査器具とは区別して、検査員専用の検査器具が保管、管理されるようになった。加工用設備も使用法および保守が悪く、破損と精度の劣化が進んでいた。ソ連人専門家はこれらのレベル調整[35]、検査、修理を指導し、12名の仕上工がその方法を学んだ。設備の操作・保守(メンテナンス)手順書が集められて翻訳され、保守制度がつくられた。また仕上げ用と粗加工用(あら)の機械が区別され、仕上げ用機械が粗加工に用いられて精度の劣化をきたすという旧弊を改めた。在庫部品と仕掛品は検査済の測定器と修正された図面に基づいて再検査され、不合格品は手直し、ないし再製作された。鋳造も問題が多かったが、砂と粘結剤の改善による砂型の品質向上、キューポラの羽口（送風口）の改造と炉管理の強化、木型の改良とその管理制度の制定、中間検査の実施、各工程の分業化、生産技術規程の制定などが進められたので、鋳物部品の品質も向上した。

　ソ連人専門家は図面、治工具、検査器具、設備機械、在庫部品、鋳造技術の手直しに協力しただけでなく、それらの質を維持するために、各部門の組織、

管理制度を改善した。55年5月に2А125直立ボール盤の試作機が完成し、小ロット生産が始まった。その品質は国家標準に到達していた[36]。

　5月に第1陣が任務を終えて工場を離れ、入れ替わりに7人のソ連人専門家が着任した。当時、毎月の生産計画の完遂と2А125直立ボール盤の量産に必要な生産技術文書と治工具の整備が差し迫った問題であり、同機の大ロット生産に対応するように主要部品の生産技術が再編成された。たとえば工作テーブルの加工は従来、形削り盤で1個ずつ加工するように規定されていたが、これを門形平削り盤で10数個同時加工するように改めている。加工手順の変更によって治工具も再設計された。専門家の指導を受けて生産課は月間の作業計画を改善し、重要部品は毎日の、一般部品は毎週の生産進度を決めて、さらに実際の進度を把握するための帳票制度をつくった。部品倉庫では部品の出納管理を強化し、欠品の発生を予防した。組立車間では作業工程を確定し、各工程の所要工数を把握した上で、月間生産計画を達成するために必要な平均日産量から、生産ロット数と生産周期を決定した。また各工程の所要部品明細表を作成して、合せて部品の機械加工工程と標準加工時間を考慮して、組立用部品の必要在庫量を算出した。組立車間ではこれまで部品組立の流れが錯綜していたが、専門家の提案により製品系列別に二つの作業ラインを設置し、組立順に工程を配列した。このため工程間の部品移動時間が短縮された。また工程、生産量、人員、作業内容、作業場を確定（五定工作）した結果、作業能率が向上した。こうして生産ラインを定常的に滞りなく稼動させる仕組みがつくられた。

　職能部門の業務遂行に関しても、たとえば生産技術課では加工部品の図面審査からその加工用治工具の設計までの手順とその進行を管理するための各種書式が準備された。月間の作業計画を立て、責任者を明確にして、生産技術業務の進度管理をするようになった。こうして量産システムを円滑に稼動させるための緻密な帳票制度が張り巡らされた。ソ連人専門家第2陣の支援により、生産の不均衡や技術的問題が解消され、2А125直立ボール盤の生産量は増加し、製品の品質も安定した。

　機械の製造一般とその量産にあたって考慮すべき要諦を示した、2度にわた

るソ連人専門家の技術指導によって、瀋陽第二機床廠の生産の混乱は収拾され、生産技術の向上とともに製品の品質が改善された[37]。この瀋陽第二機床廠における技術改造の経験は二局の刊行していた『機床与工具』、『機械工業』誌上で逐次紹介され、さらにまとめて単行本となり[38]、全国の工作機械工場への普及が図られた。ソ連人技術者が果たした役割とともに、一機部二局の調整・支援機能も高く評価する必要がある。

　しかし瀋陽第二機床廠によって修得された生産技術は工作機械の量産技術であり、多品種少量生産に従事している工場には適していなかった。その一つの例が残留日本人技術者山本市朗氏の勤務していた機械工場であった[39]。ここにも瀋陽第二機床廠と同じ新製品試作の手法が持ち込まれたが、「気の遠くなるほどの会議や討論を繰りかえしながら、ものすごく長い時間をかけて、どうやらこうやら設計図ができ上がる」と、「たった1台の試作機を作るためだけの材料明細書、工数、工程明細表、実際の加工操業用の操作指令表など、一連の複雑な技術カードを何百枚と作らねばならな」かった。その結果「日本式に、一人の親方が手下どもを指揮して、わっとやってしまえば、二、三か月でできあがる試作機が、一年も一年半もかかった」。機械工の作業についても「労働者の使う工作母機（工作機械のこと——引用者）の型式や種類はもちろんのこと、加工部品をつかむチャックの種類や大きさ、使用するバイトの材質から幾何学的形状、主軸[m]の回転数から切削油の種類、バイトの突っ込み量や送りの速度、それに対応する加工所要時間、その加工部品を引き継ぐ相手から引き渡す先まで、こと細かに技術カードに記入してあって、労働者は、そのとおりに仕事をしなければ操作規定違反にな」った。こうした管理手法は作業者の乏しい経験を前提として、作業を細分化し、同じ製品を量産する場合には有効であるが、経験工がいる職場で多品種少量生産する場合には適していなかった。

　また斉斉哈爾第一機床廠でも生産量の多くない6Ｈ12型フライス盤の生産に際し、瀋陽第一機床廠に倣って1台の専用中ぐり盤と30余りのジグ[w]を製作したが、これらが揃う前に製品が完成してしまった[40]。生産量が少なければ、わざわざジグをつくらずに手で罫書きして、既存の汎用工作機械で加工すれば

事足りたのである。

　このように生産量に応じて生産技術は自ずと変えねばならないということを理解せずに、きわめて広範囲の工場に量産技術が適用されたことが、多大な間接労働とそれに相応しない結果を生みだした。この時期、現場労働者に占める経験工の比率は大躍進時に比べ高かった。熟練工は作業方法を細かく指定されることを嫌い、文書の読み書きにも強い心理的抵抗を覚えたであろう。また実務に疎い技術員が熟練工の納得する作業手順書を作成することは難しかった。この苦い経験によって醸成された現場の不満が、大躍進のときにソ連技術への無批判な追従を形式主義として批判していく下地となったと考えられる。生産量を追求する大躍進運動の中で、ソ連から導入された量産に対応した生産管理システムが効果を発揮する条件が与えられようとしたとき、工業生産に不可欠でその本質をないがしろにできない諸々の生産技術までもが打ち捨てられることになる。

　第一次五カ年計画期の末に、中央直属企業、地方企業合わせて204機種2.8万台の工作機械が生産され、国家建設に必要とされる最も基本的な汎用工作機械の需要は充足された[41]。

　フルシチョフによるスターリン批判のあと中ソ関係に亀裂が入り、60年にソ連技術者の引き上げという事態に発展するまで、二大社会主義国間の友好的協力関係は資本主義国間では考えられない広汎な影響をもたらしたのであり、この時期の中国工作機械工業の発展もその成果であった。

第4節　工作機械生産の「大躍進」

　1958年から大躍進が始まる。大躍進といえば大衆の動員による治水工事や土法製鉄が有名であるが、工作機械工業でも量的拡大が志向されるとともに、一機部直属工場が地方管理へと下放され、地方政府は小型工作機械工場の展開を促した。この結果、57年に2.8万台であった中国の工作機械生産は、大躍進の終息する60年に15万台へと急増した（表6-4）。58年から60年までに生産され

表6-4　中国工作機械の生産・輸入・輸出の推移

年度	金属切削工作機械生産[1] (万台)	部定点機床生産[2] (台)	全国輸入機床[2] (台)	全国輸出機床[2] (台)
1949	0.16	718		
1950	0.33	1,188	3,386	
1951	0.59	1,239	3,188	
1952	1.37	3,526	4,541	39
1953	2.05	5,958	5,140	5
1954	1.59	6,518	4,474	68
1955	1.37	7,029	2,633	47
1956	2.59	16,864	1,590	51
1957	2.80	20,710	2,579	169
1958	8.00	46,487	4,572	1,043
1959	11.55	42,342	3,552	1,115
1960	15.35	62,695	1,683	1,442
1961	5.67	21,809	773	1,260
1962	2.25	13,581	313	2,965
1963	2.22	16,224	662	2,854
1964	2.81	22,041	1,346	2,811
1965	3.96	31,958	2,755	1,688
1966	5.49	44,076	5,370	2,107
1967	4.07	31,449	4,149	1,695
1968	4.64	31,979	3,335	1,828
1969	8.56	57,415	3,831	2,034
1970	13.89	80,107	5,114	1,373
1971	14.57	80,716	4,634	1,806
1972	16.22	78,967	4,675	2,291
1973	18.33	80,385	3,332	3,252
1974	16.45	73,881	5,178	3,929
1975	17.49	79,167	4,104	3,876
1976	15.70	64,773	3,028	4,366
1977	19.87	65,932	2,617	4,292
1978	18.32	72,778	2,130	4,805
1979	13.96	83,665	2,993	6,556
1980	13.36	98,951	804	7,656
1981	10.26	79,247	2,473	8,932
1982	9.98			
1983	12.10			
1984	13.35			
1985	16.72			
1986	16.37			
1987	17.22			
1988	19.17			
1989	17.87			

年度	金属切削工作機械生産[1] (万台)	部定点機床生産[2] (台)	全国輸入機床[2] (台)	全国輸出機床[2] (台)
1990	13.45			
1991	16.39			
1992	22.87			
1993	26.20			
1994	20.65			
1995	20.34			
1996	18.55			
1997	18.65			
1998	15.65			
1999	15.12			
2000	17.66			
2001	19.21			
2002	23.20			
2003	30.68			
2004	38.93			
2005	45.07			
2006	56.21			
2007	60.68			
2008	61.73			

注:『工作機械統計要覧』から90年以降の輸出入台数の数値を得ることができるが、膨大な数の卓上グラインダーを含んでいるので採用しなかった。
出所:1) 国家統計局工業交通統計司編『中国工業経済統計年鑑』中国統計出版社、1995年、44頁。
95年以降は前掲『工作機械統計要覧』。
2)『金属切削機床専業史(1918〜1983年)』機械工業部北京機床研究所、1984年、141〜142頁。

た35万台の工作機械中28万台は地方で土法生産された簡易工作機械であった。表6-5の例が示すように、これらは旧式のベルト掛け旋盤や鉄木混成の旋盤が大部分で、加工精度や性能が悪く、工業生産には使えなかった。生産量優先の傾向は基幹工場でも見られ、そこでは生産目標がしばしば上乗せされる一方、こうした計画変更への対応が難しいソ連に倣った生産管理制度が批判され、職能科室のスタッフが持っていた権限が車間へ下放されたため、生産管理が混乱するとともに、検査制度も形骸化して品質の重大な低下を招いた。

ここでは北京第一機床廠における工作機械生産の展開過程をたどって、大躍進期の工作機械量産への志向がどのようにして粗製濫造という結末をもたらしたのか検討したい[42]。

第6章　中国工作機械工業の発展と技術　223

表6-5　天津地区の工作機械生産台数（1958年7月下旬～10月中旬）

工場名	ベルト掛け旋盤	簡易旋盤	平削り盤	形削り盤	フライス盤	ボール盤	鉄木製旋盤	他	合計
楊柳青鉄廠	400		30		5	4		1	440
滄鎮鉄廠	132	44	8	1					185
勝芳鉄廠	96								96
楊柳青農具廠	10								10
1市28県1鎮	1,733	494	49	43	13	120	940	40	3,432
合　計	2,371	538	87	44	18	124	940	41	4,163

出所：第一機械工業部第二局・河北省機械局合編『河北省機床製造経験交流現場会議資料匯編』機械工業出版社、1958年、62頁。

　現在でも中国を代表する工作機械メーカーの一つである北京第一機床廠の前身は国民党の第6、第8、第1修械所、つまり銃器の修理・製造工場であったが、それぞれ外資系、ないし民族系機械工場としてかなり長い歴史を持っていた[43]。49年にこれらの工場を中心に13工場を統合して北京機器廠が成立した。同廠は工員約900人、設備機械113台を有して、機械修理から水車、トロッコ、セメントミキサー、さらに形削り盤の製造へと業務を拡大し、52年にソ連から供与された図面に基づいて万能フライス盤の試作に成功している。翌年にはその小ロット生産を始め、北京第一機床廠と改称して、これ以後フライス盤専門メーカーとして発展していくことになる。北京第一機床廠の第一次五カ年計画期から大躍進期までのフライス盤生産台数の推移を表6-6に示す。この表によると第一次五カ年計画中の生産は順調に増加しているとはいえ、中小量生産の段階であった。58年当時の生産は2号、3号サイズ[44]の万能、立、横各フライス盤合計6種の標準品を中心としていた。

　第一次五カ年計画期にソ連から北京第一機床廠へどのように技術移転が行われたかについては詳らかではないが、首都に立地する大規模なこの工場にも確実にソ連技術が移転されていたと思われ、生産台数が少なく生産設備の専用機化、ライン化が進んでいない割には量産対応の生産管理システムが導入されていた。53年に作業計画が推進され、諸帳票による工程や原価の管理制度が導入された。材料供給が順調で、製品の納期や生産の指標が合理性を持ち、責任の

表6-6 北京第一機床廠の生産の推移

年	フライス盤生産台数（台）	従業員数（人）	工作機械設備（台）	利潤総額（万元）	2号万能フライス盤 生産台数（台）	2号万能フライス盤 単位コスト（元）
1952		1,626	318			
1953	31					
1954	118					16,767
1955	201					12,809
1956	560					10,813
1957	615	2,236	385	426	563	9,819
1958	1,151			1,139	1,098	6,919
1959	1,440			1,321	1,034	7,171
1960	2,131		658	2,414	1,710	6,164
1961		5,108				

出所：北京第一機床廠調査組『北京第一機床廠調査』中国社会科学出版社、1980年より作成。

　所在も明確で、資材や部品の調達にも支障がなかったため、総じて第一次五カ年計画期の作業計画は順調に達成され、生産、技術、財務の連携がとれた計画的、組織的生産が実施されていた。しかし計画達成が絶対視される一方で、労働者の主体性は尊重されず、計画遂行に必要な事務的手続きが煩瑣なため、職能スタッフが過剰であった。

　大躍進期に入ると増産のため多数の見習工が入廠した。その結果、労働者の78％以上は56年以降入廠の1、2級工になった[45]。彼らは図面の見方や金属加工について知識も経験も持っていなかった。59年にフライス盤を量産化する必要から部品製造部門に21の機械加工ラインが設置され、一部専用機が使用されるとともに、大部分の工作機械に専用ジグが配備された。こうした設備の改善によって機械操作を単純化し、未熟練工でも作業を遂行できる増産体制が採用された。量産体制の構築は熟練工への依存度を軽減する一方、精緻な生産管理制度を必要とする。設備の故障や材料の供給遅れ等によってラインの一カ所でも生産が遅れたり止まったりするとその工程以降のライン全体が停止を余儀なくされるからである。しかし量産化に伴って生産管理がますます必要となったこの時期にそれが批判にさらされる。第一次五カ年計画期に量産型ラインの採

用に先行して量産に対応した生産管理技術だけが導入されたため、それに対する不満が鬱積していたところへ、労働者の主体性を重視する大躍進が始まり、それまでの硬直的な生産管理体制が破壊された。

　生産管理の中枢的機能を担っていた職能科室が簡素化され、生産計画、設計や検査といった技術管理、設備・工具・材料などの資材管理、それに財務管理、これらの生産管理上きわめて重要な権限が職能スタッフから車間以下の現場組織に下放された。計画権の下放によって、計画全体の進行状況が見えなくなり、総合的な調整が困難になった。設計権の下放は車間の生産上の都合に基づく安易な設計変更を促し、頻繁な設計変更は納品後のアフターサービスを困難にした。検査権の下放は生産量優先の状況下で検査の形骸化を生んだ。設備管理権の下放は設備の修理・保守と故障の原因分析の能力低下をもたらし、設備のマニュアル、修理記録、補修部品図などの管理もなおざりになった。設備が増加し、増産に従って酷使される中で、メンテナンス不良による故障が頻発した。工具管理権の下放は工具の在庫と精度の管理をあやふやにした。これはまさしく第一次五カ年計画期にソ連から導入された生産管理技術が解体されていく過程であった。生産がライン化し、設備機械が専用機化する中で、管理の不行き届きの結果として生じるたった一つの工程の材料、部品、工具の不足や設備機械の故障がライン全体を停止させるため、生産の停滞は以前に比べ増幅された[46)]。

　一方でまた「主体性の発現としての」生産目標の頻繁な引き上げは生産計画を混乱させるとともに材料、購入品の不足をもたらした。最適なサイズの材料が揃わず、加工代の大きい材料からの削り出しが余儀なくされ、材料と加工時間の浪費を招いた。モーターなど購入品の不足は仕掛品を増やした。工具の供給も不足したが、これは増産による需要増加のほか、機械工の技能低下により工具の破損が増え、さらに工具管理が行き届かなくなったためでもある。生産量の拡大と計画管理の弛緩により、月初は材料と部品が揃わず手待ち状態になり、月末になると総動員で突貫工事をするという状況を生み出した。生産目標達成をめざして、部品は無検査で組み立てられ、検査要員さえ生産の応援に動

員されるというのが月末の状況であった。そうしてもなお目標は達成されず、結果を見てからさかのぼって「計画」が修正され「目標達成」とされたのである。つまり計画的な管理された生産ではなかった。

　先に触れたように、増員された未熟練工が機械を操作できるように、専用治工具の装着による汎用工作機械の専用化が行われた。これにより低級工は比較的早期に作業に習熟した。しかし彼らは入廠後十分な教育を受けなかったため、図面を見ず、また見てもわからず、寸法公差、表面粗さ、測定法、治工具の使用法などの基本的知識も持たないまま、最初に教えられた操作手順のまま機械を操作した。フライス盤の本体を構成するコラムは従来7、8級の熟練工が汎用工作機械を駆使して加工していたが、この仕事も低級工がジグを装備した専用機を用いて行うようになった。設備面での対策が施されたにもかかわらず、60年におけるコラム主軸穴の精密中ぐり作業の検査結果は合格14.9％、材料不良による廃品12.1％[47]、加工不良による廃品3.6％、手直しして採用69.3％という惨憺たる状況であった。すなわち図面どおりに加工されたものは15％にすぎず、7割は図面どおりに仕上がっていなかったため、再加工を経て使用された[48]。揺籃期にある工作機械工業において、熟練を排除できるほど完成されたラインを構築することはやはりできなかったのである。これに検査制度の弛緩が輪をかけた。検査員は特権思想の持ち主と見なされたため、検査基準の堅持が困難であった[49]。また検査員の不足と技能の低さにより不良箇所の発見が不充分であった。こうして加工水準そのものの低下と本来は強化すべき検査体制の弱体化によって粗製濫造が生じたのである。

　ソ連の生産管理制度は品質の良い製品を安定的に量産するための緻密な体系を持っていたが、上からの一方的な管理であって、生産計画が忠実に実行されることを目標としていた。そこでは労働者は決められたとおりに決められただけの労働をすることが求められており、労働者が主体的に行動することは計画の攪乱要因でしかなかった。これに対し大躍進期の中国は労働者が主体性を発揮することを何よりも重視し、物質的奨励によって労働者の意欲を引き出すソ連の生産管理制度をそのまま踏襲することはできなかった[50]。大衆の主体性を

引き出すために、ソ連の生産管理制度が有していた均質な製品を定常的に量産するのに不可欠な機能が職能スタッフから現場に下放されたが、これらの機能は大衆によって確固として維持されることなく、その主体性の名の下に形骸化し、生産の混乱と品質の低下を招いたのである。

　こうした大躍進に見られた典型的な状況の一方で、工作機械工業ではこの時期に新たな取り組みが始まっている。すなわち精密工作機械の試作と自動工作機械の開発への動きである。50年代後半、機械工業と国防工業の発展に伴って精密工作機械の需要が高まった。57年に瀋陽第一機床廠が親ねじ[n]旋盤を、58年に上海機床廠が工具、歯車、ねじ各研削盤を、昆明機床廠がジグ中ぐり盤を、いずれもソ連製品の模倣によってつくり上げた。これらの精密工作機械は生産設備や測定・試験装置が限られ、枢要部品も入手困難な状況下で、熟練工によるきさげや組立・調整技能に依存して製作された。したがって品種、生産能力ともに少なく、加工精度も不安定であった。60年、ソ連からの製品輸入と技術導入が困難になると、政府は精密工作機械企画六人小組を結成して「精密工作機械戦役」を始めることになる。自動工作機械分野でも59年、一機部二局は電動機や軸受などの量産工場向け自動加工ラインの開発を決定している。これら精密工作機械や自動工作機械はゆっくりではあるが、着実に国産化の歩みをたどることになる。

第5節　調整期から文化大革命へ

　量的拡大を最優先し、それを実現する大衆の主体性に過度の期待をかけた大躍進は、主体性の発露を阻んだソ連直伝の体系的かつ硬直した生産管理制度を骨抜きにした。その結果、大量の不良品が生み出されたため、61年からの調整期に秩序ある生産への復帰がめざされる。工作機械工業でも基幹工場は一機部直属に戻り、地方工場の廃止、合併、転業、縮小が進められた。その一方で一機部は地方の工作機械企業を調査し、優良工場に対しては基幹工場を通じて技術援助した。これにより地方工場の生産技術と管理体制は改善され、基幹工場

の一部製品の生産が移管された。地方工場の強化は64年から三線建設[51]として進められ、文化大革命期に一層の発展を遂げる。

　ソ連からの技術導入が途絶する中で精密工作機械の国産化を進めるため、60年に始められた精密工作機械戦役はまず全国調査を実施して、それに基づいて61年から70年までの精密工作機械発展計画を立案した。63年に外国製モデル機を各工場、研究所に据え付け、静的剛性、振動、熱変形、精度、耐久性を試験、測定し、得られたデータを元に製品設計を改良した。こうした外国製工作機械の分析は第1章で述べたように、戦後のほぼ同時期に欧米との技術格差を縮めようとしていた日本でも行われていた。60年代前半には精密加工技術を修得するため、上海、昆明、武漢重型各機床廠と北京機床研究所[52]に恒温室が建てられ、そこに輸入された精密生産設備、試験・測定機器が設置された。これらの設備を用いて高精度工作機械・測定機器が開発されるとともに、技術者、技能者が養成された。精密工作機械戦役は文化大革命によって中断されるまでの間、精密工作機械の設計と製造の技術進歩をもたらした。65年時点で中国の工作機械生産は537機種、3万9600台、工作機械メーカーは76社であった[53]。汎用工作機械は基本的に自給できるようになり、一部の精密、大型、自動工作機械も生産可能になった。この時期に中国工作機械技術は一つの頂点に達する。

　1966年に文化大革命が始まる。大躍進と同様、生産量拡大への強い志向、上からの企業管理の否定、それに伴う検査制度の弱体化によって、ふたたび製品の品質は落ちた。文化大革命は76年まで継続されたが、ちょうどこの時期、日本を中心とする西側先進国ではNC工作機械の開発が精力的に進められ、その普及が始まっていた。中国は58年にNCフライス盤を開発するなど日本と同時期にNC工作機械の開発に着手していたにもかかわらず、文革期の技術交流の途絶によって決定的に遅れ、その結果現在まで中国製NC工作機械の競争力は弱い。また学校教育の否定や知識人の辺境への下放は企業における人材の断層を生み出し、技術の継承を困難にした。文革が工作機械工業に与えた負の影響は大躍進よりはるかに大きく、調整期に縮まった内外技術格差はふたたび広がったのである。

第6章　中国工作機械工業の発展と技術

表6-7　三線建設によって設立された工作機械企業

三線企業	所在地	母体企業	生産機種
秦川機床廠	陝西省	上海機床廠	歯車研削盤
漢江機床廠	陝西省	上海機床廠	ねじ研削盤
漢川機床廠	陝西省	北京第二機床廠	ジグ中ぐり盤
寧江機床廠	四川省	南京機床廠	精密工作機械、ユニット工作機械
長征機床廠	四川省	北京第一機床廠	フライス盤
内江機床廠	四川省	上海第一機床廠	傘歯車形削り盤
星火機床廠	甘粛省	瀋陽第一機床廠	旋盤
険峰機床廠	貴州省	無錫機床廠	心無し研削盤
東方機床廠	貴州省	済南第二機床廠	門形平削り盤
青海第一機床廠	青海省	斉斉哈爾第二機床廠	フライス盤
青海第二機床廠	青海省	済南第一機床廠	スプラインフライス盤、ホブ研削盤
青海重型機床廠	青海省	斉斉哈爾第二機床廠	大型工作機械、鉄道専用工作機械
長城機床廠	寧夏回族自治区	大連機床廠	旋盤、ユニット工作機械
大河機床廠	寧夏回族自治区	中捷友誼廠	ボール盤、ユニット工作機械
豫西機床廠	河南省	瀋陽第三機床廠	タレット旋盤
呼和浩特機床廠	内蒙古自治区	天津市機床廠	旋盤
長江機床廠	湖北省	天津第一機床廠	歯車形削り盤

出所：鄧、前掲書、128頁より抜粋。

　行政機構から見ると69年に一機部二局が廃止されて、翌年中央直属企業と総合研究所が地方へ下放されたため、工作機械工業のマクロ的管理が弱められた。このため地方を中心に工作機械・工具企業が増え、79年に1400社以上に達した。その結果低級な汎用工作機械の生産が急増し、77年の工作機械生産は20万台近くに及んだ。しかしすべての地方工場の技術水準が低かったわけではなく、三線建設によって設立された企業は別格であった（表6-7）。これらはいずれも沿海部にある基幹工場の従業員と設備の一部を移転して新設された。各社とも高級機種を分担して製造している点が特徴である。陝西省、四川省、青海省などもともと工業基盤がまったくない、交通も不便な内陸に数社まとまって建設され、付近には鋳物や部品の工場も新設されている。立地上、不利な三線企業は一見発展性がなさそうだが、表6-8のようにNC工作機械販売で伸びた企業がある。三線建設の一方で、従来の基幹工場では設備投資が停滞し、高級工作機械の開発と生産が低迷した。その結果、基幹工場の設備は表6-9のよう

表6-8　中国工作機械製造・販売上位企業

(単位：万元)

順位	1996年総生産額		1999年NC工作機械販売額	
1	瀋陽機床股份有限公司	48,752	瀋陽第一機床廠	9,305
2	無錫機床股份有限公司	30,861	北京第一機床廠	6,852
3	大連機床集団公司	26,894	無錫開源機床集団公司	5,936
4	南京第二機床廠	22,416	秦川機床集団有限公司*	5,449
5	新郷機床廠	20,114	済南第一機床廠	4,457
6	北京第一機床廠	14,865	北京機床研究所	3,908
7	雲南機床廠	13,343	常州機床総廠	3,824
8	南通機床股份有限公司	12,482	宝鶏機床廠*	3,698
9	秦川機床集団有限公司*	12,186	漢川機床廠*	3,306
10	済南第一機床廠	12,122	中捷友誼廠	3,235

注：＊印は三線企業。
出所：盛伯浩、蘇天健『数控機床市場』機械工業信息研究院産業与市場研究所、2000年。
　　　王恵方『金属切削機床市場』機械部科技信息研究院産業与市場研究所、1999年。

表6-9　上海機床廠の機械設備の経過年数別構成比（1983年）

経過年数	5年以下	6～10年	11～15年	16～20年	21～30年	30年以上
構成比（％）	8.7	15.5	17.6	13.2	34.3	10.7

出所：蔣一葦主編『上海機床廠経営管理考察』経済管理出版社、1986年、174頁。

に老朽化して後に問題となる。

　文革期のもう一つの技術的成果は二汽戦役による自動車生産設備の国内生産であった。二汽とは第二汽車廠（現東風汽車）のことで、長春の一汽に次いで建設された中国第二の自動車工場である。二汽戦役はこの二汽にジープ、トラックを年間10万台生産する設備を供給しようという計画であった。この計画実施に際して一機部二局が66年、二汽装備弁公（事務）室を設置した。ここは設備調達のための調査・研究と規格制定を行い、国内の科学技術力を総動員すべく、設備の設計と製造を手配した。この事業には工作機械・工具企業、研究所、地方企業、高等教育機関など138機関が参加し、71年から75年にかけて7664台の工作機械が二汽に供給された。これらは二汽設備の98％以上に相当し、汎用工作機械364種、専用工作機械291種、ユニット工作機械440種、大型工作機械15種、ユニット構成自動ライン34、自動旋削ライン6を含んでいた。設置され

た国産設備のうち30％が稼動開始時に問題を生じ、修理、調整、改造を要した。またスパイラル傘歯車加工機、多軸自動立旋盤、大型工作機械、NC工作機械、専用工作機械、自動生産ライン等の高級工作機械の構成比率も低かった[54]。しかし50年代中期に建設された一汽の設備が主にソ連製であったことを考えると、二汽戦役は自力更生の大きな成果をもたらした。

このように文革期の工作機械工業の技術進歩には見るべき点もあったが、本来文化大革命がめざしたものは大きな負の結果をもたらしたことは否定しえない。

76年に文化大革命が終息した後、調整期を経て78年から中国は改革・開放路線を取り始める。このとき、工作機械工業部門において露見したのは、生産能力の過剰と生産機種構成の後進性、それに技術の遅れであった。需給の質的な齟齬の解消と内外技術格差の補塡のために、以後、西側先進国から製品輸入と技術導入が堰を切ったように始まる。

第6節　改革・開放直後の西側技術との接続

50年代にソ連の技術に依拠して基盤を築き、65年に一つの技術的頂点に達した中国工作機械工業は、文革期にふたたび大躍進と相似の路線をたどりつつ、自力更生の道を歩んだ。三線建設や二汽戦役の成果にもかかわらず、文革中の工作機械技術の発展は負の側面が強い。

ここでは文化大革命が終わり改革・開放が始まった直後の日中間の技術提携の例を通じて、当時の中国工作機械工業の水準と課題を捉えてみたい。ここで紹介する済南第一機床廠と山崎鉄工所（現ヤマザキマザック）との技術提携は改革・開放後、最も初期の事例であり、かつ最も成功し、当時中国国内でも広く紹介された[55]。済南第一機床廠は中国の代表的工作機械製造企業であり（前掲表6-3参照）、旋盤生産で30年の実績を持っていた。山崎鉄工所は76年に技術供与した大韓重機工業（韓国）から普通旋盤のOEMによる調達を試みていたが、品質的に満足のいく製品ができず、別の調達先を探していた。中国機械

設備進出口（輸出入）総公司は山崎と済南第一機床廠の間を取り持ち、済南第一機床廠は熟慮の末この話に乗った。

　79年に両社の間で普通旋盤に関する技術提携が成立した。その内容は山崎鉄工所が見本機、製作図面、技術資料、電気・軸受部品を供与し、済南第一機床廠は山崎の規格に基づいて生産し、逆輸出するというものであった。提携品は済南第一機床廠が従来生産してきた製品に似ていたが、性能、精度、外観品質の面でより優れていた。済南第一機床廠は２品種３規格の試作品６台を納期内に完成した。これらは日本側の検査に合格し、引き続き１ロット30台のロット生産に移行する。第一ロットは納期どおりに日本側に引き渡された。ところが日本で製品を改めて検査した結果、30台中５台が品質不良のため、返品されることになった。山崎鉄工所は14項目の品質上の問題点を指摘した。済南第一機床廠はロット生産への移行と日本側の提出した問題点克服のため、次のような対策を講じた。まず文革後の中国工作機械工場に普遍的に見られた設備の老朽化に対し、均質で高い精度の確保と生産性の観点から、専用加工ラインを設置した。21台の専用設備を内製し、８台の設備を改造し、990種4000セット以上の治工具を設計、製作した。製品稼動時の騒音を軽減するためには、12台の歯車研削設備を購入して、歯車の加工精度を改善した。人材育成面では日本人技術者にTQCの講義をしてもらうなど、千人以上の従業員に研修を施した。こうした抜本的措置とともに、品質管理体制も強化して、機械加工から組立まで、4478の検査項目を規定した結果、82年に品質上の問題点は解消し、検収回数も半減した。83年末、提携機の累計生産台数は850台余に達した。

　済南第一機床廠は山崎鉄工所との提携によって修得した技術を基礎に、改めて独自設計した高速精密旋盤を生産し、中国有数の輸出企業として発展する。改革・開放初期、上位の工作機械製造企業は西側先進企業と技術提携して、新技術を比較的速やかに消化し、さらにそれを発展させうる能力を持っていたといえよう。しかし、この時点で生じた問題の多くが50年代の問題とかなり重なっていることは、その間の技術的停滞を示している。

　提携による技術修得という手法はその後、多くの中国工作機械企業に広がり、

欧米および日本の先進企業から NC 工作機械を含む広汎な技術が導入された[56]。さらに90年代に入ると外国企業との合弁で工作機械工場が設立されるようになる[57]。

第7節　おわりに

　中国における近代的工作機械の生産は1860年代に始まった。兵器工場の設備としての需要から始まった国産化、簇生する民間中小企業による工作機械生産とそれを支えた社会的分業、外国製工作機械の模倣生産、多種多様な機種への取り組み、第一次世界大戦中の製品輸出など戦前の中国工作機械工業の発展過程は、日本とかなり似ている。しかし度重なる戦争が工作機械工業を成長させた日本ほどには中国の工作機械工業は発展しなかった。特に満州事変以後、侵略国と被侵略国という立場の違いが大きかった。

　戦後、中国の工作機械工業は日本とは異なる社会経済制度の下で展開した。中国はソ連に倣い、工場ごとに特定機種の工作機械を集中生産していく。多数の工作機械メーカーが併存しているため、なんとかして生産集中度を上げようとしていた日本の工作機械工業界にとって、計画経済下での集中生産は理想的に見えた。

　第一次五カ年計画期に中国はソ連の工作機械量産技術を取り入れた。低開発国に工作機械量産工場をいきなり建設するという技術選択は、資本主義社会ではまず考えられない。先進資本主義国でも新興国でも、工作機械の製造は中小規模で始められ漸進的に発展したケースがほとんどであった。しかし当時の中国の政治的・技術的状況の下で、工作機械工業を優先的に、かつ全面的に発展させることを国策とした場合、量産型工作機械工場の建設は可能であったのであり、またそれが唯一の選択肢であったようにも思われる。それを可能にした条件は、第一に社会主義計画経済の下で工場別に生産機種を分担させることが可能で、同一機種の一工場への集約ができたということ、第二に潜在的に巨大な国内市場があり、工業の発展とともにその顕在化が見込まれたということ、

第三に社会主義経済の先進国ソ連の存在とそれとの親密な友好関係である。選択肢を限定した制約条件として、第一に多品種少量生産方式を採ると労働者の熟練への依存度が高くなるが、低開発国一般に見られるように中国でも熟練技能者は絶対的に不足していた。これに対して量産型工場では専用工作機械と治工具を多く用いることによって、労働者の技能への依存を相対的に軽減することができる。第二に多品種少量生産の傾向が強かった西側先進資本主義国の民間工作機械メーカーから技術協力を受けられる可能性は当時の国際情勢の下ではおそらくなかった。これらの諸条件の下で工作機械量産技術の導入は最も理想的かつ現実的であると考えられたのではなかろうか。

　ソ連が50年代に中国に供与した工作機械の生産技術は大量生産に適合した技術であって、その直接の移植先であった瀋陽第一機床廠以外の未だ生産量が限られていた工作機械工場がそれをそのまま採用することは適切でなかった。それにもかかわらず中国政府の指示と後援によって、ソ連の技術は瀋陽第一機床廠を源泉として各地の工作機械工場に伝播し学習された。相対的に少量な生産のために、多くの帳票、文書が準備され、治工具が製作されて生産が行われたが、間接的な手間に見合う効果は得られなかった。高精度で使い勝手の良いジグを考案し製作しても、加工対象の生産量が少なければ採算に合わず、むしろ1個ずつ手で罫書きをして汎用工作機械で加工するほうが手っ取り早かった。確かに操作工が未経験者である場合、熟練工が彼ら一人一人を指導できなければ、作業手順を詳細に文書化する必要がある。しかしその必要が生じたのは大躍進の時代であった。それ以前は戦前からの経験工が生産量と比較して相対的に多く従事しており、ソ連式の融通のきかない生産システムにはなじまなかった。大躍進の過程で未経験工に依存しての量的拡大が志向され、量産型生産技術の適用にふさわしい条件が整った時点で、それまでに矛盾を募らせていた、そしてこの時期に重視された大衆による主体性の発揮を阻む、上からの生産管理技術が事実上放棄された。こうして導入された技術と国内生産の発展段階との齟齬が中国工作機械工業の順調な発展を阻害した。第一次五カ年計画期と大躍進期を通じて、中国工作機械工業の発展と生産管理技術は適合しなかったの

である。

　中国の50年代の経験を発展途上国の工業化の過程と捉えてみると、機械工業の基盤の脆弱な国にいきなり工作機械量産工場を立ち上げるには、現実にはきわめて重要な、市場をどこに求めるかという問題が仮に解決されたとしても、生産面でいくつかの問題が生じることがわかる。第一に生産に必要な広範囲にわたる部品を内製する必要があること。特に産業集積が乏しい上、外貨準備の点で輸入にも多くを期待できなかった当時の中国では、ボルト1本から部品を内製しなければならなかった。これは国有企業問題の一つとして最近まで引き摺ってきた課題であり、コスト高の要因となった。第二に中小企業から徐々に成長してきた場合には、生産管理制度は規模の拡大に合わせて従業員達に蓄積されてきた経験と慣行を前提として必要最低限の範囲で構築すれば充分であるが、経験のない従業員を前提として量産工場を立ち上げる場合には、より綿密な文書による管理が必要になるということ。これが間接人員と間接費を増やすことになった。第三に専用工作機械とジグを活用するとしても、もともと機械工業の基礎がないところで熟練技能をほとんど排除できるほど完璧な生産システムを構築することは不可能であったということ。このために不良品が大量に生産された。第四に単能工化は熟練工不足を再生産するということ。そして熟練の排除は良くも悪くも未熟練若年労働者の存在を大きくする。

　こうした難しさがあった上に、文化大革命はふたたび工作機械の粗製濫造を引き起こし、NC工作機械が発展しつつあった海外との技術交流の途絶は、中国工作機械工業にとって大きな痛手となった。

　こうした試行錯誤を重ねながらも、改革・開放後、西側先進国から技術導入した中国は非NC工作機械分野でコストパフォーマンスの高い製品を供給することによって、第三世界随一の工作機械生産国となっていくのである。

注

　a)～y) は巻末技術用語解説を参照。
　1)　2005年の工作機械輸出6億5683万ドルに対して、輸入額は46億2992万ドルに達し、

その8割近くをNC工作機械が占めた。

2） 日本で出版された中国工作機械工業に関する主要な文献としては、尾崎庄太郎「中国工作機械工業の技術水準」『中国研究月報』201号、1964年11月、小島麗逸「中国の工作機械工業」石川滋編『中国経済の長期展望 Ⅱ』アジア経済研究所、1966年、倭周蔵「中国工作機械工業の展望」『精密機械』40巻5号、1974年5月、『中国の輸出産業（工作機械）』日本貿易振興会、1976年、Yukihiko Kiyokawa and Shigeru Ishikawa, "The Significance of Standardization in the Development of the Machine-Tool Industry: The Cases of Japan and China（Part Ⅱ）", *Hitotsubashi Journal of Economics* 29, 1988, 金子治「中国機械工業の発展と技術導入――第1次5ヵ年計画期におけるソ連技術の導入を中心として――」『創価経営論集』第12巻第2号、1988年1月、村上直樹「市場制度の改革と工作機械工業の発展」大塚啓二郎・劉徳強・村上直樹『中国のミクロ経済改革』日本経済新聞社、1995年等がある。

3） 呉熙敬主編『中国近現代技術史（上巻）』科学出版社、2000年、488～489頁。

4） 旧中国の工作機械工業については、張柏春『中国近代機械簡史』北京理工大学出版社、1992年、64～65、121～125頁を参照した。

5） 大隆機器廠については、上海社会科学院経済研究所編『大隆機器廠的産生、発展和改造』上海人民出版社、1958年第1版、1980年第2版を参照。

6） 同社の経営は42年に満洲重工業開発株式会社に継承される（満洲工作機械株式会社『第六回報告書』）。

7） 終戦時に技術資料は日本人によって焼却され、生産設備はソ連軍が分解して持ち去った（張、前掲書、124頁）。

8） 53年から55年にかけて昆明機床廠には11人の日本人が勤務していた。うち機械技術者が3人、電気技術者と通信技術者が各一人で、具体的な業績として判明しているのは天井走行クレーンの設計である（昆明機床廠廠誌弁公室編「昆明機床廠史話（続）――従普通機床到精密機床」『精密機械』1989年増刊、9頁）。なお中国語で工作機械は機床（簡体字では机床）と表記する。

9） 孫振英主編『斉斉哈爾第二機床廠誌』黒龍江人民出版社、1992年、406頁。

10） 満洲工作機械は付属の青年学校と技術員訓練所で「日満工員」の養成をしていたが、「満洲に於ける労働力の獲得は左程困難でなく、又之等工員の熟練目標を単一作業の修得に置いて居りますから、短期養成を以て相当なる熟練度を与えることが出来るのでありまして」（『第一回定時株主総会に於ける根本社長演説要旨』満洲工作機械株式会社、1940年）という記述から察すると、単能工が多かったと思われる。

第6章　中国工作機械工業の発展と技術　237

11) 中央機器廠についての記述は、昆明機床廠廠誌弁公室編「昆明機床廠史話——従中央機器廠到昆明機床廠」『精密機床』1989年増刊、および昆明機床廠・中国企業史研究中心《明珠璀璨》編委会編『明珠璀璨——昆明機床廠発展史』企業管理出版社、1992年に依拠した。

12) 資源委員会については、田島俊雄「中国・台湾2つの開発体制」東京大学社会科学研究所編『20世紀システム4　開発主義』東京大学出版会、1998年、鄭友揆・程鱗孫・張伝洪『旧中国的資源委員会——史実与評価』上海社会科学院出版社、1991年を参照。

13) 王守競については余少川『中国機械工業的拓荒者王守競』雲南大学出版社、1999年を参照。

14) 張、前掲書、121頁脚注。

15) 中央機器廠は中国の機械工業分野における人材育成で大きな役割を果たした。この点については、余少川「既出産品　又出人才——抗戦時期的中央機器廠」中国人民政治協商会議西南地区之史資料協作会議『抗戦時期西南的科技』四川科学技術出版社、1995年を参照。

16) 順昌機器廠、上海機器廠、新民機器廠が精密旋盤を、中国汽車製造公司華西分廠（後の重慶機床廠）が精密旋盤と工具研削盤を、新中工程公司が横中ぐり盤を製造した（張、前掲書、124頁）。

17) 泰利機器廠、新星機器廠が円筒研削盤、上海亜中鉄工廠（後の上海第三機床廠）が油圧式万能円筒研削盤を製造した（張、前掲書、124頁）。

18) 旧日本軍の兵器廠であった済南第二廠は篠原機械製品を模倣して月産数十台の規模で旋盤を製造していた（東亜経済研究会『新中国の機械工業』1960年、23頁）。

19) 戦後の中国工作機械工業史についての記述は、鄧力群・馬洪・武衡主編『当代中国的機械工業　上』中国社会科学出版社、1990年、117～187頁、中華人民共和国国家経済貿易委員会編『中国工業五十年　第九部』中国経済出版社、2000年、734～748頁、『金属切削機床専業史（1949～1983年）』機械工業部北京機床研究所、1984年、前掲『中国近現代技術史』487～505頁、李健・黄開亮主編『中国機械工業技術発展史』機械工業出版社、2001年、667～753頁に依拠した。

20) それぞれ後の瀋陽第一、第三、第二機床廠である。瀋陽第一機器廠の前身は満洲三菱機器株式会社で、炭車等の鉱山機械、電動機等の電気機械、車両用ばね等を生産していた。44年に工作機械部品も生産したが、完成品は生産しなかった。41年末の規模は役員10人、正員86人、正員格嘱託7人、准員185人、雇員29人、工員466人、工人1117人であった（満洲三菱機器株式会社『第9期報告書』）。しかし新中国へ継承された物的遺産は数台のばね製造設備と8台のベルト掛け旋盤だけ

だった（前掲『金属切削機床専業史』9頁）。
21) それぞれ後の斉斉哈爾第一、第二機床廠である。
22) それぞれ後の北京第一、上海、済南第一、昆明各機床廠であり、昆明203廠は中央機器廠の後身である。
23) 「各地に地方国営、公私合営、私営の多数の工作機械製造企業がある。ことに上海、南京に多数の機械製造工場が存在し、それらの企業の多くが工作機械を生産しており、1952年に国家が上海の私営企業に注文した工作機械だけで1300台であった。53年にはこれの2倍近い数が発注された。従来、紡織機、製紙機などを製造していた上海の私営の多くの工場が国家の注文によって旋盤、平削り盤、ボール盤などを生産するようになった。……これらの企業のうちには、私営の大隆、泰利、辛昌、中華、良工などの機械製造工場がある」（尾崎庄太郎「中国における機械工業の現状」『中国資料月報』89号、1955年7月）。
24) たとえば公私合営無錫開源機器廠（後の無錫機床廠）。
25) たとえば上海明精機器廠（後の上海第二機床廠）、大同鉄工廠（後の上海第一機床廠）。
26) ほかに工作機械関連部門では、ソ連が哈爾浜量具（測定器）刃具廠を、東ドイツが鄭州砂輪（砥石車）廠を技術援助した。
27) 同工場の前身モスクワ機械製作工場は1858年にフランス人によって創立され、革命後、国営化された。1925年に旋盤、平削り盤、立削り盤、ボール盤などの工作機械の生産を開始し、30年代に旋盤生産専門工場となった（山田亮三編『日本産業のライバルたち』日本生産性本部、1962年、1～49頁、および五十嵐則夫『ロシア工作機械工業──研究開発と品質管理──』酒井書店、1998年を参照）。
28) 斉斉哈爾第二機床廠には、53年から56年まで15人のソ連人専門家と2人のチェコスロバキア人専門家が、56年から59年まで14人のソ連人専門家が指導に来た。彼らは機械技術、組立、工具、熱処理、検査、設計の専門家で、後述の瀋陽第二機床廠と同様に技術指導した（孫、前掲書、402～403頁）。昆明機床廠にも、53年にソ連人専門家2人が訪れ、設備工作機械の配置を機種別配列から工程順配列に変更することやジグ中ぐり盤への進出など多数の提案をしている（前掲「昆明機床廠史話（続）」9～15頁）。また56年に二局はソ連人専門家を交えたプロジェクトチームを組織して、昆明、重慶、無錫、瀋陽第三各機床廠の技術改造にあたらせている（前掲『金属切削機床専業史』26～27頁、および第二機器工業管理局「一年来的技術改造工作」『機械工業』1957年6号、7～13頁。要約は尾崎庄太郎「中国重工業の技術的発展」『中国資料月報』第114号、1957年、27～32頁を参照）。
29) 山田、前掲書、26～27頁。

30) 日本でも61年に般若鉄工所が旋盤を月産千台生産していた。しかし般若鉄工所の製品は安かろう悪かろうで、粗製濫造の誹りを免れず、まもなく経営が行き詰まった。日本の代表的な旋盤メーカーであった山崎鉄工所（現ヤマザキマザック）の場合でも旋盤の月産台数の最大値は470台で、それに達したのは70年代初頭のことであった（久芳靖典『匠育ちのハイテク集団』ヤマザキマザック、1989年、94～97頁）。
31) 瀋陽第二機床廠についての記述は、機械工業雑誌編輯部『瀋陽第二機床廠技術改造工作的経験』機械工業出版社、1956年、前掲『金属切削機床専業史』22～26頁に基づく。
32) 歯車の加工および組立精度が低いためである。加工方法の改善についてソ連人専門家の指導を受けることになる。
33) 前掲『金属切削機床専業史』23頁。
34) 中国の工場の組織は、上から順に廠部―車間―工段―小組となっていた。
35) レベル調整とは工作機械を正確に水平に設置する作業である。レベルが狂っていると工作機械本来の加工精度が実現できない。
36) 新製品の技術指導のほかに、ソ連人専門家は旧製品2121直立ボール盤の在庫不良品の手直しも指導しているが、これは55年3月に終わっている。
37) 瀋陽第二機床廠はその後さらにチェコスロバキアから技術導入して、それを記念して瀋陽中捷人民友誼廠と改名し、中ぐり盤メーカーとして発展する。
38) 機械工業雑誌編輯部編、前掲書である。
39) 山本市朗『北京三十五年　上』岩波新書、1980年、168～174頁。
40) 前掲「中国重工業の技術的発展」を参照。
41) 前掲『中国工業五十年』737頁。
42) ここでの記述は主に北京第一機床廠調査組『北京第一機床廠調査』中国社会科学出版社、1980年に基づいている。
43) 北京第一機床廠の前身である国民党修械所の存続期間は1年程度であるが、その前史はかなり長い。第6修械所の起源は1921年に設立されたアメリカ系商社で機械の輸入・据え付け、繊維貿易を業務としていた海京洋行である。同社は26年に海京鉄工廠として機械製造に進出し、日中戦争中に日系の小糸重機株式会社となり鉱山機械、兵器を生産していた。第8修械所は1911年設立の民族資本でウィンチ、ポンプ、ディーゼルエンジン等を生産していた永増鉄工廠に始まるが、日中戦争末期には鐘淵鉄工所として銃、砲弾を生産していた。第1修械所は35年に冀東保安司令部修械所として銃の生産を始めていた。
44) 2号、3号はフライス盤のサイズを示し、数字が大きいほど、機械も大きい。

45) 労働者の職階は8級制を採っており、8級が最高位である。
46) 成批（大ロット）車間大件（大物部品）工段の61年における手待ちの原因は、材料・前工程待ち49％、設備故障・修理待ち32％、クレーン待ち10％であった（前掲『北京第一機床廠調査』174～176頁）。
47) 材料不良とは主に鋳物の不良であった。鋳物材料である銑鉄の不純物含有量が多く、コークスも不足していたため、巣が入りやすかった。また銑鉄の仕入先が頻繁に変わり、材質の変化への対応が必要であった。造型も下手で心ずれし、余肉も多かった。
48) 誤作の手直しは本来当事者がすべきであるが、時間と熟練を要するため、たとえば58、9年当時、フライス盤の変速箱の生産ラインには手直し専門の熟練工が2人いた。
49) 文化大革命中の検査制度に対する批判は、沈一舟「革命に力を入れ、生産を促す——文化大革命のさなかにある北京第二工作機械工場」『人民中国』168号、1967年5月を参照。制度の複雑さに対する批判は妥当である。
50) 北京第一機床廠では58年に賃金支払い形態が出来高給から時間給に変更され、生産の良否や技術水準の高低よりも会議での発言や社会活動が高く評価されるようになった（前掲『北京第一機床廠調査』72～76頁）。
51) 1960年代半ばから70年代にかけて米ソとの関係が緊張する中で、中国は敵襲されやすい沿海部に偏在していた重工業の一部を内陸部に移す大規模な三線建設を行った。三線建設については丸川知雄「中国の「三線建設」（Ⅰ）（Ⅱ）」『アジア経済』第34巻第2、3号、1993年2、3月を参照。
52) 中国における工作機械の研究開発はソ連に似ており、総合研究所と各機種を代表する企業に付設された専門研究所によって行われる。北京機床研究所は56年、一機部によって北京金属切削機床研究所として設置された。このほかの総合研究所には大連組合機床（ユニット工作機械）研究所、広州機床研究所、蘇州電加工機床研究所などがある。
53) 前掲『中国工業五十年』737頁。
54) 前掲『当代中国的機械工業』153～154頁。
55) 『中国機械報』1984年3月2日、7月13日。左聯、劉三白、宗是魯、しまひろし抄訳「山崎鉄工の技術を導入した中国の技術者たち」『技術と人間』13巻12号、1984年12月が7月13日号の邦訳。以下の記述はこれらの文献に基づく。
56) これらの技術提携の大半は、外国企業が自社製工作機械を売り込むにあたって、中国側から要請されて締結したもので、成果に乏しいという指摘がある（三浦東「中国工作機械産業政策の限界」『環太平洋研究』第2号、1999年）。

57) 日系企業では北京発那科機電有限公司（ファナックの出資で92年設立、NC装置の製造・販売・保守）、無錫光洋機床有限公司（光洋機械の出資で94年操業開始、心無し研削盤の製造・販売）、蘇州沙迪克三光機電有限公司（ソディックが94年資本参加、ワイヤーカット放電加工機の製造）、蘇州沙迪克特種設備有限公司（ソディックの出資で95年操業開始、NC放電加工機の製造・供給）、大連億達日平機床有限公司（日平トヤマの出資で96年設立、NC工作機械、トランスファマシンの製造・販売）、寧夏小巨人機床有限公司（99年に三線企業である長城機床廠とヤマザキマザックの合弁で設立、NC工作機械の製造）などがある。

終　章　東アジア工作機械工業の相互比較[1)]

第1節　アジアNIEs工作機械工業の相互比較

　日本、台湾、韓国、シンガポール、インドネシア、中国という東アジア主要6カ国における工作機械生産の発展過程を、キャッチアッププロセスに焦点を当てて見てきた。それぞれの特徴をごく大雑把にまとめたのが表終-1である。この表を見て第一に受ける印象は、地域を東アジアに限って、しかも単一の産業を取り上げているにもかかわらず、工作機械工業の発展パターンは多様だと言うことである。それは確かにそれぞれの国における工作機械工業の発生時期の違いによって、本書の対象とした時期が国ごとに異なっていることや、資本主義か社会主義かという社会経済体制の相違にもよるが、ほぼ同じ時期に工作機械工業が発展したアジアNIEs3カ国、すなわち台湾、韓国、シンガポールを比較しても、その発展パターンは三者三様なのである。この事実は後発国が工作機械工業を発展させる経路は一つではないことを示唆している。それぞれの国に所与の条件に即した発展の可能性があるということである。

　まずアジアNIEs3カ国に注目してみよう。この3カ国の工作機械工業における発展パターンの違いの根源は経営主体の相違にある。台湾の工作機械工業は日本によって統治されていた戦前・戦時に実務経験を積んだ機械工が戦後に創業した諸機械製造工場にその源流を見出すことができる。これらの民間中小企業のいくつかが内需に応じて工作機械生産に乗り出していった。台湾における工作機械工業の発展は少数の大企業の成長をもたらすよりも、既存工場の従業員が独立して新規開業することを促した。それによって工作機械の完成品

表終-1　東アジア諸国における発展途上期の工作機械工業を代表する特徴

	日　本		台　湾	韓　国	シンガポール	インドネシア	中　国
対象時期	戦前	戦後～70年代	70年代～	75年～	73年～	83年～	50年代
企業の性格	中小	中小～大	中小	財閥	外資	国営・財閥	国営
製品市場	内需	内需→内需+輸出	輸出 輸出指向	内需 輸入代替	輸出 輸出指向	内需	内需
参入技術水準	下から	上乗せ	下から	中から	下から	下から	全面
技術修得方法	模倣	技術提携＋自力	模倣	技術提携	技術指導	ノックダウン	技術指導
生産と調達	内製	内製＋外注	分業	内製＋輸入	内製＋支給	KD・内製	内製
営業の範囲	兼業	専業	専業	兼業	専業	兼業	専業
製品の種類	非NC	NC	非NC→NC＋非NC	NC	非NC→NC	非NC＋NC	非NC
政府の政策	無	振興	技術支援	振興	誘致	国産化	優先

メーカーの企業数が増えるとともに、稠密な部品および工程間の分業生産ネットワークが広がっていった[2]。このため組立と大物部品の機械加工だけを行う完成品メーカーの存立が可能になっている。

　こうした中小企業の集積によって発展した台湾と対照的に、韓国の工作機械工業の主たる担い手は財閥系大企業であった。財閥が工作機械工業に進出する以前、韓国にも中小工作機械メーカーが存在していた。しかしこれら中小企業の多くは技術的にも低位で、輸入を制約する条件がない限り、競争力を欠いていた。韓国の工作機械工業を飛躍的に発展させたのは財閥系大企業、特に自動車メーカーであった。主要な自動車メーカーは自動車の生産コストを削減するために、設備機械である工作機械の国産化を自ら図ったのである。第二次大戦後の時期に財閥が発展した韓国[3]では、工作機械分野でも財閥が担い手となったわけである。

　シンガポールには工作機械を製造する中小企業も財閥も存在しなかったが、政府は外国直接投資の誘致にとりわけ積極的であって、工作機械分野においても日本と欧米のメーカーが工場を建てるように誘導した。外国直接投資に依存した場合、進出企業が短期間に撤退してしまうと個人的能力として蓄えられる技術的資産が現地に残らないが、日系企業が定着したシンガポールではそこから地場企業の派生が見られた。中小企業としての存立が比較的容易な工作機械

製造業では、外資系企業が現地企業家のインキュベーターとなりうるのである。

こうした工作機械製造企業の性格の相違は、それぞれの企業の技術形成と製品の選択、部品調達、製品市場をも規定している。中小企業が主体の台湾では、資金力の制約から正規の提携による先進企業からの技術導入ができず、日本製品などの模倣生産に頼った。日本でも1940年代までは欧米製品の模倣生産が主流であったのと同じである。製品は当初、旋盤a)やボール盤c)など需要が最も多く、また技術的にも容易に着手できる非NC工作機械であったが、自らの技術蓄積と需要の変化に合わせて、徐々にNC工作機械へと移行していった。初期に工作機械の生産を始めた台湾の工作機械メーカーは鋳造を含め一貫生産体制をとっていたが4)、その後、他に類を見ない分業ネットワークが展開したため、一貫生産の必要はなくなっている5)。製品市場は国内から、ベトナムやタイなどの東南アジアを経て、70年代後半にアメリカへと仕向け先を変えつつ、規模を広げていった。その後、輸出先を多角化しながら、台湾の工作機械工業は典型的な輸出指向型発展を遂げてきた。

韓国で中心的役割を果たしている財閥系大企業は、自動車部品加工用工作機械の輸入代替を工作機械分野へ進出する動機としていた。このため普通旋盤やボール盤など技術的要求度の低い汎用工作機械よりも、むしろタレット旋盤b)や専用機などの量産加工用工作機械や歯切り盤h)など自動車部品加工用工作機械の国産化を企図した。工作機械の製造経験はないが、資金力の豊かな財閥系企業は、日本企業などと技術提携して、工作機械生産のための、製作図面をはじめとする技術資料の提供と技術指導を受けた。製品は上述のように最初から生産性の高い工作機械をめざした。汎用非NC工作機械についても技術導入が行われたが、これらが財閥系企業によって長く生産されることはなく、早々に中小企業への委託生産に切り替えられた。財閥系大企業は更なる技術提携を通じて、NC工作機械の生産へと速やかに移行していった。韓国の場合、中小企業から構成される分業ネットワークの形成が遅れていたため、大企業による内製と提携先企業からの枢要部品の輸入によって生産が進められた。製品の市場は財閥系大企業が工作機械製造に進出した動機に見られるように、国内、特

にグループ内に力点が置かれていた。韓国における工作機械工業の発展は少なくともこれまでは内需を中心とした輸入代替型であったと特徴づけることができる。

シンガポールの工作機械生産は外資系、主として日系企業によって行われてきた。外資系企業による生産は当然のことながら、親会社によるそのグループ全体の経営的、技術的戦略の下に位置付けられる。設計図面は親会社で作成され、大部分は親会社で製造されていた製品がシンガポール現地法人に生産を移管される。設計技術は親会社にほぼ完全に依存し、製造技術は親会社から派遣されたベテラン社員が現地従業員を指導し、一方で現地従業員が親会社で研修を受けるという形で、親会社から現地工場に移転された。製品も親会社によるシンガポール法人の位置付けに基づいて選択され、中～低級品を担当することになる。シンガポール進出当初は非NC工作機械が生産されていたが、現在はNC工作機械の生産が多くなっている。工作機械メーカーの進出が始まった70年代前半には、シンガポールでも部分工程を外注できる中小企業がなかったので、現地法人は社内で一貫生産する指向が強く、一部枢要部品だけが親会社から支給された。最近ではシンガポールの工作機械メーカーは東アジアの国際分業ネットワークを利用し始めている。外資系企業の場合、販売も親会社の戦略とその国際的販売網に依拠しており、販売先は概してシンガポール国内よりも日本や欧米先進国、最近では周辺アジア諸国の比重が高く、シンガポール政府の輸出指向工業化戦略の一翼を担ってきた。

このように戦後のほぼ同時期に工作機械工業が発展したアジアNIEs 3カ国を比較しても、その担い手の性格、技術の形成、製品の選択、部品の調達、製品の市場はそれぞれ特徴的であった。しかしこうした違いはあるものの、これら3カ国の経験を総じて言うと、工作機械工業の育成は序章で強調したほど後発国にとって難しくはないのではないかという印象を持つ。戦前の日本や50年代の中国と比べて、後発国の技術水準と先進国の先端技術との格差はより拡大している。それにもかかわらず、19世紀後半から1世紀前後にわたって工作機械技術の追い上げに必死になってきた日本や中国の経験に比べ、戦後数十年の

アジア NIEs のキャッチアップはいかにも速い。戦前から工作機械技術の修得に力を注いだ日本や中国と比べ、戦後の NIEs にはガーシェンクロンのいわゆる後発性の利益があったのである。

第2節　東アジア工作機械工業に見る後発性の利益

　アジア NIEs の工作機械工業に見られる後発性の利益として、何が考えられるであろうか。敗戦までの日本の工作機械工業は繰り返されてきた戦争によって生じた、振幅のきわめて大きい需要の増減にさいなまれてきた。戦前の日本製工作機械の市場は国内の中・下層市場を中心とし、そこでさえ国産品と輸入機ないしその中古品との間に競合が見られた。さらに戦間期になると国内の工作機械需要は一気に収縮した。国内の不況対策として海外に販路を拡大しようとしても、先進国に日本製品を需要する市場は通常存在せず、あったにせよ戦争による需給逼迫時に限られていた。発展途上国市場はもともと規模が小さい上、通常は先進国製品によって充足されており、ここでも日本製品に市場が開かれるのは戦時でしかなかった。このため日本の工作機械メーカーは不況期に経営を維持するために、工作機械以外の製品を兼業する必要があった。

　これに対し戦後、先進諸国における経済発展によって工作機械市場は厚みを増した。重要なことは、工作機械市場が均質な単一市場ではなく、重層的構造を持っており、経済発展はその重層的市場の下層も含めた全体の拡大をもたらしたという点である。その結果、先進国の工作機械市場の下部に後発国製品の参入余地が広がった。世界最大のアメリカ市場に最初に参入した後発国は日本であった。たとえばアメリカの普通旋盤輸入先の推移を見てみよう。表終-2のように、従来アメリカの旋盤輸入はヨーロッパ製品を中心としていたが、60年代半ば頃から日本製品が進出し始め、まもなく最大シェアを占めるようになる。日本製普通旋盤の占有率は78年の40％強をピークに下降し始めるが、これは日本からの輸出が普通旋盤から NC 旋盤[i]へ高付加価値化していったためである（前掲表1-12参照）。日本製普通旋盤に代替していくのは、台湾製品であ

表終-2 アメリカにおける普通旋盤等の輸入市場占有率

年	輸入額 (1,000ドル)	平均単価 (1,000ドル/台)	輸入市場占有率（上位5ヵ国）(%)									
1967	47,726	3.0	イギリス	23.7	日本	21.4	西ドイツ	18.1	フランス	10.2	イタリア	9.2
	46,902	4.1										
1968	38,070	3.3	西ドイツ	22.5	日本	20.4	イギリス	19.3	フランス	10.1	イタリア	9.0
	37,305	4.6										
1969	37,970	2.9	日本	21.9	イギリス	20.2	西ドイツ	19.9	フランス	8.5	イタリア	7.2
	37,304	4.5										
1970	13,068	1.3	イギリス	24.6	日本	17.8	西ドイツ	12.3	イタリア	9.9	フランス	7.5
	12,202	3.4										
1971	9,491	1.8	イギリス	22.8	西ドイツ	17.7	日本	17.6	イタリア	11.3	フランス	7.0
	9,124	4.1										
1972	13,092	3.0	日本	34.5	西ドイツ	21.9	イタリア	8.1	フランス	7.4	フランス	6.7
	12,893	4.2										
1973	22,549	5.5	日本	26.3	イギリス	22.0	フランス	14.9	西ドイツ	6.4	ポーランド	5.4
1974	32,030	6.3	イギリス	21.5	日本	16.7	フランス	16.3	ポーランド	6.9	西ドイツ	5.7
1975	31,429	7.6	イギリス	28.1	日本	22.0	フランス	8.7	西ドイツ	7.9	シンガポール	4.7
1976	37,835	6.7	日本	28.2	イギリス	15.2	イタリア	8.6	西ドイツ	6.9	シンガポール	6.5
1977	60,782	7.0	日本	32.0	イギリス	19.2	西ドイツ	10.8	イタリア	5.9	シンガポール	5.2
1978	83,030	11.2	日本	43.8	イギリス	15.3	イタリア	12.6	西ドイツ	6.2	シンガポール	4.7
1979	89,524	9.1	台湾	27.5	イギリス	20.7	シンガポール	11.2	イタリア	11.2	イタリア	5.1
1980	74,171	9.2	日本	22.6	イギリス	21.2	シンガポール	12.2	イギリス	12.2	ポーランド	6.8
1981	74,256	9.5	台湾	22.9	イギリス	12.5	シンガポール	12.1	ポーランド	10.5	日本	10.1
1982	60,444	10.2	台湾	23.1	イギリス	16.6	シンガポール	12.7	日本	10.9	日本	8.0
1983	24,042	7.4	台湾	24.7	日本	20.2	シンガポール	14.1	韓国	11.1	韓国	10.4
1984	24,721	7.6	イギリス	27.9	台湾	26.9	韓国	10.6	韓国	11.5	ブラジル	6.3
1985	34,905	8.0	台湾	25.3	台湾	19.7	韓国	19.4	ブラジル	8.0	ポーランド	4.5
1986	32,293	8.2	台湾	26.9	日本	15.8	シンガポール	15.1	ポーランド	6.2	ユーゴスラビア	8.0
1987	24,276	8.2	台湾	27.4	韓国	27.2	シンガポール	10.9	ユーゴスラビア	8.9	ポーランド	5.2
1988	30,426	9.0	イギリス	23.9	台湾	21.7	ブラジル	11.5	ポーランド	7.4	韓国	8.1

終　章　東アジア工作機械工業の相互比較　249

年											
1989	29,623	9.6	台湾	26.2	イギリス	16.9	ポーランド	10.6	シンガポール	8.2	ユーゴスラビア	7.4
1990	44,007	10.1	台湾	16.4	イギリス	13.8	ブラジル	10.6	中国	10.4	ポーランド	10.0
1991	31,047	9.2	台湾	22.4	台湾	17.3	イギリス	12.7	ポーランド	11.6	ブラジル	11.5
1992	23,579	9.0	中国	19.5	台湾	17.0	ポーランド	13.3	シンガポール	10.0	スペイン	9.0
1993	33,549	10.2	中国	16.9	台湾	14.8	イギリス	12.8	ドイツ	12.0	ポーランド	9.5
1994	32,702	8.7	中国	18.6	台湾	17.8	イギリス	15.8	ブラジル	11.2	ポーランド	9.9
1995	44,894	9.0	イギリス	20.3	台湾	19.7	台湾	19.4	ブラジル	11.1	ブラジル	7.1
1996	54,062	10.1	イギリス	24.8	台湾	21.9	中国	16.6	ポーランド	10.2	ポーランド	9.6
1997	43,761	8.8	台湾	37.3	中国	14.2	イギリス	13.0	ポーランド	11.1	ポーランド	7.7
1998	46,555	9.3	台湾	35.8	中国	13.7	イギリス	15.2	イギリス	12.3	スペイン	8.8
1999	35,973	7.9	台湾	40.6	ポーランド	15.8	イギリス	13.0	ポーランド	8.3	スペイン	5.6
2000	39,437	8.0	台湾	44.2	イギリス	16.4	イギリス	10.5	ポーランド	8.0	スペイン	5.0
2001	28,150	9.6	台湾	39.7	日本	9.1	中国	8.5	イギリス	7.7	スペイン	7.1
2002	19,200	8.3	イギリス	44.5	中国	9.3	中国	9.1	ポーランド	8.6	アルゼンチン	6.8
2003	16,229	8.7	台湾	43.2	イギリス	13.5	イギリス	10.6	ブルガリア	10.2	スペイン	8.2
2004	23,195	9.2	台湾	48.3	イギリス	12.4	イギリス	11.1	ブルガリア	8.6	日本	5.4
2005	28,205	9.1	台湾	51.1	イギリス	16.7	ブルガリア	10.8	イギリス	8.1	スペイン	4.4
2006	36,059	10.5	台湾	53.3	ブルガリア	20.4	スペイン	8.3	スペイン	4.6	韓国	4.5
2007	35,454	10.5	台湾	43.6	ブルガリア	29.1	ポーランド	13.0	スペイン	4.7	スペイン	3.3
2008	34,098	12.7	台湾	63.8	ブルガリア	17.0	スペイン	7.8	スペイン	4.6	韓国	3.2
2009	16,160	13.9	台湾	64.2	ブルガリア	16.6	スペイン	7.3	韓国	4.0	韓国	3.8
2010	15,718	11.5	台湾	72.6	カナダ	9.3	ブルガリア	5.8	スペイン	5.0	スペイン	2.5

注：分類基準の変更によりデータに断絶がある。

1967～69年：すべての旋盤。

1970～79年：普通旋盤（タレット旋盤、自動旋盤含まず）。

1980～88年：普通旋盤、タレット旋盤、工具旋盤（横形、非NC、単価2,500ドル以上）。

1989～90年：普通旋盤、工具旋盤（横形、非NC、単価2,500ドル以上）。

1991～2010年：普通旋盤、工具旋盤（横形、非NC、単価3,025ドル以上）。

1967年から72年までオーストリアから低価格商品が大量に輸入された。2段目の数値はそれを除外したものである。

出所：U. S. Department of Commerce, Bureau of the Census, *U. S. Imports For Consumption and General Imports*, 1967-1988.

―――, *U. S. Imports For Consumption*, 1989-1993.

World Trade Atlas: United States (Consumption/Domestic) Edition, Global Trade Information, 1994-2010.

り、アメリカ企業が現地生産したシンガポール製品（第4章参照）もしばらく高いシェアを占めた。台湾はその後、現在に至るまで普通旋盤で高い占有率を保持しているが、一方でNC旋盤の対米輸出も増やしていく。90年代に入ると中国から普通旋盤の輸入が始まり、台湾製品に次いでいる。

　NC工作機械という新型工作機械の登場によって、先進国の工作機械メーカーは旧来の製品からNC工作機械へと製品を転換していったため、そしてより直接的には最初にアメリカ非NC工作機械市場を開拓した日本がその先頭に立ったため、後発国企業が先進国の低級工作機械市場への参入機会をつかむことになった。このように市場が世界的に広がったことは、後発国企業にとって市場の国際化、多角化によって経営を安定させる可能性が高まったことを意味する。これは戦後、工作機械工業を発展させようとする国々が共有できた後発性の利益の一つであった。

　戦前・戦時の日本は海外の工作機械技術を、先進国製品の模倣、外国人技師による指導、技術者の先進国への留学・派遣研修などの形で修得したが、外国人からの直接的な技術修得の事例はきわめて例外的で、技術修得手段として圧倒的に比重が高かったのは模倣であった。同時期の中国もこれとほぼ同様であった。ところが戦後になると先進国から後発国への直接的な技術移転の機会が増えてくる。50年代のソ連から中国への全面的技術援助、フランス等の工作機械メーカーから日本企業への技術供与をはじめとして、さらに60年代末以降は、日本をはじめとする先進国から韓国、シンガポール、台湾への技術提携ないし直接投資という形での直接的で密度の高い技術移転が行われるようになった。特に70年代以降のNC工作機械の発達は、伝統的な非NC工作機械技術の後発国への移転を促進した[6]。

　後発工作機械メーカーの参入可能な市場の拡大、先進国から後発国への技術移転、いずれを取っても、70年代以降に進展した工作機械のNC化が大きな役割を果たしているように思える。しかしそれは非NC工作機械分野における国際市場への参入とその技術導入の機会を後発国にもたらしただけではなかった。さらにNC工作機械の普及は、東アジア諸国における工作機械工業の発展、ひ

いては機械工業全般の発展にきわめて重要な意義を持っていた。

　イギリス産業革命の時代から現在に至る近代的工作機械の発展過程において、最大の技術革新の一つは工作機械の数値制御（NC）化であった[7]。NC工作機械の開発は1949年に米マサチューセッツ工科大学で始められ、52年に世界初の数値制御工作機械であるNCフライス盤が完成している。当時アメリカでのNC工作機械開発は空軍の要請に基づいており、航空機部品など複雑な形状をした部品の加工に的が絞られていた。

　アメリカの動きに直ちに反応して、日本における数値制御の研究は50年に始まり、東京大学生産技術研究所と通産省工業技術院機械試験所でフライス盤[d]のNC化、東京工業大学精密工学研究所で倣い旋盤のNC化が研究された[8]。58年には牧野フライス製作所と日立精機がNCフライス盤を、池貝鉄工がNC倣い旋盤を完成している。翌年に日立精機と富士通が共同でNCフライス盤を開発し、三菱重工業名古屋航空機製作所に納入した。これが日本で初めて実用に供されたNC工作機械であった[9]。

　当初、これらのNC工作機械は高価で信頼性が低くプログラム作成が困難であった[10]。したがって初期のNC工作機械は大企業によって複雑な加工に使用されただけであった。アメリカにおけるNC工作機械の用途は複雑な大型部品の加工分野に限定されたため、需要は拡大せず、生産は67年にピークを迎えた後、暫時衰えた。一方、日本では高度成長期の熟練工不足を背景として、プログラムさえつくれば同じように反復加工できるNC工作機械の特徴が評価されて、需要が徐々に増加していき、70年代初頭にNC工作機械生産台数はアメリカのそれを上回った。

　NC工作機械の普及の鍵を握っていた数値制御装置[f]は大隈鉄工所のように自社開発される場合もあったが、56年にNCタレットパンチプレスの開発に成功した富士通がNC装置の専門メーカーとして発展していく。工作機械業界は元々中小企業が多く、制御装置を内製することは技術的にも資金的にも有利ではなかった。そこでNC工作機械に進出する工作機械メーカーはその制御装置をこぞって富士通に外注した[11]。富士通は業界全体からのまとまった需要に対

応して、70年にNC専用工場を建設し、72年には数値制御装置部門が富士通ファナック(現ファナック)として分離独立する。NC装置は標準化、量産化されることによって、信頼性が高まるとともにコストが低減し、さらに進化を続けた[12]。また複数工作機械メーカーの複数機種を使用するユーザーにとって数値制御装置メーカーの統一は操作の上でも管理の上でも望ましかった。

　NC工作機械は高度成長期にとりわけ人手不足が深刻であった中小企業に採用され始め、ドル・ショック後の輸出競争力強化、石油危機後の製造現場における省力化の過程で普及が本格化した[13]。初期のNC工作機械の開発は戦前からの歴史を有する大手メーカー[14]によって主導されたが、70年代以降、NC工作機械の普及に最も寄与したのは山崎鉄工所(現ヤマザキマザック)や森精機製作所といった後発企業であった。山崎鉄工所は戦前から工作機械を製造していたが、あまたある中小企業の1社にすぎなかった。森精機は戦後に設立され、58年から工作機械製造に乗り出した新興メーカーであった。65年の不況を経て、普通旋盤の生産は戦前からの定評を持つ老舗メーカーから、低価格の量産品を中小企業に売り込んでいった後発中堅企業へと主体が代わっていく[15]。このうち山崎鉄工所と森精機は率先して普通旋盤からNC旋盤へと製品の高付加価値化を進めていった。これら両社の作るNC旋盤は普通旋盤の販売でそのブランドが知れ渡っていた中小企業に重点的に販売された。中小型の汎用NC工作機械を中小企業に普及させたのは世界中で日本が最初であった。数の多い中小企業を市場としたため、量産効果が生じ、それに伴う低価格化と技術改良はさらに需要を喚起していった。このため日本製の中小型NC工作機械は国内にとどまらず、アメリカ、続いてヨーロッパをも市場とし始めた。

　日本において工作機械生産のNC化率(金額)が50%を超えるのは81年以降である。このNC化という技術革新を通じて、長年工作機械技術の後進性を問題にしてきた後発工業国日本は、82年に世界最大の工作機械生産国となった。日本はNC工作機械の生産を急速に伸ばしてアメリカを追い抜き、生産額で世界一になったのである。日本は伝統的な非NC工作機械技術で先進国を追い抜いたのではなく、それまでの工作機械技術に数値制御装置を組み合せた機電複

合(メカトロニクス)技術によって革新性を付与された NC 工作機械で躍進したのである。

　NC 工作機械は熟練工不足が問題になっていた高度成長期の日本において、最初の大きな需要を見出し、人材の限られている中小企業に販路を広げるために、プログラムの作成が容易にできるように改善されていった。数値制御装置の付いていない汎用工作機械で多種多様の部品を加工するには、熟練工が必要である。これに対し NC 工作機械は加工図面を読む能力、高校程度の数学、機械加工や材料、工具についておおよその知識があれば、たとえば 3〜4 日のプログラム作成研修と 1 週間程度の実地加工研修によって[16]、まがりなりにも部品を加工することができる。工業高校機械科卒業程度の机上の知識があれば、素人には難しいねじ切り、テーパ(円錐)加工、球面加工などを含む旋盤加工を容易にこなすことができるのである。もしプログラム作成を専従の技術者が行うとすると、工作機械への材料の着脱、段取り替え、つまり加工内容の変更に伴うプログラムの入替えおよび工具やチャックの取り替えはパートタイマーでも可能である。

　しかし NC 工作機械は機械加工に従事してきた人にとってさえまったく目新しい、プログラム作成という作業を必要としたため[17]、これを普及させるためにはメーカー側の手厚いビフォアおよびアフターサービスが必要であった。従来の非 NC 工作機械であれば、その使用方法はユーザーの熟練工が心得ており、改めて操作方法を指導するまでもなかった。NC 工作機械メーカーはこの新製品を拡販するのに、サービス体制の強化を必須とし、それに力を入れた山崎鉄工所や森精機などが NC 工作機械を普及させたのである。

　この高度成長期日本の熟練工不足あるいは中小企業の人材不足と同じように、発展途上国の熟練工不足と割に高い教育水準は非 NC 工作機械より NC 工作機械の採用に一面で適合的であった。そして日本で NC 工作機械への需要が生じたとき、NC 工作機械になじみのないユーザーにメーカーがその使用方法を伝授していったのと同じく、発展途上国の NC 工作機械ユーザーに対しても日本の工作機械メーカーは技術的支援を行っている。NC 工作機械の登場が熟練工

の不足という後発国の工業化初期の問題を比較的容易に克服することを可能にしている。これはNC工作機械の使用が後発国の機械工業全体に対してもたらす後発性の利益となっている。

　ただ、この場合、懸念されるのは工作機械価格の問題である。もちろん非NC工作機械に比べ、NC工作機械は高価である。まして日本製NC工作機械と中国製非NC工作機械を比較すると、その価格差は一段と大きい。熟練工とともに資本も不足している発展途上国で、高価なNC工作機械が需要されるのか疑問に思える。しかし現実にはNC工作機械は発展途上国にも一定の普及をしている。外資の直接投資によって設立された工場であれば、資金力があり、本国と同じではないにしてもそれに準じた設備を設置する。日系企業は使い慣れた日本製NC工作機械を設備する傾向がある。人件費が安いからと言って、現地の素人工を時間をかけて養成し、安価な非NC工作機械の操作に習熟させるよりも、要員の確保が容易で、製品の品質が安定するNC工作機械を採用するほうが選択されている。

　地場企業でも財閥など企業グループに属する大手企業はNC工作機械を調達する資金を持っている。地場中小企業になるとその国の経済発展の度合いによって、NC工作機械を導入できるかどうかは異なる。たとえばインドネシアの中小企業にはまだNC工作機械は少なく、中国製、あるいは老朽化した先進国製の非NC工作機械が使用されている。しかしシンガポールの経済水準では中小企業でもNC工作機械を使っている。

　すでに述べたように、NC工作機械はアメリカで開発された当初、複雑な形状をした航空機部品の加工に使われていた。これに対し日本の工作機械メーカーは数ある中小企業向けに中小型のNC工作機械を普及させていった。資金と人材に限りのある中小企業にNC工作機械が受け入れられるには価格が安いことと、きめ細かい技術サポートが必要であった。こうしたメーカー側の製品開発と営業上の志向はアジア市場への接近をも容易にした。このように操作面で技能を要する度合いが相対的に低いNC工作機械は熟練工が不足している発展途上国に適合した。

NC 工作機械の出現はその使用面で発展途上国に後発性の利益をもたらしただけでなく、後発国における工作機械製造においても後発性の利益をもたらした。NC 工作機械は非 NC 工作機械に比べ、ある意味で機構（メカニズム）が簡単である。材料または工具を回転させる主軸m)の速度変換にしても従来は多くの歯車の組合せによっており、歯車は加工も組立も難しかった。それがサーボモーターu)によって変速できるようになった。歯車の加工は外注することはあるにしても、基本的に工作機械メーカーの仕事である。その組立ももちろんそうである。これに対しサーボモーターは購入品である。サーボモーターを制御する数値制御装置も専門メーカーから購入されることが多い。従来、主軸やねじ切りの基準となる親ねじn)の高精度な加工、ベッドの摺動面p)（案内面）のきさげv)仕上げが工作機械の精度を左右していた。しかし、これらも既製の主軸、ボールねじr)、直動ガイドs)といった市販部品に代替されていった。

　結果として NC 工作機械は非 NC 工作機械に対して購入品への依存度が高いことを特徴としている。日本に限らず、工作機械メーカーの規模は限られていて、中小企業が多い。中小工作機械メーカーがこれらのユニットや部品を内製することは採算上不利で、技術的にも難しい。そこで工作機械工業の周辺に NC 関連の部品・ユニットの専門メーカーが成長した。NC 装置やサーボモーターならファナック、三菱電機、ボールねじや直動ガイドなら THK や日本精工といった企業である。

　工作機械の構成において購入部品の比率が高まったということ、それも設計上においても製造上においても従来最も手間を要した部分が購入品に置き換えられたということは、後発企業および後発国にとって工作機械は NC 化することによって、技術的によりキャッチアップしやすくなったということを意味する。しかも先行して世界最大の NC 工作機械生産国となった日本にこれらの購入品メーカーはフルセットで存在し、後発国の工作機械メーカーはそこから枢要部品を調達できた。

　また NC 工作機械技術は新しい技術であったため、進歩と同時に、陳腐化が

速かった。このため非 NC 工作機械の技術に引き続いて、旧世代の NC 工作機械技術が後発国へも供与されえた。これも後発国のキャッチアップに有利であった。

このように工作機械の NC 化は東アジアの後発国の機械製造職場に NC 工作機械を普及させるとともに、それらの国々での工作機械の国産化を容易にしたのである。工作機械の NC 化は技術修得期間を使用上でも製造上でも圧縮して、NC 工作機械への移行を促進している。

ただ NC 工作機械の使用に関しては、製品の購入によって世界最先端の技術を入手することができるが、製造面ではキャッチアップ可能な技術水準に限界がある。NC 工作機械が非 NC 工作機械に対して精度的にも優れているかと言えば、一概にそうとは言えない。精度面の優劣は数値制御装置が付属しているか否かとは別の問題である。後発国が NC 工作機械を生産できるといっても、ありふれた中・低級品が中心である。付加価値の高い高級な NC 工作機械になると技術的にも技能的にもフロンティアを開拓する必要があり、蓄積した経験の多寡が問われる。高精度指向の工作機械メーカーでは制御装置、モーター以外のメカニカルな部品において既製の購入品への依存度が低く、熟練工の経験に依拠して高い精度を生み出している[18]。この領域には依然として後発性の不利益が存在している。また購入品比率が高いということはそれだけ製造コストに占める人件費の割合が低く、後発国にとって有利な賃金水準の低さを価格競争力に転化しにくい。また一国の貿易収支の面から言っても、NC 工作機械の生産は非 NC 工作機械に比べ、中間財の輸入誘発効果が高く、国産化率の引き上げに時間がかかる。

非 NC 工作機械から NC 工作機械への移行過程で生じた、日本国内での後発工作機械メーカーによる伝統的企業の凌駕、後発国日本による欧米先進諸国の圧倒、さらにアジア NIEs における NC 工作機械生産の展開を見ると、後発国も工作機械工業を発展させることができ、少なくとも一定水準までの NC 工作機械を国産化することは可能に思える。しかしインドネシアなど東南アジア諸国の工作機械工業の発展は現在までのところ順調であるとは言えない。アジア

NIEs と東南アジア諸国との間では後発性の利益の享受に関して、根本的な差異があるのであろうか。最後にこの点について、少し考えてみたい。

　本書では ASEAN 諸国の代表として、インドネシアを取り上げた。周知のようにインドネシアを含め、東南アジア諸国には事業を営んでいる華人が多い。このため中国が改革・開放政策に転換して以降、そしてそれ以前も香港を通じて、中国製非 NC 工作機械が東南アジア地域に浸透した。安価で実用的な工作機械の普及は、そのユーザーである東南アジアの機械工業にとって後発性の利益を意味した。しかし東南アジア諸国が自ら工作機械を生産しようとするとき、中国製工作機械が先行して市場を、特に後発企業が最も参入しやすい低級品市場を占有していたことは後発性の不利益をもたらした。特に重要なのは中国が賃金水準の低い後発国でありながら、第 6 章で見たように日本の工作機械工業の歴史に匹敵する伝統を持ち、とりわけ社会主義体制発足当初から工作機械工業を優先的に発展させてきたため、中国製工作機械が安価で実用的な品質を持っている点である[19]。インドネシアのような大国では低価格の非 NC 工作機械が地場中小企業によってかなり大量に需要されるが、それらは中国からの輸入品によって充足され、国産品が市場に参入する余地はなかった。国内市場は後発企業が新しい製品を投入して、それに対するユーザーからの反響を直接感じ取り、顧客の要望に応じて、製品の改良を進めるのに最適である。このように新興企業にとって貴重な国内市場への参入が難しい東南アジア諸国では、非 NC 工作機械の国産化が困難であった。

　これに対し、台湾および韓国は政治的理由から長らく中国と通商を持たなかったため、新興企業にとって最初の市場となる自国内において中国製非 NC 工作機械との競合が生じなかった。一方シンガポールは中国製品の市場に含まれ、中国製非 NC 工作機械との競争に晒される。その結果、中国製品と競合する、国内および周辺市場向け非 NC 工作機械の生産は発展せず、外資系企業によって生産された非 NC 工作機械は本国あるいは先進国市場に輸出され、その後 NC 工作機械生産へと移行している。

　では非 NC 工作機械を飛び越して、NC 工作機械から工作機械工業に参入す

ることは後発国にとって可能だろうか。発展途上国がNC工作機械生産を始める場合、たとえ国内にNC工作機械需要が存在しても、そのほとんどは先進国製NC工作機械によって充足されており、必要とされる技術水準を満たすことは容易ではない。シンガポールのローカルNC工作機械メーカーであったエクセルは国内および周辺諸国に充分な市場を見出すことができず、アメリカやヨーロッパなど先進国の下層市場を開拓した。この場合、国際的な販売・サービス網を巡らす必要がある。第4章で見たようにエクセルはまさしく中小企業から発展したが、経営幹部達は創業以前に日系企業で技術と管理手法を修得しており、その後も日本との技術的羈絆を積極的に活用している。こうした外資系企業からのスピンアウトでもない限り、そしてその上に政府による手厚い政策的支援がなければ、技術的、資金的基盤を持たない後発国の中小企業がNC工作機械メーカーとして発展する可能性は少ないと考えられる。

　後発国がNC工作機械から生産を始めるためには、韓国型発展パターンを採らざるをえないであろう。たとえばインドネシアには韓国の財閥と同様に有力な企業グループが存在している。資金と人材が豊かなグループ傘下の企業であれば、先進国工作機械メーカーとの技術提携が可能である。またグループ内に一定の工作機械需要を見出すこともでき、海外での販売ネットワークの構築も比較的容易である。グループ内にユーザーを確保することができれば、需要が安定し、また製品についての改善要求等のフィードバックも受け入れやすい。系列のユーザーも自社の生産に適合した特殊な仕様の工作機械を発注しやすい。こうしたことからインドネシアが学ぶべきは、工作機械技術の蓄積を前提とせずに技術提携によって工作機械生産を開始した韓国の財閥の経験ではなかろうか。

　しかし、そのために残されている時間的余裕は長くはないであろう。中国は現在のところNC工作機械輸入大国であるが、急速にNC工作機械を国産化しつつある。非NC工作機械からNC工作機械への移行にあたって中国は、担い手が財閥企業ではなく国有企業であるという相違があるものの韓国と同じように、先進工作機械メーカーと提携することによって技術水準を引き上げつつあ

図終-1　工作機械の使用区分

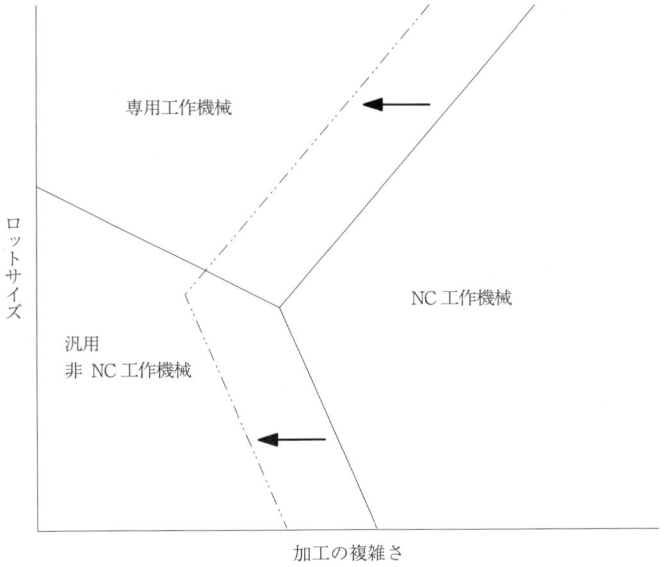
専用工作機械
NC 工作機械
汎用
非 NC 工作機械
ロットサイズ
加工の複雑さ

る。韓国の財閥企業が工作機械工業に参入する際に欠いていた非 NC 工作機械生産の技術蓄積を中国企業はすでに充分持っていることを考慮すると、中国の NC 工作機械生産は急速に拡大する可能性が高い。中国が NC 工作機械の内需を満たし、さらに輸出に振り向け始めると韓国、台湾、東南アジアの工作機械メーカーにとって手ごわい競争相手となるであろう。

戦後アメリカで開発され、日本が世界の機械工業界に広く普及させた NC 工作機械は、企業間、先進国間、南北間の競争関係に大きな変化をもたらした。非 NC 工作機械から NC 工作機械への機械構造の変化および日本の工作機械生産における中小企業の比重の高さは、工作機械の構成部品・ユニットの分業生産を発展させ、外部調達の役割を格段に引き上げたと言ってよい。購入品比率を高める方向への技術の変化、それに伴う分業の進展および技術・技能形成の圧縮は、日本国内では後発企業による老舗企業の、国際的には日本企業による

欧米企業の凌駕をもたらし、さらに東アジア後発国による工作機械分野のキャッチアップを容易にしている。

　汎用非 NC 工作機械、NC 工作機械、専用工作機械の使用区分は図終-1のように表わされる。歴史的に言うと、まず汎用工作機械が生まれ、大量生産体制の進展とともに専用工作機械が発達した。NC 工作機械は複雑度の高い部品加工用として開発され、次第に主として中品種中量生産に用いられるようになる。その後 NC 工作機械は、少品種大量生産に従事していたユーザーが柔軟な生産体制を指向し始めたことと、NC 工作機械自体の低価格化が進んだことによって、それまで専用工作機械および汎用非 NC 工作機械が使用されていた領域へ市場を広げていく。従来のきわめて多種多様な汎用非 NC 工作機械を数値制御化すれば、それぞれ NC 工作機械となるわけであるが、NC 化の進展とともに工具交換機能が付加され、機種が集約されることになった。すなわち丸物部品を加工する NC 旋盤と、箱物部品を加工するマシニングセンタj)という二大機種への集約が進んだ。これはメーカー側にとって生産機種の集約による経費削減を可能にするが、競合メーカーが増えることをも意味する。

　しかし東アジア全体は、経済発展段階の異なる国々から構成されているため、NC 工作機械のみならず、依然として旺盛な非 NC 工作機械需要を生み出しており、アメリカ一国の市場よりさらに重層的な市場構造を持っている。東アジアの主要工作機械生産国はこの地域だけを市場としているわけではないが、各国別に見ても東アジア全体としても重層的な生産構造を持っており、東アジア市場の重層性に適合している。高精度・高機能 NC 工作機械を中心として広汎な機種を生産する日本、中級 NC 工作機械、特にマシニングセンタを得意とし、その一方で非 NC 工作機械でも国際競争力を保持している台湾、非 NC 工作機械は弱いが NC 工作機械、中でも NC 旋盤に強い韓国、NC 工作機械の輸入依存度が高いものの多様な非 NC 工作機械で競争力を持つ中国、このようにこれらの東アジア工作機械生産国はうまく棲み分けている[20]。多様な市場を前提とした多様な生産は、多様な技術と技能を涵養し、不確実な未来に向かっての新しい技術の苗床となるのではあるまいか。

注

a）〜y）は巻末技術用語解説を参照。

1） 台湾と韓国の工作機械工業を比較した研究として、佐藤幸人「工作機械産業——内需指向・高内製化率の韓国と輸出指向・外注依存の台湾——」服部民夫・佐藤幸人編『韓国・台湾の発展メカニズム』アジア経済研究所、1996年がある。佐藤は副題のとおり、韓国の工作機械工業が内需指向でメーカーの部品内製率が高いのに対し、台湾は輸出指向で外注率が高いことを指摘している。

　ヤコブソンは旋盤のNC化に際して日本、ヨーロッパ、アメリカの先進諸国の企業が採った経営戦略を、日本企業に多く見られる製品の低価格を重視したoverall cost leadership strategy、製品の性能を重視するfocus strategy、特注品指向のdifferentiation strategyに三分した。これに対し、彼はさらに台湾、韓国、アルゼンチンのNC旋盤メーカーの経営を分析して、これら後発国企業はいずれの経営戦略にも属さない、低級機の少量生産の段階にあると指摘しており、日本型のoverall cost leadership strategyへの移行を促すための政策について検討している（Jacobson, Staffan, *Electronics and industrial policy: the case of computer controlled lathes*, Allen & Unwin (Publishers) Ltd, 1986.）。

　日本、台湾、中国の工作機械工業を比較した研究としては、佐々木純一郎「日本・台湾・中国の工作機械工業の比較研究——NC工作機械と工業化の移動について——」『経営研究』第40巻第1号、1989年4月がある。

2） 台湾における分業生産の展開前、および展開後の状況については、Amsden, Alice H., "The Division of Labour is Limited by the Type of Market: The Case of the Taiwanese Machine Tool Industry", *World Development*, 5 (3), 1977, pp. 217-233, Amsden, Alice H., "The Division of Labour is Limited by the Rate of Growth of the Market: The Taiwan Machine Tool Industry in the 1970s", *Cambridge Journal of Economics*, 9, 1985, pp. 271-284. を参照。

3） 韓国における財閥の形成については、服部民夫編『韓国の工業化　発展の構図』アジア経済研究所、1987年、151〜169頁、服部民夫「韓国における「財閥」的企業発展」服部・佐藤、前掲書を参照。

4） 代表例は楊鉄工廠である。この企業はNC工作機械への進出でも先行したが、それに際してNC工作機械の重要部品であるボールねじを内製した。また台中精機と永進機械でも「大規模な鋳造工場をもっており、鋳造およびフライス盤、旋盤、研削盤などによる機械加工がほとんど自社で行われる。一般に、老舗企業では外注依存率が低く、新規業者の台湾麗偉と福裕では外注依存率が高いと言われている」（劉仁傑「台湾工作機械工業の経営戦略と技術蓄積——台湾麗偉のケース・ス

タディ──」『アジア経済』XXXⅡ-4、1991年4月、69頁）。
5）　ATC（Automatic Tool Changer：自動工具交換装置）等のユニットやボールねじ等の要素部品は専門メーカーによって国内工作機械メーカーに供給されているが、近年はそれだけでなく中国やシンガポール等へも輸出されている。かつて台湾内に限られていた分業が東アジアの域内分業へと発展を遂げつつある。
6）　企業間レベルでの技術移転だけでなく、近年では後発国としては長い工作機械工業の歴史を有する日本、インド、中国の技術者や技能者が東南アジア諸国に職を求め、現地企業で個人的に技術を伝授することも多くなってきている。
7）　日本のNC工作機械工業については河邑肇による一連の研究がある。「NC工作機械の発達における日本的特質」『経営研究』第46巻第3号、1995年、「NC工作機械の発達を促した市場の要求」『経営研究』第47巻第4号、1997年、「工作機械メーカーの製品開発システムと販売・サービス活動」坂本清編『日本企業の生産システム』中央経済社、1998年、「NC装置メーカーの技術革新と工作機械の価格競争力」『商学論纂』第41巻第4号、2000年、「NC工作機械の発達と工作機械メーカーの生産技術」池上一志編『現代の経営革新』中央大学出版部、2001年、「アメリカ工作機械市場におけるジョブショップの特質」『経営研究』第56巻第1号、2005年、「NC装置の非互換性と開発生産統合システム」『商学論纂』第51巻第3・4号、2010年。
8）　『工作機械工業戦後発展史（Ⅱ）』機械振興協会経済研究所、1985年、153頁。
9）　小林正人・大高義穂「工作機械産業」産業学会編『戦後日本産業史』東洋経済新報社、1995年、389頁。
10）　昭和40年代のNC工作機械については、「当時のNC装置は環境に影響されやすく、温度変化やごみに弱かった」、「制御面の信頼性に難点があり、時に暴走することがあった」というユーザーからの指摘がある（筆者聞き取り調査、大阪社会労働運動史編集委員会編『大阪社会労働運動史（第5巻）高度成長期（下）』大阪社会運動協会、1994年、107～108頁参照）。またプログラムは逐一の動作を抽象的な記号に変換して、それを紙テープに鑚孔しなければならなかった。
11）　「1969～75年の累計で富士通がNC装置出荷総台数の73％を占めたのに対し、工作機械メーカーでNC装置を内製したのは大隈鉄工所、ワシノ機械など10社にも満たず、合計のシェアでも12％にすぎなかった」（沢井実「工作機械」米川伸一・下川浩一・山崎広明編『戦後日本経営史　第Ⅱ巻』東洋経済新報社、1990年、180頁）。
12）　小林・大高、前掲書、389頁。NC装置の技術進歩の概略は、拙稿「数値制御技術」日本産業技術史学会編『日本産業技術史事典』思文閣出版、2007年を参照。

13) 「67年にはNC機国内販売額の83％が大企業（従業者300人以上、または資本金5000万円以上、ただし、1975年以降は1億円以上）向けであったのが、73年以降は中小企業向けが前者を上回るようになった。中小企業の要請に対する対応能力がメーカーの売上高シェア拡大の決定的条件となったのである」（沢井、前掲論文、180頁）。
14) 60年代から70年代前半にかけての五大メーカーは、日立精機、池貝鉄工、東芝機械、大隈鉄工所、豊田工機であった。
15) 「普通旋盤の場合、不況前の62年のシェアは大隈鉄工所24％、池貝鉄工18％、三菱重工業15％、昌運工作所14％であったが、不況後の67年におけるシェア10％以上の企業は山崎鉄工所、ワシノ機械、滝沢鉄工所、津田製作所、豊和産業（振り400〜600mm普通旋盤）になった」（小林・大高、前掲書、393頁）。
16) この研修期間は80年以降に普及した対話型CNC（コンピュータ数値制御）旋盤の場合を想定している。マシニングセンタの場合はもう少し時間がかかるし、初期のNC工作機械のプログラム作成はもっと困難であった。
17) NC旋盤と非NC旋盤の操作方法の違いについては、大阪社会労働運動史編集委員会編『大阪社会労働運動史（第6巻）低成長期（上）』大阪社会運動協会、1996年、100〜102頁に著者の実体験を基に述べておいた。
18) 工作機械メーカーの加工設備としても用いられる高精度なマシニングセンタを供給している安田工業の事例に関して、拙稿「工作機械の生産と技術」『新通史　日本の科学技術　第2巻』原書房、近刊を参照されたい。
19) この点について第5章では中国が雁の列から外れていると形容した。これは通俗的意味での雁行形態からの離脱を意味している。その根拠は賃金水準の低さの割に技術水準が高いという、賃金水準と技術水準の乖離であった。一方、『通商白書　2001（総論）』は東アジア諸国の雁行的経済発展（赤松要が指摘した本来の意味での）が崩れてきたと指摘した（同書、15〜18頁）。従来、一国の生産と貿易の変化に着目した場合、まず軽工業品である繊維製品が輸入→生産→輸出という変化をたどり、それに遅れて重工業品である機械製品が輸入→生産→輸出という展開を遂げてきた。ところが中国では現在、繊維製品と機械製品が同時に主要輸出商品となっているのである。この場合、輸出される機械製品の中心は日本をはじめとする先進諸国による直接投資の結果として生産された家電製品である。
20) ただしあまりに完璧な棲み分けができていると、後発国はニッチ市場さえ見つけられない。

技術用語解説

a）（普通）旋盤

主軸に装着したチャックで材料をつかみ回転させ、それにバイトと呼ばれる硬質の工具を押し当てて、回転軸に沿って水平移動させることで材料を円柱状に加工する。

（大阪工業大学ものづくりセンター備付けの滝澤鉄工所製旋盤 TAL-460を筆者撮影）

b）タレット旋盤

数種類の工具を取り付けたタレットを一つの工具による加工が終わるごとに回転させて、連続的に多種類の加工を進めることができる旋盤。

（米ワーナー＆スウェジー社製 No.3タレット旋盤、産業技術記念館展示品を筆者撮影、許諾を得て掲載）

c）（直立）ボール盤

　主軸にドリルと呼ばれる工具を装着して回転させ、テーブルの上に固定した材料に穴をあける。

（大阪工業大学ものづくりセンター備付けのキラ製直立ボール盤KRTG-540を筆者撮影）

d）（ひざ形）（立）フライス盤

　フライスあるいはエンドミルと呼ばれる複数の刃を持つ工具を主軸に装着して回転させながら、テーブル上に固定された材料を平面状に加工したり、溝を削りこんだりする。ひざ形はテーブルをニー（ひざ）の移動によって上下させる。

（大阪工業大学ものづくりセンター備付けの日立ビアエンジニアリング製ひざ形立フライス盤2MW-Vを筆者撮影）

技術用語解説　267

e）タレット形フライス盤

　フライス盤の一種で主軸を傾けることができ、複雑な金型加工などに用いられる。

（大阪工業大学ものづくりセンター備付けの牧野フライス製作所製タレット形フライス盤 KSJP を筆者撮影）

f）（横）中ぐり盤

　回転する主軸にバイトを取り付けて、穴を広げたり、主軸に正面フライスを取り付けて、平面加工を行う。

（池貝鉄工製横中ぐり盤 DA110T、同社の1982年カタログより許諾を得て転載）

g) (平面) 研削盤

　円盤状の砥石を回転させて、粗加工された材料にあてがって、表面を精密に仕上げる。

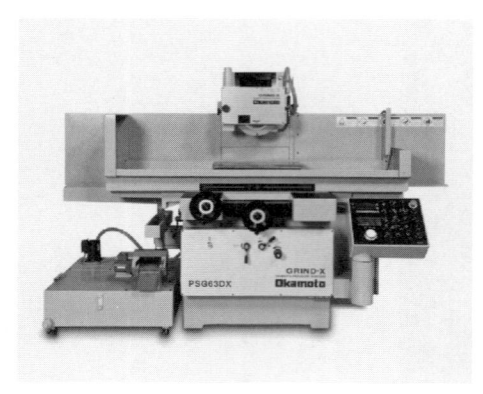

(岡本工作機械製作所製平面研削盤 PSG63DX、同社の提供による)

h) 歯切り盤 (ホブ盤)

　ホブと呼ばれる歯切り用工具を回転させつつ、歯車素材も回転させて、円盤状の材料を歯車に加工する。

(三菱重工業製ホブ盤 GH630U、同社の提供による)

技術用語解説　269

ⅰ）NC 旋盤

　数値制御（NC）装置を取り付けた旋盤で、従来の作業者による工具や主軸の操作をコンピュータプログラムにより自動的に行う。

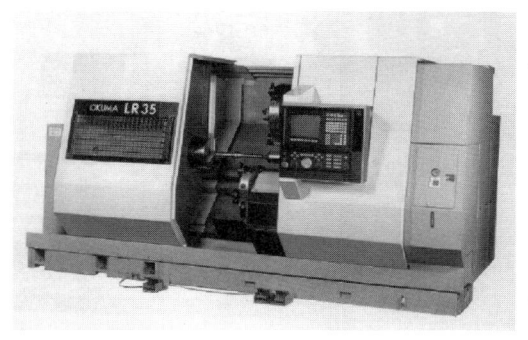

（オークマ製 NC 旋盤 LR35、同社の1991年カタログより許諾を得て転載）

ｊ）マシニングセンタ

　フライス盤や中ぐり盤に数値制御装置を装着するとともに、さまざまな用途の複数の工具を備えており、加工内容によって工具を取り替える自動工具交換装置（ATC）を有する。

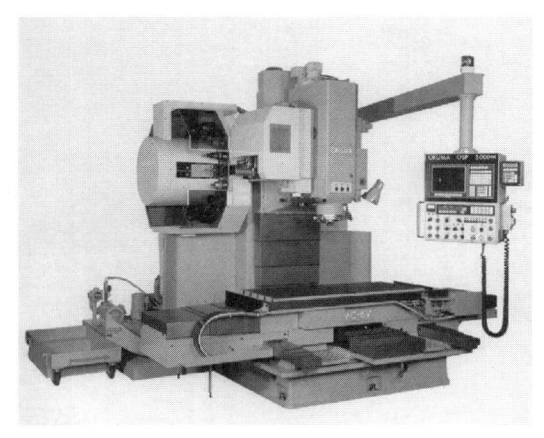

（オークマ製立形マシニングセンタ MC-6Ｖ、同社の1984年カタログより許諾を得て転載）

k）トランスファマシン

　自動車エンジンなどの素材を連続的に加工するライン化した専用工作機械。

（豊田工機1969年製シリンダブロック中ぐり用トランスファマシン、産業技術記念館展示品を筆者撮影、許諾を得て掲載）

m）主軸（スピンドル）

　モーターで生み出された回転力を受けて工具や材料を回転させる。主軸やそれを支える軸受の精度によって加工精度が大きく左右される。写真は旋盤の主軸台（ヘッドストック）内部を上面からみたもの。歯車の付いた太い軸が主軸。左側に材料をつかむチャックが見える。

（大阪工業大学ものづくりセンター備付けの滝澤鉄工所製旋盤 TSL-550を筆者撮影）

n) 親ねじ

　旋盤でのねじ切り加工の際に加工の基準となるおねじで、親ねじの精度によって加工されるねじの精度が決まる。親ねじの下に通常の往復台の移動に用いる送り棒がある。

（大阪工業大学ものづくりセンター備付けの滝澤鉄工所製旋盤 TAL-460を筆者撮影）

p) 摺動面（案内面、すべり面）

　テーブルとベッドなどが接触する面で、この精度が加工精度に影響する。きさげ（スクレーパ）と呼ばれる工具を用いて面と面を高精度にすり合わせる場合には経験の蓄積が必要である。図の旋盤では往復台とベッドが両外側にある山形と平面の摺動面で接している。

（大阪工業大学ものづくりセンター備付けの滝澤鉄工所製旋盤 TAL-460を筆者撮影）

r) ボールねじ

　モーターの回転出力を直線運動に変換して、工具やテーブルを移動させる。おねじとめねじの間のあそび（間隙）をなくしつつ、なめらかに回転するようにおねじとめねじの間にボールが入っている。

(THK製ボールねじBIF形、同社の提供による)

s) 直動（リニア）ガイド

　従来の摺動面では面と面の接触であったが、ボール（玉）やローラ（ころ）などの転動体を用いてテーブルなどをなめらかに動かすことができる。図は一部カットして内部の転動体を示している。

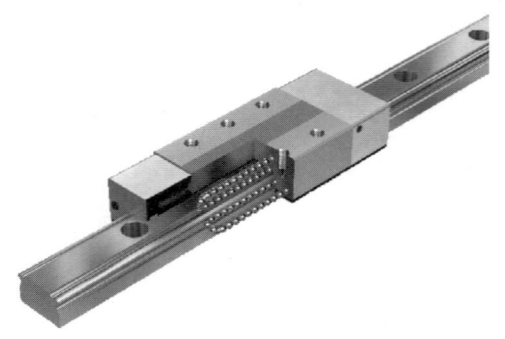

(THK製直動ガイドSVR形、同社の提供による)

技術用語解説　273

t) 数値制御（NC）装置

　　部品の加工図面に基づいてデータを入力し、工具の刃先や材料の位置関係を入力してやると、自動的に工具や材料を回転ないし移動させて、所要の形状が形成されるように工作機械を制御する。

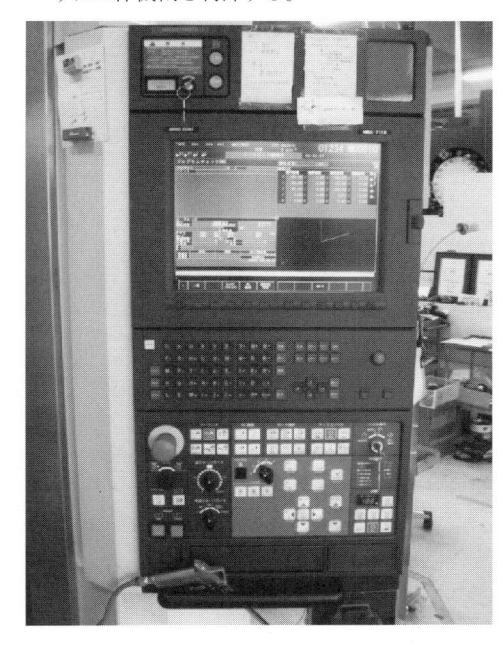

（大阪工業大学ものづくりセンター備付けの森精機製作所製5軸制御マシニングセンタ MNV-5000 の数値制御装置を筆者撮影）

u) スピンドルモーター、サーボモーター

　　NC工作機械に用いられる回転角度や回転速度の制御が可能な電動機で、主軸やボールねじを回転させて工具や材料の位置や回転ないし移動速度を制御する。

（ファナック製超大型スピンドルモーター aiS、同社のHPより許諾を得て転載）

v）きさげ（スクレーパ）

　　工作機械のたとえばベッドとテーブルのすり合わせを行う時に用いる精密仕上げ用の手工具。写真では上2本が超硬合金製、下3本は工具鋼製である。

（大阪工業大学ものづくりセンターの備品を筆者撮影）

w）ジグ（治具）

　　加工や組立を容易かつ正確に行うための補助具。たとえば大量の同一部品に穴あけをする場合、ジグを用いると穴の位置を逐一、罫書き（マーキング）する必要がない。

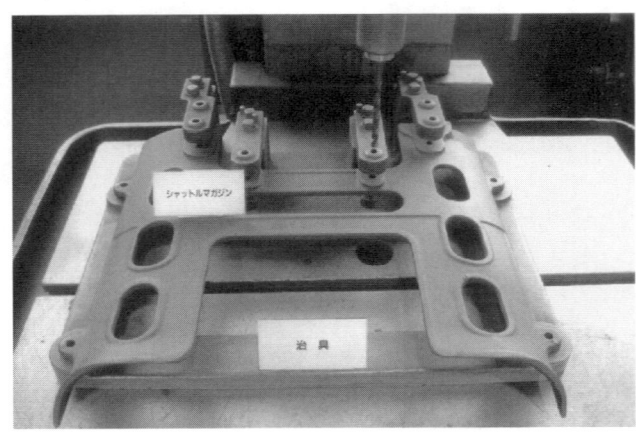

（豊田G型自動織機のシャトルマガジン穴加工（6カ所）用ジグ、産業技術記念館展示品を筆者撮影、許諾を得て掲載）

x) マイクロメータ

図の外側マイクロメータでは軸の外径や板の厚みを測定する。

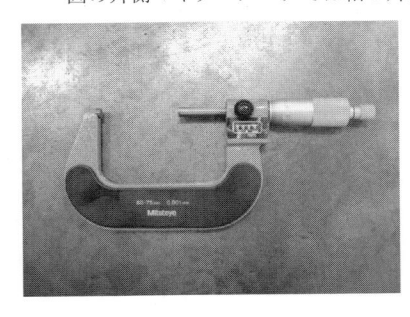

（大阪工業大学ものづくりセンターの備品を筆者撮影）

y) ダイヤルゲージ

触針（スタイラス）の移動量を表示する測定器。軸の回転の振れや二面間の平行度などの測定に用いる。

（大阪工業大学ものづくりセンターの備品を筆者撮影）

あとがき

　私が工作機械ということばを初めて耳にしたのは、それぞれ鉄工所を経営していた外祖父と父の会話であったと思う。大学進学にあたって父から機械工学を勧められたが、九州大学を選んだのは、そこに「工作機械および工具」と明示された生産機械工学第3講座があったからである。少なくとも高校生の頃にはmother machineという工作機械の特性に惹かれるものがあった。かといって私は技術者気質ではなかった。

　卒業研究では佐久間敬三、鬼鞍宏獣両先生の第3講座に配属され、実習工場にあった大隈の普通旋盤で実験材料を加工し、工具の摩耗や仕上げ面の真円度などを調べた。一方で技術をもう少し幅広い視野で捉えてみたいと思っていた私は、高校時代から親しかった河村勝之君に触発されて、大阪市立大学経済学部に学士入学し、中岡哲郎先生の担当されていた産業技術論のゼミに入った。

　当時、中岡先生は後発国の工業化問題に関心を持っておられ、私は日本の工作機械工業史を卒業論文のテーマに選んだ。大学院進学も考えないわけではなかったが、技術者として実社会で働いてみたいという思いのほうが強く就職した。大きな組織に魅力を感じなかったこともあり、父の経営する鉄工所に入り、産業機械の設計、材料の発注から社内と外注先での加工・組立の管理、製品の検査・試運転、据付け・引き渡しなど、中小機械工場の技術者がする仕事を一とおり経験した。ヤマザキマザック製NC旋盤を導入した際には同社で研修を受け、複雑な形状の部品加工に汗をかいたこともあった。

　仕事の傍ら中岡先生が主宰されていた両大戦間期の機械工業研究会に顔を出すようになり、この共同研究の成果である『技術形成の国際比較』に日本と台湾の工作機械工業の発展を比較した拙稿を載せてもらった。出版後の合評会で末廣昭先生からいただいた好意的なコメントはうれしかった。

　バブル経済とその崩壊は小さな町工場にも思わぬ結末をもたらし、転職する

ことになった。妻の「大学院に行く気はないの」という一言で、この期に及んで自分からは言い出せなかった研究者の道をめざすことになる。

　大阪経済大学に移られていた中岡先生にふたたびお世話になり、インドネシアの工作機械工業に関する修士論文を書いた。インドネシアで延べ50日ほど、自分が設計した機械の組立・据付をしたことがあり、ことばも少し勉強していた。何より日本、台湾という成功例に対して、工作機械工業の発展が滞っている事例を取り上げたかった。現地調査にあたってはアジア経済研究所の水野順子先生の助けを借り、ジャカルタでは京都大学東南アジア研究所の水野広祐先生に貴重な情報をいただき、通訳もお願いした。

　中岡先生の退職が近かったので、日本工作機械工業史の第一人者である沢井実先生をはじめ、経済史・経営史の魅力的な先生がいらっしゃる大阪大学の博士課程に進学した。沢井先生のほか、宮本又郎、阿部武司、杉原薫、佐村明知、鳩澤歩といった諸先生にご指導いただき、経営史学会や社会経済史学会で報告させていただいた。

　総合大学であることを生かして、学部1年生の語学クラスにもぐりこんで、中国語と朝鮮語を勉強させてもらい、工作機械工業の文献であれば、どうにか解読できるようになった。そこで阪大時代には中国の工作機械工業史を研究した。

　一方、大阪経済大学中小企業・経営研究所の研究員として、斉藤栄司先生のシンガポール金型調査に加えていただき、工作機械ユーザーである金型工場とともに、工作機械メーカーを2度にわたり訪問調査した。規模の小さいシンガポールの工作機械生産について、最初から関心があったわけではなかったが、調べてみると興味深い事例に巡りあった。

　大学院を終えた後、技術史研究にたいへん理解のある石井正先生が学部長をされていた大阪工業大学知的財産学部に採用されたことによって、阪大時代にやり残した研究を完遂することができた。まずは本書の完成に不可欠な韓国工作機械工業史を調査研究し、台湾を改めて調査して全面的に改稿し、最後にインドネシア・シンガポールの新しい情報を盛り込んで、本書をまとめ上げた。

あとがき

　本書の執筆過程で、本文中にお名前のあるみなさんから聞き取り調査を通じてたいへん貴重な情報をいただいた。しかしそればかりではなく、国内外を問わず、実に多くの方々からご厚意、ご助力をたまわった。

　たとえばピンダッドの再調査を下手なインドネシア語の手紙で申し入れた際、流暢な日本語で快諾してくれたのは日本に留学した経験のあるヤヤット・ルヤットさんであった。彼自身は工作機械分野の専門家ではないが、関連分野の元日本留学生を集めて、聞き取りの場を設けてくださった。

　肌寒い北京のある図書室で文献の複写を待っている間、魔法瓶に入った白湯の接待を受け、心が温まったのも妙に印象に残っている。清華大学では夫の留学で日本に滞在した経験のある司書の方が日本語で親切に応対してくださった。

　文献資料に関しては、国内ではアジア経済研究所、国立国会図書館、日本貿易振興機構、京都大学東南アジア研究所ほか各大学、中国研究所、台湾では国家図書館、台湾大学、金属工業研究発展中心、対外貿易発展協会、韓国では国立中央図書館、延世大学、韓国工作機械工業協会、ソウル大学、高麗大学、韓国機械産業振興会、シンガポールではシンガポール国立大学、国立中央図書館、インドネシアではインドネシア科学院、工業省、バンドン工科大学、インドネシア大学、国立中央図書館、中国では中国国家図書館、北京大学、清華大学、中国科学院文献情報中心・自然科学史研究所、機械工業信息研究院文献資源中心などの図書館・図書室を使わせていただいた。

　東京工業大学名誉教授の伊東誼先生にはいくつかの拙稿について懇切なコメントをいただき、また日本工作機械工業会が実施した上海・広州地区の工作機械ユーザー調査に参加する機会を与えていただいた。

　拙稿の出版にあたっては、株式会社日本経済評論社代表取締役の栗原哲也氏と出版部の谷口京延氏にたいへんお世話になった。さらに震災復興資金が何よりも必要とされる中で、2011年度科学研究費補助金研究成果公開促進費（課題番号235180）の交付を受けた。

　お世話になったすべての方のお名前を挙げることはできませんでしたが、ご指導、ご助力、ご厚意をたまわり、またご心配をおかけしたみなさまに厚く御

礼申し上げます。

2011年初夏　澱江の流れを見下ろす研究室にて

廣田　義人

索　引

(中国・台湾・韓国の人名・社名は日本語音読みで配列)

ア行

IT バブル …… 146
アジア NIEs …… 2, 6, 10, 124, 158, 243, 246, 247, 256
アシエラ …… 195
ASEAN …… 2, 3, 6, 152, 204, 257
アセンブリ生産 …… 71
アフターサービス …… 88, 134, 143, 169, 170, 200, 225, 253
アヘン戦争 …… 211
アメリカンツールワークス …… 33, 50
池貝鉄工 (所) …… 13, 15, 17, 20, 31, 47-49, 73, 96, 114, 171, 212, 216, 251, 263
一般特恵関税 …… 131
伊東誼 …… 119, 146, 154
IMPI …… 176, 185-187, 190, 191, 195, 199
鋳物 …… 25, 48, 69-71, 76, 78, 89, 93, 95, 98-100, 106, 138-140, 155, 170, 186, 211, 216, 217, 229, 240
インキュベーター (孵卵器) …… 54, 254
インドネシア工作機械工業会 (ASIMPI) …… 170, 174, 185, 193, 201, 204
インフラストラクチュア …… 17, 125, 132, 133
栄錩泰機器廠 …… 211
永進機械工業 …… 69, 70, 78, 80, 81, 87, 89, 191, 261
益全機械工業 …… 70
エクセル工作機械 …… 128, 142-148, 153-155, 258
エクセル・チェペル工作機械 …… 143, 153
NC 化率 …… 162, 203, 252
NC 旋盤 …… 3, 33, 44, 45, 50, 51, 64, 71, 72, 77-80, 85, 87, 101, 106, 109, 110, 114, 115, 117, 124, 126-129, 137, 152, 153, 164, 167-170, 194, 195, 203, 207, 247, 250, 252, 260, 261, 263
FMS …… 131, 140
FMC …… 147
エリコン …… 27-29, 49

遠州製作 …… 104, 117
円高 …… 101, 135, 147, 154
遠東機械 …… 60, 69
OEM …… 81, 144, 148, 154, 231
王岳記機器廠 …… 211
王守競 …… 212, 237
大隈鉄工所 (オークマ) …… 13, 16, 17, 31, 36, 39, 47, 50, 55, 78, 251, 262, 263
大阪機工 …… 17, 39, 50, 78, 79, 104, 105, 117
大平研五 …… 117, 118, 121
岡本工作機械製作所 …… 55, 73, 126, 127, 131, 135, 139, 144, 149-151, 153
オカモト (シンガポール) …… 126, 127, 129, 134, 135, 138-141, 143-145, 148-152, 154, 155
オカモト (タイ) …… 127, 139, 140
OJT …… 141, 142
親ねじ …… 49, 75, 96, 99, 105, 106, 227, 255, 271

カ行

改革・開放 …… 10, 209, 231, 232, 235, 257
外国直接投資 …… 91, 124, 125, 142, 146, 202, 244
外注 …… 4, 54, 70, 72, 73, 78, 82-84, 89, 138, 140, 147, 169, 176, 185, 186, 195, 199, 211, 246, 251, 255, 261, 277
科学技術院 (KAIST) …… 109
科学技術研究院 (KIST) …… 106
価格競争 …… 1, 23, 68, 84, 85, 128, 143, 172, 190, 256, 262
加工精度 …… 17, 19, 20, 23, 25, 26, 29, 40, 62, 79, 109, 142, 146, 157, 169, 191, 195, 222, 227, 232, 239
ガーシェンクロン …… 247
カズヌーヴ …… 27, 49, 50
貨泉機工・貨泉機械工業 …… 93-95, 97-101, 105, 106, 116, 117, 119, 120
形削り盤 …… 55, 62, 69, 73, 92, 94, 173, 204, 211, 212, 218, 223

金型 …… 1, 3, 25, 48, 56, 60, 68, 74, 85, 117, 119, 126, 135, 137, 202
カーネー・トレッカー …………………… 76, 114
下放 ……………………… 220, 222, 225, 227-229
カールトン …………………………………………… 77
関永昌 ……………………………………… 77, 79, 80
雁行 ………………………………………… 197, 263
韓国工業規格（KS）……………………… 94-96, 99
韓国工作機械 ……………………… 99, 101, 105
韓国精密機器センター（FIC）………… 99, 106
関税 …… 87, 100, 131, 162, 180, 184, 185, 197, 198
関東機械製作所 ………………………………… 92
起亜機工 ……………………… 101, 105, 107-111, 121
起亜産業 ………………………………… 108-111
機械工業研究所 ……………………… 79, 88, 201
機械工業振興法 ………………………………… 107
機械工業振興臨時措置法 ……………… 25, 26
機械試験所 ……………………… 22, 26, 48, 251
企業グループ ……………… 193, 199, 205, 254, 258
きさげ …… 30, 49, 70, 82, 96, 121, 216, 227, 255, 271, 274
技術移転 …… 54, 85, 117, 119, 126, 142, 181, 201, 213, 223, 250, 262
技術援助 ………… 111, 172, 185, 214, 227, 238, 250
技術応用評価庁（BPPT）……………… 201, 205
技術改造 ……………… 214, 216, 219, 238, 239
技術格差 ……………… 23, 27, 112, 191, 228, 231
技術革新 …… 4, 12, 19-21, 73, 115, 149, 154, 205, 251, 252, 262
技術供与 …… 76, 104, 105, 144, 148, 154, 231, 250
技術指導 …… 6, 30, 61, 75, 78, 81, 88, 99, 100, 113, 114, 117, 120, 141, 144, 145, 154, 201, 215, 217, 219, 238, 239, 245
技術集約 ……………………………… 123, 131
技術提携 …… 10, 14, 27, 28, 30-33, 44, 46, 47, 49, 50, 53, 56, 61, 77-79, 84, 89, 92, 97, 98, 100, 101, 105-116, 176, 191, 212, 231, 232, 240, 245, 250, 258
技術導入 …… 27, 31, 33, 45, 47, 49, 50, 54, 55, 79, 92, 98, 101, 104, 105, 108-110, 112, 115-117, 191, 216, 227, 228, 231, 235, 236, 239, 245, 250
規模の経済 ……………………… 169, 172, 197
キャッチアップ型工業化 ……………… 7, 8, 12
ギルデマイスター ……………………… 44, 151
金属工業発展中心 ……………… 74-76, 79, 88

空洞化 ……………………………………… 1, 84
組立精度 ………………………… 17, 26, 199, 239
クラカタウ・スチール ……………… 185, 186
クラスヌイ・プロレタリ工場 …… 214, 215
グレー ……………………………………… 25, 31
クロス ……………………………………………… 77
経済開発庁（EDB）……………… 145, 150, 154
経済拡大奨励法 ………………………………… 132
京城鋳物製作所 ……………………… 93, 95
経常収支 ………………………………… 157, 162
限界ゲージ方式 ………………………………… 27
兼業 ……… 16, 17, 19, 36, 39, 40, 45, 46, 199, 247
研削盤 …… 16, 22, 26, 27, 29-31, 40, 44, 48, 56, 60, 64, 74, 75, 79, 89, 92, 98, 101, 106, 109, 110, 114, 124, 127, 129, 131, 134, 135, 139, 143-145, 153, 162, 167-169, 173, 174, 184, 195, 204, 211-213, 216, 227, 237, 241, 261, 268
権昇官 ……………………………… 93, 97, 98, 119
現代自動車 ……………………… 107, 111-114, 120, 121
現代精工 ……………………………… 113-115, 121
建徳工業 ……………………………… 56, 60, 70, 86
黄奇煌 ……………………………………… 55, 73, 86
工業技術研究院 ……………………… 76, 88, 201
工業振興庁 ……………………………… 99, 120
工具 …… 3, 19, 22, 23, 25, 29-31, 47, 48, 60, 68, 71, 72, 77-79, 88, 93, 99, 109, 120, 128, 131, 134, 140, 141, 202, 212, 213, 217-219, 225-227, 229, 230, 232, 234, 238, 253, 255, 260
公差 ……………………… 46, 49, 74-78, 226
工作機械工業発展統合政策 … 175, 176, 180, 181, 185
工作機械試作奨励金交付規則 ……………… 22
工作機械製造事業法 ……………… 13, 22, 36, 45
工作機械等試作補助金制度 ……………… 26
工作機械輸入補助金制度 ……………… 25
剛性 …… 20, 26, 28, 68, 79, 96, 117, 187, 190, 228
高速度鋼 ……………………………… 19, 20, 49
工程管理 ………………………………… 31, 144
江南製造局 ………………………………… 211
後発性の利益 … 9, 21, 116, 247, 250, 254, 255, 257
合弁 ……… 55, 105, 170, 191, 202, 233, 241
五カ年計画 …… 175, 176, 214, 220, 223-225, 236
互換性 ……………………………… 75, 88, 262
国営企業 …… 53, 176, 185, 186, 190, 192, 205, 214
国際労働機関（ILO）………………………… 74

索　引　283

国産化率 ……………… 108,176,186,200,256
国鉄 ……………………………………… 36
五面加工機 ………………………… 79,139
金剛鉄工廠 …………………… 56,75,86
コンベア …………………… 31,72,73,216
昆明機床廠 …… 203,212,213,227,228,236-238

サ行

財閥 ……… 9,13,36,45,53,91,92,100,101,107,
　　108,116,121,124,244,245,254,258,259,261
作業手順 ……………………… 141,220,234
作業標準 ………………………………… 30
サーボモーター ………… 145,255,273
産業革命 …………………………… 3,251
産業集積 …… 54,55,67,68,72,82-84,87,118,
　　138,235
三元鉄工廠 ………………………… 55,56,75
三線建設 ……………… 228,229,231,240
CIM ……………………………………… 131
ジェイテクト ……………………… 29,39
支援産業 ……………… 5,100,125,141,147
CKD ……………… 167,180,184-186,191,192
ジグ（治工具）… 29-31,47,49,60,74,76,77,85,
　　99,109,120,141,202,217-219,224,226,232,
　　234,235,274
軸受 …… 20,23,25,26,28,29,31,47-49,95,96,
　　100,105,106,109,115,134,176,195,227,232
ジグ中ぐり盤 …………… 40,48,74,227,238
資源委員会 ……………………… 211,212,237
自主規制 ……………… 44,45,62,64,67,87
自動工具交換装置（ATC）… 72,79,109,145,
　　262
自動旋盤 …… 22,26,44,48,51,109,124,127,212
シニバサン、マリムツ ………… 193,196
資本節約 ……………………………… 202
ジャンドルン ………………… 27,30,31
上海機床廠 ……………………… 227,228,238
重化学工業化宣言 …………………… 98
重層的市場 ………… 62,67,158,196,247,260
摺動面 …… 26,30,48,70,72,76,96-99,255,271
主軸 …… 19,20,27-29,31,48-50,68,70,77,80,
　　81,95,96,99,105,109,113,117,139,145,146,
　　153,190,192,204,219,226,255,270
朱柏林 …………………………… 75,88
昌原機械工業団地 ……………………… 107

商社 ………… 69,81,98,105,118,174,203,239
焼鈍 ……………………………………… 96,99
勝利機械製作所 ………………………… 93,95
織機 …… 2,3,11,16,17,36,39,56,94,194,196,
　　206,207,238
ジョブショップ ………………… 62,69,262
ジョブホッピング ………………… 142,148
自力更生 ……………………………… 231
振英機械鉄工場 ………………………… 55
シンガー ……………………… 69,71,75
シンシナティ・ミラクロン ……… 80,153
人進式タクトシステム ……………… 29
瀋陽第一機床廠 …… 214-217,219,227,234,237
瀋陽第二機床廠 ……… 216,219,238,239
信頼性 ……………… 36,169,251,252,262
数値制御（NC）装置 …… 78,106,115,116,118,
　　145,170,191,195,203,241,251-253,255,256,
　　262,273
スタマ ……………………………… 191
スターリン批判 ………………………… 220
スピンアウト ……………………… 91,258
スピンオフ ……………………………… 148
スラントベッド ………………………… 79
すり合わせ ………… 30,49,70,140,141,274
生産管理 …… 47,76,142,216,220,222-227,234,
　　235
生産技術 ……… 29,31,84,87,114,142,154,201,
　　205,213,216-220,227,234,262
製造技術 …… 23,74,76-79,88,92,93,100,116,
　　119,142,144,153,207,215,246
済南第一機床廠 ……………… 231,232,238
精密工具機中心 ……………………… 76-80
精密工作機械戦役 ……………… 227,228
精密中ぐり盤 ……………… 22,26,29,49
石油危機 ………… 56,61,62,127,128,252
設計技術 … 4,28,31,99,101,112,144,148,199,
　　246
切削速度 ……………………………… 19
繊維機械 …… 4,16,17,19,39,46,56,61,87,157,
　　170,194,195,199,206,211
全国工作機械会議 …………………… 214
専売公社 ……………………………… 36
旋盤 …… 2,3,15,16,19-21,26-29,33,40,44,48-
　　51,55,56,62,64,65,70-73,75,77-79,87,89,
　　92-95,97-101,105,106,110,114,115,120,

124, 126, 128, 129, 134, 135, 140, 142, 149, 162,
　　　164, 167-169, 171-174, 176, 184-187, 190, 191,
　　　194, 202-205, 207, 209, 211-216, 222, 227,
　　　231, 232, 237-239, 245, 247, 250-253, 261, 263,
　　　265
専用機 ……6, 19, 61, 84, 85, 109, 111-113, 121, 216,
　　　223-226, 245
専用工作機械 ……84, 107, 109-111, 200, 230, 231,
　　　234, 235, 260
戦略産業管理庁（BPIS）…………………… 190
荘慶昌 ………………………………………… 55
荘俊銘 …………………………………… 60, 87
総動員試験研究令 …………………………… 22
測定器 …… 22, 23, 25, 29, 48, 49, 74, 86, 100, 213,
　　　217, 238
素形材 ……………………… 25, 83, 84, 138, 147, 195
粗製濫造 ……………………… 222, 226, 235, 239

タ行

第一機械 ………………………………… 93, 99
第一機械工業部第二機器工業管理局（一機部二
　局）…… 214, 216, 219, 220, 227, 229, 230, 240
第一次世界大戦 ……… 12, 17, 23, 201, 211, 233
大宇重工業 ………… 12, 15, 17, 23, 201, 211, 233
大韓重機工業 ……………… 92, 101, 110, 232
大韓造船公社 …………………………… 92, 94, 95
大邱重工業 ……………………………… 93, 94, 99
耐久性 ………… 27, 73, 95, 98, 169, 176, 228
大興機器工廠 …………………………… 56, 78, 86
台中精機 ………………… 55, 72, 73, 88, 261
大同 ………………………… 55, 56, 60, 78, 86
大同大隈 ……………………………………… 55
第二次世界大戦 …………… 22, 54, 86, 201, 244
大日金属工業 ……………………………… 101, 105
対日請求権資金 …………………………… 94, 116
大躍進 ………………… 220, 222-228, 232, 234
ダイヤルゲージ ………………… 23, 49, 275
大立機器 ……………………………… 55, 69, 70, 81
大隆機器廠 …………………………… 211, 236
台湾機械 ……………………………………… 55
台湾瀧澤科技 …………………………… 81, 88
台湾鉄工所 …………………………………… 55
台湾麗偉電脳機械 …… 71, 81-83, 89, 145, 153, 261
滝澤鉄工所 ………… 53, 78, 88, 105, 106, 120, 263
多国籍企業 ……………………………… 123, 153

タレット形フライス盤 ……… 68-71, 87, 195, 267
タレット旋盤 ………… 44, 49, 107, 108, 245, 265
鍛造 ………………………… 3, 4, 78, 105, 191, 200
チャンディ・ナガ ………………………… 176
中央機器廠 ……………………… 211-213, 237, 238
中華民国国家標準（CNS）………………… 76
鋳造 … 4, 19, 31, 56, 68, 69, 71, 75, 78, 82, 89, 93,
　　　95, 96, 99, 106, 113, 121, 138, 139, 142, 191,
　　　195, 199, 200, 217, 245, 261
張堅浚 ……………………………………… 81, 89
超硬合金 ……………………… 19, 20, 30, 49
朝鮮機械製作所 ……………………………… 92
朝鮮重工業 …………………………………… 92
朝鮮戦争 …………………… 36, 91, 92, 95, 214
直動ガイド ………………… 89, 145, 255, 272
陳金朝 ………………………………………… 56
陳志弘 ………………………………………… 69
陳瑞栄 ………………………………………… 73
陳土牆 ………………………………………… 56
ツールスインドネシア ……………………… 174
THK …………………………………………… 255
TQC ………………………………………… 232
鄭金海 ………………………………………… 72
デヴリーグ ……………………………… 25, 31, 76
テクスマコ・プルカサ・エンジニアリング
　　　……………… 170, 175, 193-196, 199-203, 206
鉄道省 ………………………… 15, 16, 47, 201
テーラホブソン ……………………………… 31
統一 ……………………… 101, 105, 120, 202, 207
東京機械製作所 ……………………………… 17
東京工業大学精密工学研究所 …………… 251
東京大学生産技術研究所 ………………… 251
東京砲兵工廠 ……………………………… 211
東芝機械 ……………………………… 49, 110, 263
東台精機 …………… 53, 60, 61, 84, 85, 88, 89
東南アジア経済（通貨）危機 …… 133, 146, 158
東洋工業（マツダ）……………………… 108, 109
東洋鋼鈑 ……………………………… 48, 171
東洋鉄工 ……………………………… 55, 86
ドッジライン ………………………………… 36
土法 ………………………………… 220, 222
豊田工機 …… 26, 29-31, 39, 46, 49, 50, 79, 109,
　　　110, 263
トヨタ自動車 ……………………… 26, 29, 49
豊田自動織機製作所 …………………… 11, 39

索 引

トラウプ …………………………… 127,149
トランスファマシン ……… 26,111,112,167,184,
　216,241,270
ドル・ショック ………………………… 252

ナ行

内部請負 ………………………………… 70,82
中ぐり盤 … 3,26,44,60,110,142,204,213,214,
　216,219,237,239,267
中継貿易 ………………… 123,132,133,159,172
ナショナル・アクメ ……………………… 44
南鮮機工 ……………………………… 93,95,99
南鮮旋盤工場 …………………………… 93
新潟鉄工所 ………………………… 17,27,152
二汽戦役 ………………………………… 230,231
日露戦争 …………………………………… 17,201
日産自動車 ………………………………… 115,121
日中戦争 ………………… 12,13,17,201,212,239
日本工業規格（JIS） ………………… 94,142,202
日本工作機械工業会 …………………… 26,187
日本国際工作機械見本市 ………………… 97
日本精工 ………………………………… 145,255
寧夏小巨人机床 ………………………… 138,241
ねじ切りフライス盤 ………………… 202,207
ねじ研削盤 ……………………………… 22,74,89
熱処理 …… 26,47,76,82,94-96,98-100,140,148,
　191,204,238
ノックダウン（KD） …… 108,111,114,151,176,
　190,191,195,200

ハ行

パイオニア・ステータス …… 132,144,145,150
バイト ……………………………………… 23,219
歯切り盤 ………………… 22,26,55,95,184,204,245,268
バーグマスター …………………………… 33,50
歯車 …… 20,23,25,26,28,48,49,56,61,76,77,
　84,94,95,97,99,100,105,106,112,113,115,
　127,139,167,170,191,195,214,216,227,231,
　232,239,255
歯車研削盤 ………………… 31,48,153,195,232
ハーコ ……………………………………… 81
八八艦隊計画 ……………………………… 15
バックラッシ …………………………… 113
はめあい（嵌合） …………… 28,74,75,77,95,99
早坂力 …………………………………… 15,47,49

汎用工作機械 …… 5,12,16,19,29,31,46,84,131,
　200,219,220,226,228-230,234,245,253,260
PIMSF プロダドゥング ………………… 174,204
非関税障壁 ……………………………… 197
日立精機 …… 36,40,44,46,51,61,84,104,105,
　107-111,251,263
日立精工 ………………………………… 92,110
標準（作業、加工）時間 ………… 29,31,141,218
品質管理 …………………… 76,99,144,149,232,238
ピンダッド …… 174,186,190-193,195,199-201,
　204,205,207
ファナック ……… 78,106,116,118,170,191,241,
　252,255
フォンソ、フェンリー ………… 170,172,174,207
フォン・リー機械工業 ……………… 128,150
武漢重型機床廠 …………………… 214,215,228
複線的発展 ……………………………… 91
富士機械製造 …………………………… 109
不二越 …………………………………… 140
富士通 ………………………… 106,251,252,262
ブーメラン効果 ………………………… 116
フライス盤 …… 16,19-21,25-27,40,47,48,61,
　64,68-72,75-78,80,81,86,87,99,101,106,
　108-110,114,124,126,128,129,142,143,162,
　167,173,184,191,192,203-205,211,212,214,
　219,223,224,226,228-240,251,261,266
ブラウン・シャープ …………………… 77
プラット・ホイットニー ……………… 213
プラートバート、オッケ ………… 171,185,194
フラン樹脂 ……………………………… 70
ブリッジポート …… 68,87,127-129,149,153,
　195,206
ブルカサ・ヘビンド・エンジニアリング … 194,
　207
プログラム ……… 48,77,141,170,206,251,253,
　262,263
文化大革命 … 10,44,227,228,230-232,235,240
北京機床研究所 …………………… 172,228,237,240
北京第一機床廠 …………………… 222,223,238-240
ベッド …… 30,48,50,68,76,78,79,95-100,106,
　113,139,255,271
貿易開発庁 ………………………………… 143,153
貿易摩擦 …………………………… 45,50,64,149
逢吉工業 ………………………………… 72
放電加工機 ……… 124,126,129,137,142,152,241

保守（メンテナンス）……… 1, 77, 143, 170, 191, 200, 206, 217, 225, 241
ホブ盤 …………………… 56, 107, 112, 113, 268
ポリシンド・エカ・プルカサ …… 193, 194, 206
ボールねじ … 72, 82, 89, 145, 153, 255, 261, 262, 272
ボール盤 …… 16, 26, 55, 61, 62, 64, 65, 73, 77, 78, 95, 99, 105, 173, 176, 184, 194, 195, 204, 206, 211, 212, 214, 216-218, 238, 239, 245, 266

マ行

マイクロメータ ……………… 23, 75, 212, 275
マキノ・アジア …… 137, 139, 140-142, 145, 146, 149, 151-154
牧野フライス製作所 ……… 68, 114, 117, 126, 137, 141, 145, 149, 151-153, 251
マーグ ………………………………………… 31
マサチューセッツ工科大学 ……………… 251
マシニングセンタ …… 33, 45, 50, 55, 64, 69, 71, 72, 76-81, 85, 87, 101, 105, 109, 110, 113-115, 117, 124, 126, 128, 129, 137, 138, 140, 142-145, 148, 150, 152, 153, 162, 164, 167-170, 173, 174, 184, 191, 192, 195, 203, 205-207, 260, 263, 269
満洲工作機械 ……………………… 211-213, 236
満州事変 ………………………… 15, 23, 201, 233
ミクロン ……………………………………… 81
三井精機工業 ………………… 50, 51, 101, 115
三菱自動車 ……………………………… 111, 112
三菱重工業京都精機製作所 ………………… 112
三菱重工業（三菱造船）広島精機製作所 … 27, 48, 171
三菱電機 …………………………………… 255
ミーハナイト ………………… 31, 100, 106
毛沢東 ……………………………………… 215
模倣 …… 14, 21, 22, 46-48, 53, 74, 75, 85, 91, 110, 115, 128, 176, 201, 211, 213, 214, 227, 233, 237, 245, 250
森精機製作所 ………………… 40, 153, 252, 253
モンディアーレ …………………… 176, 185-187

ヤ行

焼入れ ……………………… 95, 97-99, 106

山崎鉄工所（ヤマザキマザック）…… 33, 40, 44, 46, 50, 51, 56, 92, 97, 98, 110, 114, 116, 120, 128, 131, 140, 141, 152, 195, 231, 232, 239-241, 252, 253, 263
ヤマザキマザック・シンガポール …… 128, 137, 139-141, 150, 151
山善 ……………………………… 69, 105, 106
山本市朗 ……………………………… 219, 239
ユアサ商事 ……………………………………… 69
輸出指向 …………… 15, 123, 132, 245, 246, 261
輸出主導 ………………………………… 83, 162
輸入依存 ………… 14, 22, 29, 32, 62, 64, 159, 260
輸入代替 …… 17, 89, 107, 113, 123, 132, 157, 159, 175, 193, 245, 246
楊振賢 ………………………………………… 55
楊鉄工廠 ……………… 55, 78, 79, 191, 205, 261
楊日明 ……………………………………… 56, 86
吉井良三 ……………………………… 61, 84, 87

ラ行

ラムコ ……………………………………… 81
力山工業 …………………………………… 73
李鴻章 ……………………………………… 211
龍昌機械 ……………………………… 56, 69, 70
劉仁傑 ………………………… 68, 71, 87, 89, 261
流体軸受 ……………………………… 29-31, 49
林徳龍 ……………………………………… 56
レブロンド ………………… 126, 127, 129, 135
レブロンド・アジア …… 126, 134, 135, 139, 141
レブロンド・マキノ・アジア …… 126, 129, 137, 152
連豊機械工業 ……………………… 79, 81, 89
ロー、ロビン ………………… 142, 147, 153
労働集約 ……………………… 61, 123, 131
盧基盛 ……………………………………… 56
ロッジ・シップレー …………… 48, 77, 79

ワ行

ワシントン軍縮会議 ……………………… 15
ワーナー・スウェージー …………………… 77

【著者紹介】

廣田義人（ひろた・よしと）

　1956年　大阪生まれ
　1981年　九州大学工学部生産機械工学科卒業
　1983年　大阪市立大学経済学部卒業
　1983〜95年　父の経営する中小機械工場で製造管理、機械設計などに従事
　1998年　大阪経済大学大学院経済学研究科博士前期課程修了
　2002年　大阪大学大学院経済学研究科博士後期課程単位取得退学
　その後、大阪大学大学院経済学研究科助手、大阪工業大学知的財産学部専任講師を経て
　現在　大阪工業大学知的財産学部准教授、博士（経済学、大阪大学）

東アジア工作機械工業の技術形成

2011年9月30日　第1刷発行　　　定価（本体5600円＋税）

著　者　　廣　田　義　人
発行者　　栗　原　哲　也
発行所　　株式会社　日本経済評論社
〒101-0051　東京都千代田区神田神保町3-2
電話　03-3230-1661　FAX　03-3265-2993
info@nikkeihyo.co.jp
URL：http://www.nikkeihyo.co.jp

装幀＊渡辺美知子　　　　印刷＊文昇堂・製本＊高地製本所

乱丁・落丁本はお取替えいたします。　　　Printed in Japan
Ⓒ Hirota Yoshito 2011　　　ISBN978-4-8188-2169-9

・本書の複製権・翻訳権・上映権・譲渡権・公衆送信権（送信可能化権を含む）は、㈳日本経済評論社が保有します。

・JCOPY〈㈳出版者著作権管理機構　委託出版物〉
本書の無断複写は著作権法上での例外を除き禁じられています。複写される場合は、そのつど事前に、㈳出版者著作権管理機構（電話03-3513-6969、FAX03-3513-6979、e-mail: info@jcopy.or.jp）の許諾を得てください。

中岡哲郎編著
戦後日本の技術形成
―模倣か創造か―
A5判　三二〇〇円

産業技術の担い手である企業は市場の要請にどう応えてきたか。東レ、ニコンとキヤノン、シャープ、三菱重工など国際競争力を支えた基礎技術と技術能力を明らかにする。

沢井　実著
日本鉄道車輌工業史
A5判　五七〇〇円

後発工業国日本にあって、比較的早く技術的対外自立を達成した鉄道車輌工業の形成と発展について、国内市場と海外市場の動向をふまえながら、その特質を解明する。

中村尚史著
日本鉄道業の形成　一八六九～一八九四年
A5判　五七〇〇円

官営・民営鉄道の経営と技術者集団の分析を通して、鉄道政策と鉄道業の関係を解明し、企業と地域の関わりをふまえながら日本の鉄道業の形成過程を再検討する。

出水　力著
オートバイ・乗用車産業経営史
―ホンダにみる企業発展のダイナミズム―
A5判　二八〇〇円

浜松の町工場から「世界のホンダ」に昇り詰めたホンダの企業ダイナミズムの生成と発展を、経営戦略・技術開発・生産とグローバル化の視点から描く。ホンダから何を学ぶか。

出水　力著
中国におけるホンダ二輪・四輪生産と日系部品企業
―ホンダおよび関連企業の経営と技術の移転―
A5判　六五〇〇円

高品質、高性能のイメージで高い市場人気を勝ち得たのはなぜか。二輪・四輪生産に関係した日系部品企業の現地化について、経営と技術をベースに現場・現物・現実・現人の視点から明らかにする。

（価格は税抜）　日本経済評論社